国家制造业信息化
三维 CAD 认证规划教材

3D动力

无师自通 CATIA V5 之装配设计与实时渲染

北航 **CAXA** 教育培训中心　组　编

国家制造业信息化三维 CAD 认证
　　培训管理办公室　　　　　审　定

鲁君尚　张安鹏　王书满　李　宏　等编著

北京航空航天大学出版社

内容简介

主要介绍 CATIA V5 的装配设计和实时渲染两个模块的基本功能、特点、操作方法以及使用技巧,分为上、下两篇。上篇为装配设计篇,详细讲述装配文档的建立和编辑、添加组件装配约束、装配分析及自定义设置等内容。下篇为实时渲染篇,详细讲述环境设置、光源管理、视角管理、动画管理、材质、纹理和贴图编辑等内容。

本书是"CATIA V5 实践应用系列丛书"之一,可作为各类大专院校机械设计制造专业的辅助教材,以及设计人员和三维 CAD 爱好者的自学教材。

图书在版编目(CIP)数据

无师自通 CATIA V5 之装配设计与实时渲染/鲁君尚等编著.北京:北京航空航天大学出版社,2007.6
ISBN 978-7-81077-949-4

Ⅰ.无… Ⅱ.鲁… Ⅲ.装配(机械)—机械设计—计算机辅助设计—应用软件,CATIA V5 Ⅳ.TH122

中国版本图书馆 CIP 数据核字(2007)第 066474 号

无师自通 CATIA V5 之装配设计与实时渲染

北航 CAXA 教育培训中心　组　编
国家制造业信息化三维 CAD 认证
　　　培训管理办公室　　　审　定
鲁君尚　张安鹏　王书满　李　宏　等编著
责任编辑　王　实
*
北京航空航天大学出版社出版发行
北京市海淀区学院路 37 号(100083)　发行部电话:010-82317024　传真:010-82328026
http://www.buaapress.com.cn　E-mail:bhpress@263.net
北京时代华都印刷有限公司印装　各地书店经销
*
开本:787×1 092　1/16　印张:23.5　字数:602 千字
2007 年 6 月第 1 版　2007 年 6 月第 1 次印刷　印数:4 000 册
ISBN 978-7-81077-949-4　　定价:36.00 元

"三维数字化设计师"系列培训教材编写委员会

顾　问（按姓氏笔画排序）：

王君英　清华大学教授、CAD 中心主任
乔少杰　北京航空航天大学出版社社长
刘占山　教育部职业教育与成人教育司副司长
孙林夫　四川省制造业信息化工程专家组组长
朱心雄　北京航空航天大学教授
祁国宁　浙江大学教授，科技部 863/CIMS 主题专家
杨海成　国家制造业信息化工程重大专项专家组组长
陈　宇　中国就业培训技术指导中心主任
陈李翔　劳动与社会保障部中国就业培训技术指导中心副主任
林宗楷　中国计算机学会 CAD 专业委员会主任、中科院计算所研究员
唐荣锡　中国图学学会名誉理事长、北京航空航天大学教授
唐晓青　北京航空航天大学副校长、科技部 863/CIMS 主题专家
席　平　北京工程图学学会理事长，北京航空航天大学教授、CAD 中心主任
黄永友　《CAD/CAM 与制造业信息化》杂志总编
游　钧　劳动和社会保障部劳动科学研究所所长
韩新民　机械科学院系统分析研究所所长
雷　毅　CAXA 总裁
廖文和　江苏省数字化设计制造工程中心主任

主任委员：

鲁君尚　赵延永　杨伟群

编　委（按姓氏笔画排序）：

王芬娥　王周锋　王书满　史新民　叶　刚　任　霞
刑　蕾　佟亚男　吴隆江　张安鹏　李绍鹏　李培远
陈　杰　周运金　梁凤云　黄向荣　虞耀君　蔡微波

本书作者：

鲁君尚　张安鹏　王书满　李　宏　等

前　言

CATIA 是法国 Dassault System 公司的 CAD/CAE/CAM 一体化软件，在 CAD/CAE/CAM 领域居世界的领导地位，广泛应用于航空航天、汽车制造、造船、机械制造、电子/电器及消费品行业。它的集成解决方案覆盖所有产品的设计与制造领域，其特有的 DMU 电子样机模块功能及混合建模技术有效地促进了企业竞争力和生产力的提高。CATIA 提供的便捷的解决方案，适应工业领域中的大、中、小型企业的需要，从大型的波音 747 飞机、火箭发动机到化妆品的包装盒，几乎涵盖了所有的制造业产品。因此，在世界上有超过 13 000 个用户选择了 CATIA。

CATIA 源于航空航天业，但其强大的功能已得到各个行业的认可。在欧洲汽车业，它已成为事实上的标准。它的用户包括克莱斯勒、宝马及奔驰等一大批知名企业。其用户群体在世界制造业中都具有举足轻重的地位。波音飞机公司使用 CATIA 建立起了一整套无纸飞机生产系统，完成了整个波音 777 飞机的电子装配，创造了业界的一个奇迹，从而也确定了 CATIA 在 CAD/CAE/CAM 行业的领先地位。

现在，达索公司推出了 CATIA V5 版本。该版本能够运行于多种平台，特别是微机平台。这不仅使用户节省了大量的硬件成本，而且其友好的用户界面使用户更容易使用。它具有以下特色：

- 基于 Windows NT 平台开发的系统，易于使用；
- 知识驱动的 CAD/CAM 系统；
- 先进的电子样机技术；
- 先进的混合建模(hybrid modeling)技术；
- 支持并行工程(concurrent engineering)；
- 实现资源共享，构造数码企业；
- 易于发展电子商务；
- 优良的可扩展性，保护用户投资。

"工欲善其事，须先利其器"，我们相信 CATIA 将在"中国创造"的进程中给予我们极大的帮助。为此，特组织编写了 CATIA 实践应用系列丛书。

本套丛书具有以下特色：

- 针对在 Windows 上运行的 CATIA V5 版本，范围涵盖所有的模块；

- 将所有模块都从功能展示、实例练习和工程实例练习三个方面进行全方位的展示;
- 有志于学习、应用CATIA软件的工程人员可以从这里面很快地找到自己需要的部分,从而迅速入门;
- 全方位介绍CATIA,使无论是否应用此软件的人员都可以了解三维CAD、PLM的全部流程和范围,从而有针对性地进行相关方面的学习;
- 为中国打造一批熟悉PLM的工程师,并且可以真正地从理论认识上升到实践认知。

"3D动力"是由国家制造业信息化三维CAD认证培训管理办公室主办,全国数百家3D-CAD教育培训与技术服务机构共同组建的,是以"普及3D-CAD、提升产品创新能力"为使命,以"传播科技文化、启迪创新智慧"为愿景的全国3D-CAD技术推广和教育培训联盟。其目标是"为中国打造百万3D-CAD应用工程师"。

本书由鲁君尚、张安鹏、王书满和李宏等编著。笔者通过近六年从事CATIA的教学与应用,奠定了相当扎实的实践及理论基础。如今,笔者通过此套书的编写,希望与各位CATIA爱好者共同切磋、钻研,在学习和实践中共同成长。

同时,大量的作品和教程可通过登录网站www.3ddl.org进行观摩学习,还可通过tech@3ddl.org联系方式进行切磋。本书中的不足之处,请各位批评指正。

3D动力联盟CATIA教研中心
国家制造业信息化三维CAD认证培训管理办公室

目　　录

上　篇　装配设计

第1章　装配设计基础 ……………… 3
1.1　进入装配工作台 ………………… 3
1.2　工具栏概述 ……………………… 4
1.3　名词术语 ………………………… 5
1.4　设计方法 ………………………… 5

第2章　装配文档的建立 …………… 7
2.1　创建装配文档 …………………… 7
2.2　插入组件 ………………………… 8
　　2.2.1　插入零件 ………………… 9
　　2.2.2　插入新产品 ……………… 9
　　2.2.3　插入现有组件 …………… 10
　　2.2.4　零件库 …………………… 13
　　2.2.5　定位插入现有组件 ……… 14
2.3　线性阵列 ………………………… 16
2.4　从产品生成CATPart ……………… 17
2.5　查看装配物理属性 ……………… 18
2.6　零件编辑 ………………………… 19
2.7　装配工具 ………………………… 20
　　2.7.1　产品管理 ………………… 20
　　2.7.2　发布图素 ………………… 20
　　2.7.3　加载标准件 ……………… 25
　　2.7.4　调整参数化标准件 ……… 26
2.8　装配中增强性能改进的模式 …… 27
2.9　装配更新 ………………………… 29

第3章　装配组件移动和约束 ……… 31
3.1　组件移动 ………………………… 31
　　3.1.1　移动旋转工具 …………… 31
　　3.1.2　操作零件 ………………… 33
　　3.1.3　捕捉 ……………………… 35
　　3.1.4　精确移动 ………………… 36

　　3.1.5　装配爆炸 ………………… 39
　　3.1.6　干涉检查 ………………… 41
3.2　装配约束 ………………………… 42
　　3.2.1　相合约束 ………………… 42
　　3.2.2　接触约束 ………………… 44
　　3.2.3　距离约束 ………………… 44
　　3.2.4　角度约束 ………………… 46
　　3.2.5　固定组件 ………………… 48
　　3.2.6　固定多个组件 …………… 50
　　3.2.7　快速约束 ………………… 52
　　3.2.8　变换约束 ………………… 53
　　3.2.9　重用零件阵列 …………… 54
　　3.2.10　柔性移动子装配 ………… 58
　　3.2.11　激活/解除激活约束 …… 62
　　3.2.12　指定组件约束选择 ……… 63
　　3.2.13　约束编辑 ………………… 64
　　3.2.14　约束更新 ………………… 66
　　3.2.15　约束属性 ………………… 66
　　3.2.16　设置约束的创建模式 …… 69
　　3.2.17　过约束 …………………… 71
　　3.2.18　超链接约束 ……………… 73
　　3.2.19　重排列约束 ……………… 74
　　3.2.20　更新约束 ………………… 76
3.3　利用过滤器选择 ………………… 77

第4章　装配分析 …………………… 79
4.1　装配分析 ………………………… 79
　　4.1.1　干涉和间隙计算 ………… 79
　　4.1.2　约束分析 ………………… 81
　　4.1.3　从属分析 ………………… 84
　　4.1.4　更新分析 ………………… 86
　　4.1.5　自由度分析 ……………… 88
4.2　干涉检测与分析 ………………… 90
　　4.2.1　干涉检测 ………………… 90
　　4.2.2　干涉结果分析 …………… 91

4.2.3 输出干涉结果 ………………… 95
4.3 切片观测 ………………………… 96
  4.3.1 关于切片 …………………… 96
  4.3.2 创建剖切面 ………………… 98
  4.3.3 创建三维剖切视图 ………… 101
  4.3.4 剖切平面的直接移动 ……… 104
  4.3.5 利用几何对象定位剖切面 … 106
  4.3.6 利用位置尺寸编辑工具定位剖切面
        …………………………… 110
  4.3.7 剖切视图窗口 ……………… 112
4.4 最小距离检测 …………………… 118
4.5 注 解 …………………………… 121
  4.5.1 焊接特征 …………………… 121
  4.5.2 文字标注 …………………… 125
  4.5.3 链接标记 …………………… 127

第5章 装配文档的编辑与修改 …… 130

5.1 装配编辑 ………………………… 130
  5.1.1 零件更换 …………………… 130
  5.1.2 替换显示并重新连接 ……… 132
  5.1.3 约束重新连接 ……………… 136
5.2 装配特征 ………………………… 139
  5.2.1 装配特征基础 ……………… 139
  5.2.2 装配切割 …………………… 140
  5.2.3 装配孔特征 ………………… 144
  5.2.4 应用孔系列 ………………… 147
  5.2.5 装配除料 …………………… 150
  5.2.6 装配布尔除料 ……………… 152
  5.2.7 装配布尔增料 ……………… 154
5.3 装配对称 ………………………… 155
  5.3.1 镜像操作 …………………… 156
  5.3.2 镜像操作编辑 ……………… 162
  5.3.3 组件旋转 …………………… 165
  5.3.4 柔性子装配 ………………… 166
5.4 重用零件阵列样式 ……………… 171
5.5 零件和装配模板 ………………… 175
  5.5.1 模板设计窗口介绍 ………… 175
  5.5.2 创建零件模板 ……………… 177
  5.5.3 应用零件模板 ……………… 180

  5.5.4 在智能模板上添加外延文件 …… 183

第6章 场 景 ………………………… 188

6.1 创建新的场景 …………………… 188
6.2 从已有的场景中生成新的场景
    ……………………………………… 190
6.3 利用场景浏览器观察增强场景
    ……………………………………… 191
6.4 生成爆炸图 ……………………… 192
6.5 保存视点 ………………………… 194
6.6 在装配环境和场景之间相互应用位置信息 ……………………………… 194

第7章 自定义设置 ………………… 196

7.1 与装配设计工作台相关的选项
    ……………………………………… 196
7.2 装配件设计 ……………………… 198
7.3 参数和测量 ……………………… 203
7.4 三维批注基础结构 ……………… 205
7.5 产品结构 ………………………… 207
7.6 常 规 …………………………… 209

第8章 操作实例 …………………… 210

8.1 进入装配设计工作台 …………… 210
8.2 固定一个零件 …………………… 212
8.3 插入现有零件 …………………… 213
8.4 添加约束 ………………………… 213
8.5 利用罗盘移动约束零件 ………… 216
8.6 添加一个新零件 ………………… 217
8.7 在装配设计工作台中设计零件
    ……………………………………… 219
8.8 编辑参数 ………………………… 221
8.9 替换零件 ………………………… 221
8.10 分析约束 ……………………… 222
8.11 修复已损坏的约束 …………… 223
8.12 干涉检测 ……………………… 224
8.13 编辑零件 ……………………… 225
8.14 显示BOM表 ………………… 227
8.15 爆炸视图 ……………………… 227

下　篇　实时渲染

第9章　图片工作室简介 ………… 231
9.1　图片工作室工作台简介 ………… 231
9.2　工作台设置 ………… 232
9.3　入门实例 ………… 238
　　9.3.1　工作流程 ………… 238
　　9.3.2　载入产品模型 ………… 239
　　9.3.3　快速渲染 ………… 239

第10章　环境设置 ………… 241
10.1　创建环境 ………… 241
　　10.1.1　创建一个标准的环境 ………… 241
　　10.1.2　创建单面环境 ………… 243
10.2　配置环境 ………… 244
　　10.2.1　配置环境围墙 ………… 244
　　10.2.2　设置墙纸 ………… 245
　　10.2.3　生成反射图片 ………… 246
　　10.2.4　显示环境反射 ………… 246
10.3　读入环境 ………… 247
10.4　场景库 ………… 247

第11章　光源管理 ………… 249
11.1　光源的创建与管理 ………… 249
　　11.1.1　创建区域光源 ………… 249
　　11.1.2　光源属性编辑 ………… 251
　　11.1.3　快捷菜单 ………… 255
　　11.1.4　光源命令工具栏 ………… 259
　　11.1.5　环境阴影 ………… 259
　　11.1.6　物体之间的阴影 ………… 261
11.2　光源高级设置 ………… 263
　　11.2.1　创建全局照明 ………… 263
　　11.2.2　创建焦距线 ………… 266
　　11.2.3　场景深度 ………… 267
　　11.2.4　高　光 ………… 268
　　11.2.5　创建卡通渲染 ………… 271

第12章　视角管理 ………… 274
12.1　创建视向 ………… 274

12.2　视向编辑 ………… 278
12.3　观测物体 ………… 281

第13章　材质、纹理和贴图编辑 …… 282
13.1　材　质 ………… 282
　　13.1.1　应用材质 ………… 282
　　13.1.2　材质光亮度 ………… 285
　　13.1.3　调整材质纹理 ………… 290
　　13.1.4　复制材质渲染属性 ………… 292
　　13.1.5　替换材质链接 ………… 293
　　13.1.6　查找材质 ………… 296
　　13.1.7　特殊粘贴 ………… 297
　　13.1.8　智能专家 ………… 300
　　13.1.9　反射高级设置 ………… 302
　　13.1.10　激活/解除材质反射设置 ………… 304
　　13.1.11　设置零件和产品优先权 ………… 305
　　13.1.12　汽车表面材质 ………… 307
13.2　材质库管理 ………… 309
　　13.2.1　打开材质库编辑工作台 ………… 310
　　13.2.2　创建新的材质库 ………… 310
　　13.2.3　材质分类 ………… 312
　　13.2.4　发送材质图片 ………… 312
　　13.2.5　应用纹理 ………… 314
13.3　贴图管理 ………… 327
　　13.3.1　创建贴图 ………… 327
　　13.3.2　编辑贴图图片 ………… 330

第14章　动画管理 ………… 332
14.1　创建旋转台 ………… 332
14.2　定义动画参数 ………… 332
14.3　预览渲染旋转台 ………… 333

第15章　照片管理 ………… 335
15.1　镜　头 ………… 335
　　15.1.1　创建镜头 ………… 335
　　15.1.2　设置参数 ………… 336
15.2　照片管理 ………… 342
　　15.2.1　图片生成 ………… 342
　　15.2.2　图片保存 ………… 343

第16章　高级功能 …… 346

16.1　场景定义 …… 346
　16.1.1　定义一个场景 …… 346
　16.1.2　模拟场景元素运动 …… 347
16.2　场景调整 …… 351
　16.2.1　调整光源 …… 351
　16.2.2　材质调整 …… 353
16.3　场景列表 …… 357
16.4　与V4文件的交互作用 …… 358

第17章　手机渲染实例 …… 360

上 篇
装 配 设 计

第1章 装配设计基础

第2章 装配文档的建立

第3章 装配组件移动和约束

第4章 装配分析

第5章 装配文档的编辑与修改

第6章 场　　景

第7章 自定义设置

第8章 操作实例

第1章 装配设计基础

装配设计(assembly design)模块可以用于高效管理装配产品,它提供了在装配环境下可由用户控制关联关系的设计能力,通过使用自顶向下和自底向上的方法管理装配层次,可真正实现装配设计和单个零件设计之间的并行操作。装配设计通过使用鼠标动作或图形化的命令建立机械设计约束,可以直观方便地将零件放置到指定位置。

通过选择手动或者自动方式进行更新,设计者可以重新排列产品的结构,动态地把零件拖放到指定位置,并进行干涉和缝隙检查。系统提供了多种高效的工作方式,如标准零件或装配件的目录库、强大的高级装配特征、自动爆炸视图生成和自动生成BOM表等,装配设计者可以大幅度缩短设计时间,提高设计质量。系统还有一个直观的用户界面,如图1-1所示,它功能强大,使用方便。

图1-1 装配工作台

1.1 进入装配工作台

进入装配设计工作台有以下几种方式:
① 选择菜单 Start|Mechanical Design|Assembly Design,如图1-2所示。
② 启动CATIA V5后,在当前的工作台中单击自定义的"工作台集合"(workbench)工具按钮,弹出"工作台集合"对话框,如图1-3所示,在其中选择装配工作台即可。
③ 单击"新建文件"工具按钮,在弹出的New对话框中选择Part,如图1-4所示。

图1-2 选择菜单项

图1-3 快速启动工作台

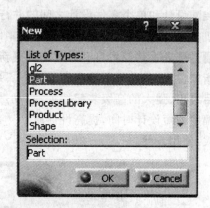

图1-4 New对话框

1.2 工具栏概述

Product Structure Tools(产品结构工具)工具栏主要用于插入和管理产品中的部件,如图1-5所示。

图1-5 Product Structure Tools(产品结构工具)工具栏

Constraints(约束工具)工具栏用于设置产品、部件和零件之间的约束条件,如图1-6所示。

图1-6 Constraints(约束工具)工具栏

Move(移动)工具栏主要用于对产品、部件和零件进行平移、旋转及捕捉等操作,如图1-7所示。

Assembly Features(装配特征)工具栏主要用于对装配后的产品进行布尔运算、切割及钻孔等操作,如图1-8所示。

Annotations(标注)工具栏主要用于建立焊接特征标注和文字标注等,如图1-9所示。

Space Analysis(空间分析)工具栏主要用于检测空间干涉、截面分析和测量距离等,如图1-10所示。

图1-7 Move (移动)工具栏　　图1-8 Assembly Features (装配特征)工具栏　　图1-9 Annotations (标注)工具栏　　图1-10 Space Analysis (空间分析)工具栏

1.3 名词术语

为了更好地学习装配模块,读者必须掌握装配模块中的一些名词术语:

① 产品(product)　装配设计的最终结果。它包含了部件与部件之间的约束关系和标注等内容,其文件名为 *.CATProduct。

② 部件(component)　组成产品的单位。它可以是一个零件(part),也可以是多个零件的装配结果(sub-assembly)。

③ 零件(part)　组成部件和产品的基本单位。

④ 约束(constraints)　在产品装配中,约束指部件之间的相对几何限制条件,可用于确定部件的位置,包括接触约束、角度约束及同轴约束等。

1.4 设计方法

在装配设计工作台中,可以采用自顶向下的设计方法。

一般而言,设计一个产品其零件不超过10个,采用主控零件的做法显得简捷有效。但是,如果作一个大型的复杂的总成件,如一辆汽车,就不能作为一个零件来包含里面几千个零件的设计参考和信息。采用自顶向下的设计方法可以将设计思想一步一步向下传递,并逐步完善,像画一棵大树一样,先考虑树干,再充实枝条,最后完善树叶。这样,树干的变化就是主设计参数的变更,从而保证设计思想有效地向下传递。

在装配设计工作台中,可以通过设计主要骨架零件进行自顶向下的设计。如果一个组件是在各个机型上使用的通用件,且这个组件的各个型号之间只是差别很小的一些关键性特征尺寸;这时,若模型是采用自顶向下方法设计的,则增加新型号或对原型号做修改,就可达到事半功倍的效果。因为机械组件的各个零件之间的尺寸都存在或强或弱的关系(这些关系往往是不同型号的组件都必须遵守的,否则组件设计就不能满足使用要求),这时就可以将这些关系抽象出几个参数,这些参数可以控制组件中所有零件的重要尺寸。

如果一个组件是已经设计过的成熟产品,或虽是初次设计,但已对整个组件包含哪些零件且各个零件的相对装配位置成竹在胸,就可以采用自顶向下的方法进行设计。

自顶向下设计的基本流程如下：

① 设计产品中各个组件的逻辑关系，主要通过在设计树上添加新组件、新产品。如图 1-11 所示，即为一个摩托车前架的逻辑结构。

② 在 Frame 零件即线架零件中，添加各主要尺寸，如图 1-12 所示。

③ 利用已有的各主要尺寸，即可生成零件，如图 1-13 所示。

④ 根据主控尺寸，可以通过调整线架零件的尺寸，直接调整各个零件的尺寸。

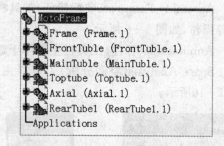

图 1-11 逻辑结构图

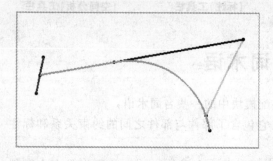

图 1-12 添加尺寸

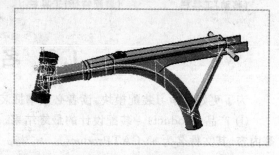

图 1-13 生成零件

第 2 章 装配文档的建立

装配文档不同于零件建模,零件建模以几何体为主。装配文档的操作对象是组件,不同对象的建立过程对应不同的操作方法。图 2-1 所示即为一个装配文档。

图 2-1 装配文档

2.1 创建装配文档

进入装配工作台后,系统新建一个装配文档。如图 2-2 所示即为一个新建的装配文档。在此文档中,左侧的设计树同样包含了文档的各种信息。

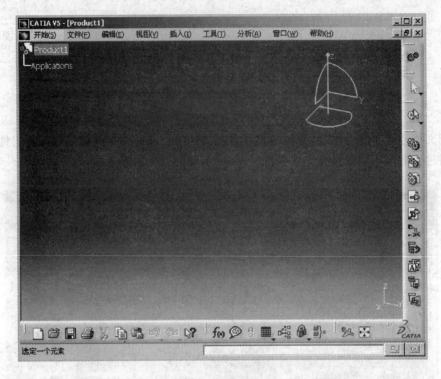

图 2-2 插入文档

2.2 插入组件

新建的装配文件中没有任何几何形体,在逻辑装配关系上也没有任何子装配和零件。利用插入工具可以从逻辑和几何两个方面添加装配组件。

打开 ManagingComponents01.CATProduct 文件,单击 New Component(新组件)工具按钮，如图 2-3 所示,在设计树上方的产品位置上单击。在设计树下方添加一个新的产品 Product1(Product1.1),如图 2-4 所示。

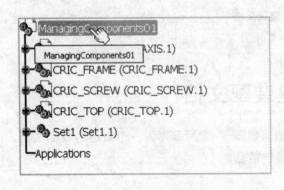

图 2-3 插入组建

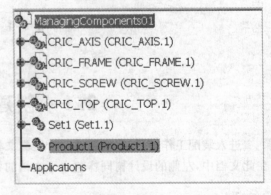

图 2-4 插入产品

2.2.1 插入零件

在现有产品中可以直接添加一个零件。在设计树上选择 ManagingComponents01,单击 New Part(新零部件)工具按钮,在设计环境中弹出如图 2-5 所示对话框,对新增零件进行原点定位。单击"是"读取插入零件的原点,原点位置单独定义。单击"否"表示插入零件的原点位置与其父组件原点位置相同。

单击"否"后,在设计树上生成一个新的零件,如图 2-6 所示,将零件展开后包含坐标平面和零部件几何体。

注 意 在设计树上,零件和产品的图标是不同的。产品的图标是 ,零件的图标是 。

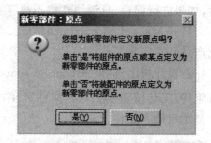

图 2-5 "新零部件:原点"对话框

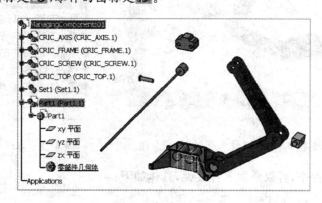

图 2-6 插入零件

2.2.2 插入新产品

在一个装配文件中可以插入产品级别的子装配。打开 ManagingComponents01.CATProduct 文件,单击 New Product(新产品)工具按钮,在设计树上方的产品位置上单击。

如图 2-7 所示,在设计树下方添加一个新的产品 Product2(Product2.1)。

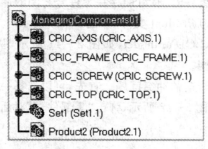

图 2-7 添加新产品

2.2.3 插入现有组件

在一个装配文档中,可以直接添加已经存在的零件或产品文档。当添加一个只读的文件时,如果进行保存,只读属性将不再存在。

打开 ManagingComponents02.CATProduct 文件,如图 2-8 所示,设计树上可以观察到此产品共有四个零件。

在设计树上选择 ManagingComponents02,单击 Inserting Existing Components(插入现有组件)工具按钮 。弹出文件选择对话框,选择 CRIC_TOP 文件,如图 2-9 所示,在设计树上显示出插入组件。

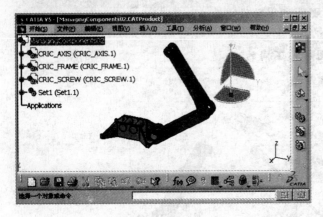

图 2-8 打开文件

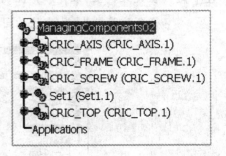

图 2-9 选择 CRIC_TOP 文件

在一个装配文件中,可以添加多种文件,具体如下:

- CATPart(*.CATPart)
- CATProduct(*.CATProduct)
- V4 CATIA Assembly(*.asm)
- CATAnalysis(*.CATAnalysis)
- V4 session(*.session)
- V4 model(*.model)
- cgr(.cgr)
- wrl(.wrl)。

在装配文档中添加现有组件时,有可能存在零件号之间的冲突,需要进行相应的调整。打开 PartNumberConflict1.CATProduct 文件,如图 2-10 所示。

在现有产品中插入 CARBODY.model,如图 2-11 所示,弹出"零部件号冲突"对话框。在对话框中显示出冲突的文档。

通过三种方法可以解决当前的冲突问题。首先,可以选择一个发生冲突的文档,单击右侧的 Rename(重命名)按钮,如图 2-12 所示,弹出"零部件号"对话框,在其中输入一个新的零部件号。

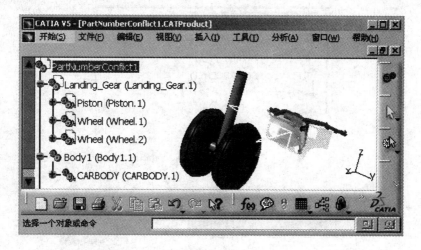

图 2-10 打开文件

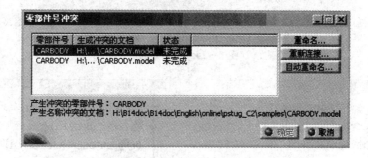

图 2-11 "零部件号冲突"对话框

图 2-12 "零部件号"对话框

单击"确定"按钮后如图 2-13 所示,在设计树上最下方显示出新添加的零件。

在右侧单击"重新连接"按钮,如图 2-14 所示,对应的文档将进行重新连接。

在设计树上,插入了新的组件,如图 2-15 所示,虽然名字相同,却分别对应插入的组件。

如果单击右侧的"自动重命名"按钮,如图 2-16 所示,新增的组件已经被重新命名。

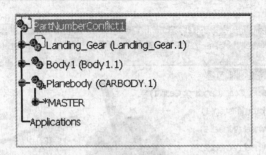

图 2-13 设计树

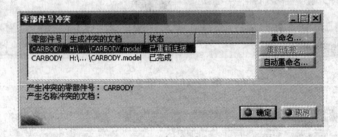

图 2-14 重新连接

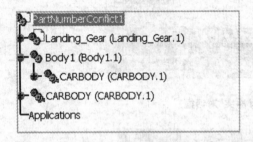

图 2-15 插入新组件

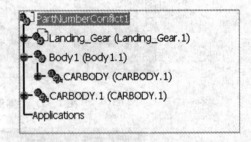

图 2-16 重命名

重新打开 PartNumberConflict1. CATProduct 文件，在 Landing_Gear. CATProduct 中插入 CARBODY. model，如图 2-17 所示。这是已完成的插入结果。由于插入的位置不同，在设计中并未显示出零部件号冲突。

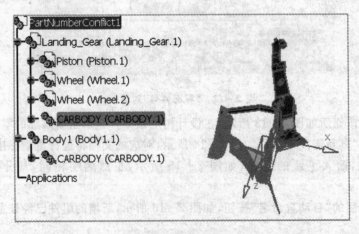

图 2-17 插入零件

在一个装配文件中插入一个相同的 Part 文件时,同样会出现刚才所显示的问题,重新打开 PartNumberConflict1.CATProduct 文件,插入 Landing_Gear_Piston1.CATPart,如图 2-18 所示,即为打开的"零部件号冲突"对话框。

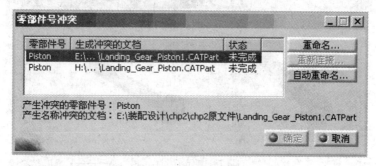

图 2-18 "零部件号冲突"对话框

如果直接添加一个相同的 Part 类文件,如图 2-19 所示,则弹出 Open(打开)对话框,表明此操作失败,系统不允许添加一个完全一样的文件。

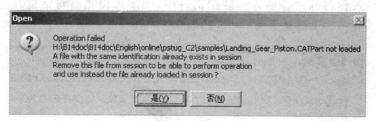

图 2-19 Open(打开)对话框

2.2.4 零件库

在 CATIA 中,有一个标准件库。库中有大量的已经造型完成的标准件。在装配设计中可以直接将标准件调出来使用。

单击"库(catalog)浏览器"工具按钮 ,在设计环境中弹出"库(catalog)浏览器"对话框,如图 2-20 所示。

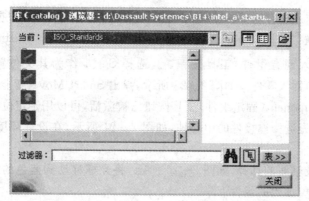

图 2-20 "库(catalog)浏览器"对话框

在"库(catalog)浏览器"对话框中选择相应的标准件,双击后进入"库(catalog)"对话框,如图 2-21 所示,在设计环境中同时显示出所选择的标准件。

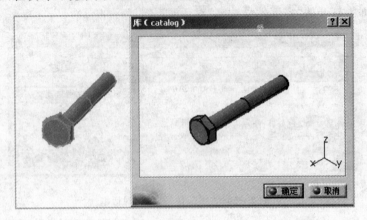

图 2-21　"库(catalog)"对话框

单击"确定"按钮将标准件插入到装配文件中,关闭库浏览器对话框。观察设计树,如图 2-22所示,在设计树上已经添加了相应的信息。

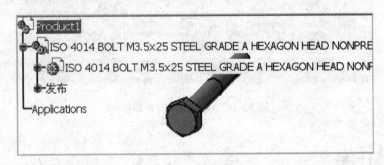

图 2-22　设计树

此时,添加到装配文件中的零件已经独立,可以单独进行保存和修改操作。

2.2.5　定位插入现有组件

相对于上一个插入现有组件的工具,在定位插入现有组件中,可以根据智能移动对话框将组件插入到指定位置。打开 ManagingComponents03 文件。单击 Existing Component with Positioning(定位插入现有组件)工具按钮 ![icon],选择 Set.1 作为其父位置,然后选择 CRIC_JOIN.CATPart 作为插入零件。如图 2-23 所示,弹出 Smart Move(智能移动)对话框。在对话框下方的 Fix Component(固定组件)工具按钮已被激活,可以用于定位组件。

在对话框中,优先选择连接件的中心轴,如图 2-24 所示,在设计环境中同样显示出中心轴的位置。

单击圆弧面完成轴线的选择,如图 2-25 所示,将光标移动到蓝色的零件上,此时显示出相应的轴线,用于定位插入的组件。

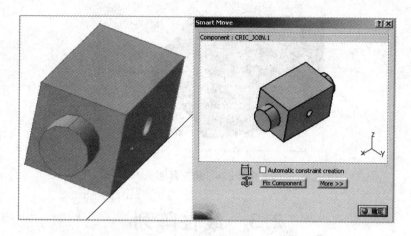

图 2-23 Smart Move(智能移动)对话框

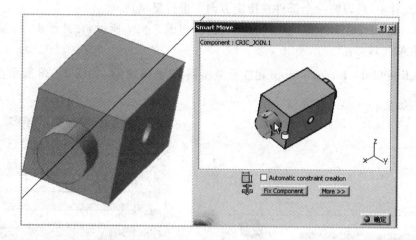

图 2-24 中心轴

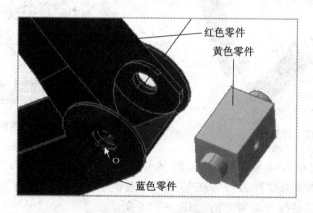

图 2-25 单击圆弧面

单击完成对应约束图素的选择,如图 2-26 所示,插入的连接件已经与蓝色零件相互捕捉到位。单击确定完成零件的插入。

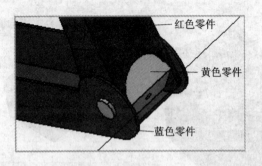

图 2-26 插入到位

2.3 线性阵列

在装配设计中,可以将一个部件在指定方向上进行复制。

打开 Multi_Instantiation.CATProduct 文件,如图 2-27 所示,在此示例中,复制的对象是 CRIC_BRANCH_3。

单击 Define Multi-Instantiation(建立重复实例)工具按钮,如图 2-28 所示,弹出"多实例化"对话框。

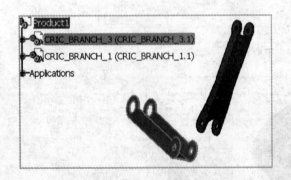

图 2-27 打开产品

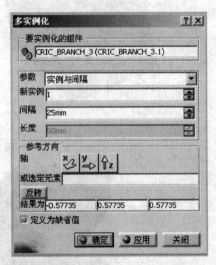

图 2-28 "多实例化"对话框

在"参数"列表框中可以调整实例生成的方式,在本例中选择"实例与间隔",在"新实例"列表框中定义新生成的实例数目为"3",在"间隔"列表框中添入间隔长度"90 mm",在"参考方向"选项组中选择"X"轴作为参考方向,如图 2-29 所示。

单击"确定"按钮完成多实例的创建,结果如图 2-30 所示。

这些参数同样被存储在"快速创建多个实例"工具中,选择 CRIC_BRANCH_1,然后单击"快速创建多个实例"工具按钮,如图 2-31 所示,同样进行了相同方向相同数量的复制。

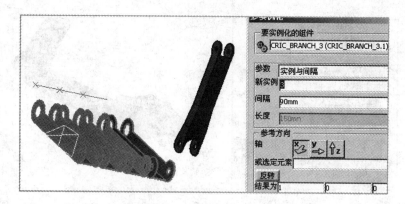

图 2-29　调整生成实例的方式

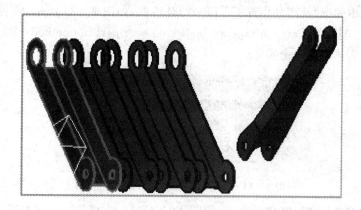

图 2-30　多实例的创建

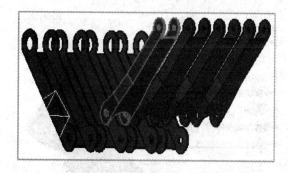

图 2-31　快速创建多个实例

2.4　从产品生成 CATPart

利用现有装配产品,可以生成一个新零件。在新零件中,装配中的各个组件转换为零件实体。通过这些现有实体的布尔运算,可以创建一个相关的新零件。

打开 Assembly_01.CATProduct 文件,在"工具"菜单中单击"从产品生成 CATPart"选项,如图 2-32 所示。

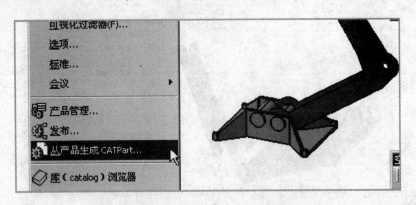

图 2-32 选择"从产品生成 CATPart"选项

在设计环境中弹出"从产品生成 CATPart"对话框,如图 2-33 所示,零件的默认名称为原有产品名称加_AllCATPart。Merge all bodies of each part in one body 复选框用于定义将所有的产品零件实体组成一个实体。

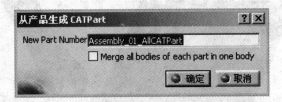

图 2-33 "从产品生成 CATPart"对话框

单击"确定"按钮完成新零件的建立,如图 2-34 所示,生成的新零件中所有的组件已经转换成相应的实体。

图 2-34 转换实体

2.5 查看装配物理属性

装配文件有多个物理属性,其中,密度值可以传递到 CGR 格式的文件中。在"属性"对话框中可以查询到装配文件的各个物理属性。

打开 Assembly_01.CATProduct 文件，右击设计树上的 Assembly_01，在弹出的快捷菜单中选择"属性"选项。

在设计环境中弹出"属性"对话框，切换到"机械"选项卡中，如图 2-35 所示，其中显示"特征"（包括"体积"、"质量"和"曲面"）、"惯性中心"、"惯性矩阵"等多个物理属性。

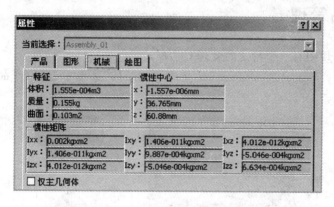

图 2-35 "属性"对话框

2.6 零件编辑

在装配设计中可以对一个零件进行编辑。

打开 ManagingComponents01 文件，在设计树上展开 CRIC_SCREW（CRIC_SCREW.1），可以观察到产品和零件不同的标志。

在设计树上双击 CRIC_SCREW，如图 2-36 所示，系统自动切换到零件设计模块。在该模块中可以编辑零件的各个要素。具体操作在草图设计和零件设计模块中已经详细讲解。

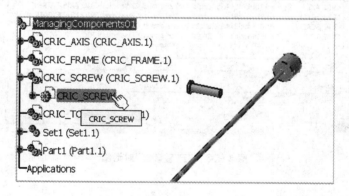

图 2-36 双击 CRIC_SCREW

当完成零件编辑后，在设计树上双击 ManagingComponents01，再次切换到装配设计模块。

2.7 装配工具

2.7.1 产品管理

在装配设计模块中有一个特定的管理对话框。

打开 AssemblyTools01.CATProduct 文件,在"工具"菜单中选择"产品管理"菜单项,如图 2-37 所示。

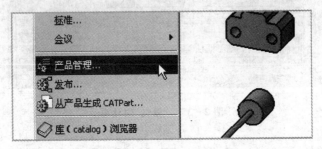

图 2-37 产品管理

在设计环境中弹出"产品管理"对话框,如图 2-38 所示,显示出装配文件中组件的零部件号、文档、状态和表达信息。在"新零部件号"文本框中可以修改零部件号。在"新表达"文本框中可以重新定位零件的位置。

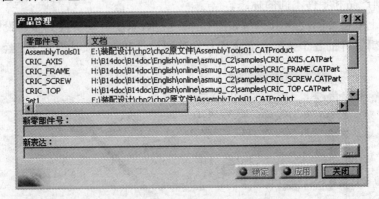

图 2-38 "产品管理"对话框

2.7.2 发布图素

发布图素用于在团队工作时发布一些指定的几何图素,便于团队工作人员之间的交流。

在工具菜单中单击"发布"工具按钮,在设计环境中弹出 Publication(发布)对话框,如图 2-39 所示。通过对话框,可以进行以下操作:

- 发布几何图素;
- 编辑发布图素的默认名称;

- 修改一个相关联的几何图素名称；
- 创建一个发布图素的列表；
- 输入一个发布图素的列表；
- 删除发布图素。

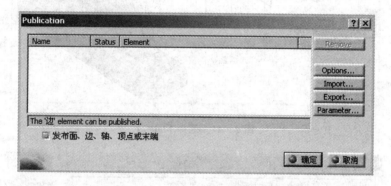

图 2-39　Publication(发布)对话框

选择需要发布的几何图素。在 CATIA 设计中,有以下图素可以用于发布：
- 点、线、曲线、平面；
- 草图；
- 实体特征；
- 创成式几何设计特征；
- 自由几何特征；
- 参数；
- 几何图素的子图素,如表面、边、轴、极点等；
- 零件设计特征。

在设计树或者设计环境中选择 Plane.1 菜单项,作为发布的图素,在 Publication 对话框中显示出平面,如图 2-40 所示。

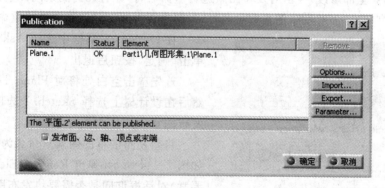

图 2-40　Publication 对话框

在对话框中选择 Plane.1 选项,如图 2-41 所示,在设计环境中平面1被加亮显示,同时在设计树上显示出独有的 Publication 菜单项。

在 Publication 对话框中将发布平面重命名为 New plane,如图 2-42 所示,在设计环境中它依然是以 Plane.1 为名。

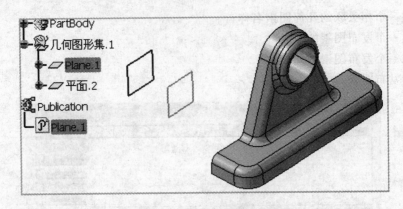

图 2-41 选择 Plane.1

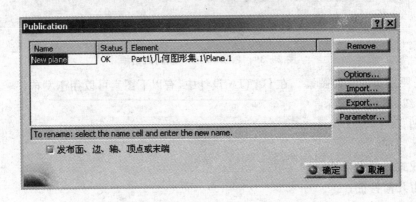

图 2-42 平面重命名为 New plane

单击 Options 按钮,用于选择发布图素时重命名的默认设置。如图 2-43 所示,弹出 Options(选项)对话框,在重命名的设置中共有三种选择:

- Never(从不询问)　在重命名发布元素时,原有几何图素名称不改变。
- Always(全部修改)　当对发布图素进行重命名时,原有几何图素同样重命名。
- Ask(询问)　当对发布图素重命名时,询问是否对原有几何图素进行重命名。

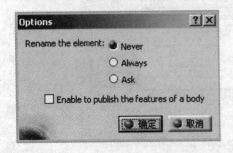

图 2-43 Options(选项)对话框

在 Options 对话框中选择 Ask 单选项,然后单击"确定"按钮后退出。

首先单击空白处将对 Plane.1 的选择取消,然后在设计树上选择 Sketch.1 选项作为第二个发布图素。

将新发布的草图图素重命名为 New sketch,如图 2-44 所示,弹出 Rename Element(重命名要素)对话框询问是否需要将发布图素重命名。

单击"是"按钮后完成对发布图素和几何图素的重命名。这时几何图素和发布图素都进行了重命名。

在设计树上选择 New plane 选项,如图 2-45 所示,在设计树和设计环境中的平面都被加亮显示。

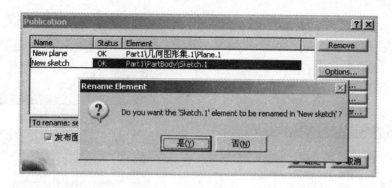

图 2-44 Rename Element(重命名要素)对话框

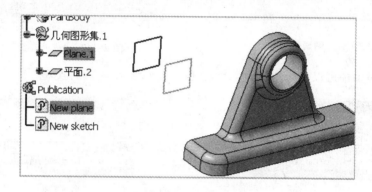

图 2-45 选择 New plane 选项

打开 Publication 对话框,单击 New plane 选项,然后单击 Plane.2 作为替换对象,如图 2-46所示,弹出 Replace Element(替换图素)对话框询问是否替换发布图素。

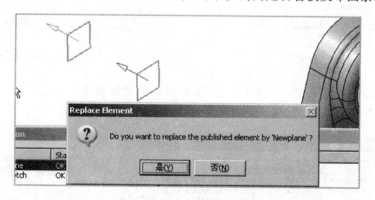

图 2-46 替换发布图素

在 Publication 对话框中,可以观察到,第一个发布图素已经转换为与"平面.2"相对应,如图 2-47 所示。

参数同样可以用于发布,在 Publication 对话框中单击"参数"按钮,如图 2-48 所示,弹出"选择参数"对话框。

在最上方的"过滤器名称"文本框中,可以填写一些关键字段。如图 2-49 所示,填写 Offset,在"参数"文本框中显示出唯一的参数。

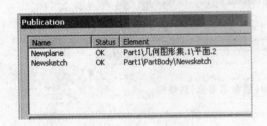

图 2-47 图素转换

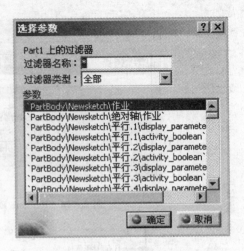

图 2-48 "选择参数"对话框

在过滤器类型中可以选择相应的类型,如图 2-50 所示,有多种类型。

图 2-49 过滤器

图 2-50 选择类型

选择需要发布的参数,然后单击"确定"按钮完成参数的发布。这时,在 Publication 对话框中显示出相应的参数,如图 2-51 所示。

图 2-51 Publication 对话框

在 Publication 对话框中,可以将发布图素的名称作为 TXT 文件保存起来。同样,也可以读入相应的文档。当将文档读入时,在设计树上自然显示出发布图素的名称。

当删除一个图素时,系统提示此图素已经被发布,是否确实要将它删除。

打开 AssemblyTools01.CATProduct 文件,然后双击进入其中的一个零件,如图 2-52 所示,利用发布可以直接发布一个零件的表面。在装配中发布时,需要注意的是发布图素的位置。

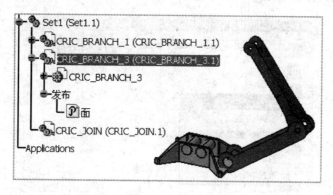

图 2-52 双击零件

2.7.3 加载标准件

在装配设计时,可以直接应用标准件库的标准件。在"工具"菜单中,依次单击选择"机械标准件"级联菜单中的一个图库,如图 2-53 所示,共提供了五个标准件库。

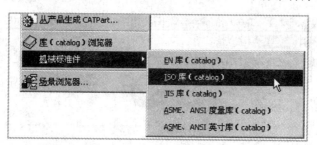

图 2-53 选择图库

在设计环境中弹出"库(catalog)浏览器"对话框,如图 2-54 所示,可以选择需要的标准件。

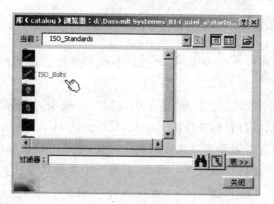

图 2-54 选择标准件

选择标准件族。标准件族可选择如下：

螺钉（screws）、螺栓（bolts）、螺帽（nuts）、垫圈（washers）、插脚（pins）、键（keys）。双击打开需要添加的族，直到到达单独零件层，在其中选择一个恰当的零件然后右击，在弹出的快捷菜单中选择"复制"选项，如图2-55所示。

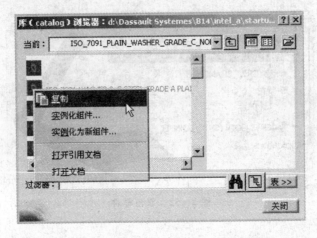

图 2-55 复制零件

关闭"库（catalog）浏览器"对话框后，在设计树上需要添加标准件的产品位置上右击，在弹出的快捷菜单中选择"粘贴"。完成后如图2-56所示，在设计树和设计环境中都显示出新增的标准件。

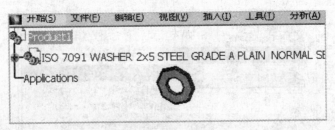

图 2-56 设计树

从库中读取的零件可以单独保存为一个独立的零件，然后进行修改和调整。

2.7.4 调整参数化标准件

在标准件库可以调整标准件的大小，并添加新的零件库。调整标准件所对应的参数表。它是一个 Excel 表格。

进入 CATIA 的设计环境，在"工具"菜单中选择"宏"选项，如图2-57所示，弹出"宏"对话框。单击"选择"按钮，可打开标准件的 EN_EndChapters.CATScript 文件。

在弹出的库文件中可以调整连接文件的默认位置，这时可将已修改过的 Excel 文件导入。同样，可以创建一个新的标准件库。首先，创建一个参数化零件。

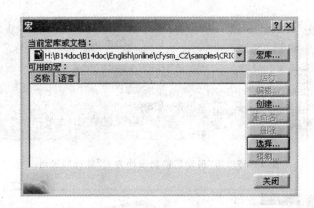

图 2-57 "宏"对话框

创建一个设计表格,在第一列中要用 PartNumber。将相关参数罗列并输入合适的参数。在库中完成对库主要参数的描写。

2.8 装配中增强性能改进的模式

在装配设计中,针对一个零件,可以将它的数据信息完全读入,同样也可以将它作为 CGR 文件读入,从而仅有零件形状信息。在实际应用中,如果仅仅需要对其中有限零件进行修改,可以利用观察模式即将不需要变动的零件作为 CGR 文件读入,从而增强系统运行的能力和速度。

在进行下面的实例练习中,需要对设置中的三个选项进行确认。第一个选项是产品结构中的调整缓存管理,需要激活"使用调整缓存系统"复选框,如图 2-58 所示。

图 2-58 激活"使用调整缓存系统"复选框

在装配件设计中,需要将"自动切换到设计方式"复选框激活,如图 2-59 所示。同样在装配件设计中,还需要将"计算打开时准确的更新状态"切换到"手工"选项,如图 2-60 所示。

打开 AssemblyConstraint07.CATProduct 文件可以观察到,在观察状态下打开装配文件的速度是比较快的。打开后设计环境如图 2-60 所示。

此时,观察设计工具按钮,更新工具一直显示为 。此按钮表示系统未知设计零件状态。

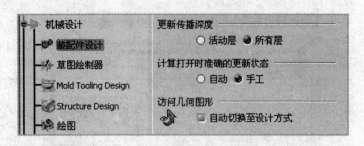

图2-59 将"自动切换到设计方式"复选项激活

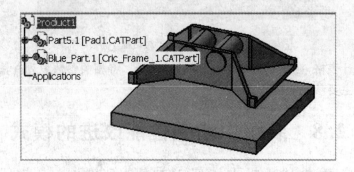

图2-60 打开文件

观察设计树上的零件名称,命名规则已经发生变化。如图2-61所示为实例名称和文档名称并列。

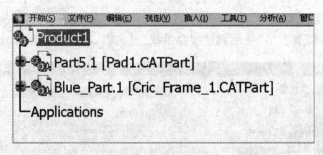

图2-61 零件名称

在设计树前面的"+"号上单击,设计树并未展开,而是将"+"号隐藏,然后在名称中发生变化,转换为装配文档的名称和实例的名称。

针对这些虚拟零件,同样可以添加相应的约束。单击 Offset Constraint(偏置约束)工具按钮,然后将光标移动到 Part5 的侧面,如图2-62所示,光标右下角显示出一个小小的眼睛符号。此符号表示显示当前组件可以添加约束,但添加以后零件将被载入。

单击选择 Part5 的侧面后再单击 Blue_Part 的侧面,如图2-63所示。从设计树上可以看到,组件已经被载入。

在实际设计中,可以在设计状态和观察状态下切换,从而获取设计速度和效果之间的平衡。

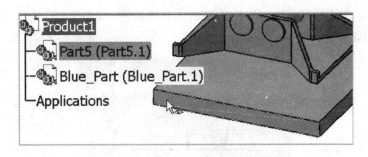

图 2-62 添加约束

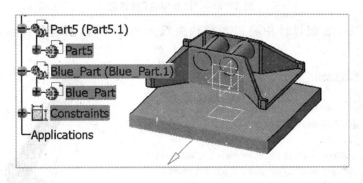

图 2-63 载入组件

2.9 装配更新

在装配设计时,每当添加约束或者是添加新组件时,都有可能产生需要更新的部分。在此涉及一个非常重要的更新功能按钮。

在设计状态下,打开一个装配或者添加一个组件时,更新工具按钮或者显示为 Update All (全部更新) ,或者为灰色显示 ,表示当前文档无需更新。

确保系统运行在高速缓存状态下,然后打开 Assembly_01.CATProduct 文件,观察设计树。如图 2-64 所示,约束都以问号显示。

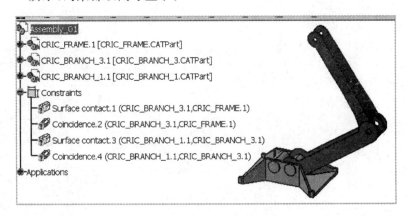

图 2-64 显示约束

单击 Update Status Unknown（未知状态）工具按钮 ，如图 2-65 所示，在设计环境中弹出"更新警告"对话框。

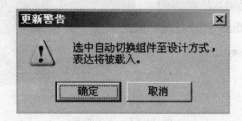

图 2-65 "更新警告"对话框

单击"确定"后，装配设计中将以当前约束载入相关零件，所有的约束都改变状态，如图 2-66 所示。

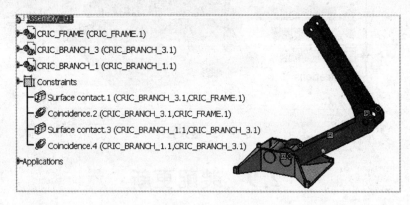

图 2-66 更新约束

第 3 章 装配组件移动和约束

3.1 组件移动

3.1.1 移动旋转工具

移动旋转工具是 P1 版本中独有的工具,用于移动和旋转活动的组件。在 P2 版本中,可以用罗盘或 Shift 键等完成相应的操作。

在移动旋转工具中,可以利用对话框输入移动方向,或在设计环境中选择相应的几何图素用于定义移动的方向。

打开 Moving_Components_01 文件,单击 Translate or Rotation(移动旋转)工具按钮 ,在设计环境中弹出 Move(移动)对话框,如图 3-1 所示。

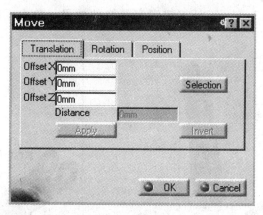

图 3-1 Move(移动)对话框

选择 C_BRANCH_3 作为移动组件,在 Offset X(X 向移动)文本框中输入"50mm"作为移动距离,单击 OK 按钮后结果如图 3-2 所示,所选组件已经移动相应距离。

在 Move 对话框中单击 Invert(反向)按钮,结果如图 3-3 所示。在移动一个组件时往往需要多次预览,方可获得需要的结果。单击 OK 按钮用于完成组件的移动。

在移动组件时,可以利用参考的几何图素定义移动方向。单击 Translate or Rotation(移动旋转)工具按钮 ,在设计环境中弹出 Move 对话框。选择 C_BRANCH_3 作为移动组件。

单击 Selection(选择)工具按钮,用于定义一个移动的参考方向。此时,可以选择一条直线或者一个平面作为参考,输入移动距离后,组件将沿着所选直线或者垂直于所选平面。

图 3-2 移动组件

图 3-3 反　向

如图 3-4 所示,选择红色零件的侧面,再选择蓝色零件的侧面,这两个平面是平行的。

根据所选择的参考平面,系统自动计算出偏置的距离。在 Offset(偏置)对话框中,自动显示出偏置的距离如下:

- Offset X：20mm；
- Offset Y：0mm；
- Offset Z：0mm。

单击 Apply(应用)按钮,蓝色零件移动相应的距离,如图 3-5 所示。同样,可以再次选择其他的参考图素,利用 Apply 工具按钮观察最终的效果。单击 OK 按钮完成组件的参考移动。

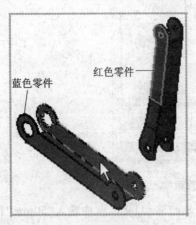

图 3-4 两面平行

图 3-5 移动距离

再次单击 Translate or Rotation 工具按钮，单击 Rotation(旋转)选项卡,如图 3-6 所示。选择红色零件作为旋转对象。

选择 Axis Y(Y 轴)选项将 Y 轴作为旋转中心轴,然后在 Angle(角度)文本框中输入"90deg"作为旋转度数。单击 OK 按钮结果如图 3-7 所示。

在旋转移动时同样可以利用参考几何图素作为旋转轴。

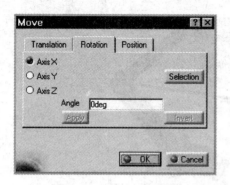

图 3-6 Rotation(旋转)选项卡

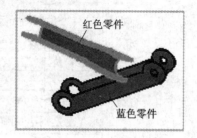

图 3-7 旋转角度

再次单击 Translate or Rotation 工具按钮,切换到旋转页面。选择红色零件作为旋转对象。

选择蓝色零件的一条边作为旋转轴,如图 3-8 所示。

在 Angle 文本框中输入"90deg"作为旋转度数,单击 Apply 按钮观察旋转效果。如图 3-9 所示,可以继续调整参考旋转轴和旋转度数,直到选择合适的位置。单击 OK 按钮完成组件的旋转。

图 3-8 选择旋转轴

图 3-9 旋转零件

3.1.2 操作零件

"操作"零件工具按钮用于更加柔性、自由地移动或旋转相应的零组件。

打开 Moving_Components_02 文件,单击 Manipulate(操作)工具按钮,在设计环境中弹出 Manipulation Parame(操作参数)对话框,如图 3-10 所示。其中有三行工具按钮:第一行用于沿着三个轴向移动零件;第二行用于在指定表面上移动零件;第三行用于沿着指定轴向旋转。

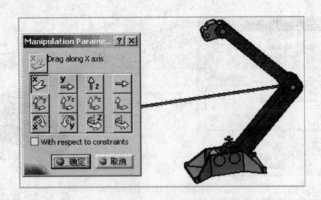

图 3-10　Manipulation Parame(操作参数)对话框

单击 Drag along Y axis(沿着 Y 轴移动)工具按钮，选择 Set1 作为移动对象，拖动如图 3-11 所示，Set1 沿着 Y 轴移动。

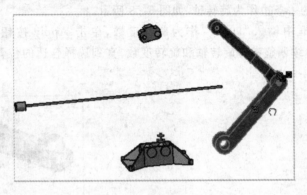

图 3-11　移动对象

在对话框上单击 Drag around Y axis(沿着 Y 轴旋转)工具按钮，旋转对象选择为 CRIC_FRAME，拖动旋转，如图 3-12 所示。

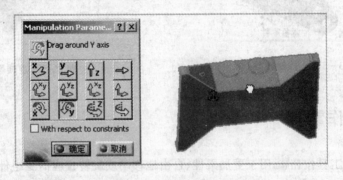

图 3-12　旋转对象

单击"确定"按钮完成零件的移动。

利用操作工具按钮不可以移动或旋转已经约束的零件，可以利用 Shift 键和罗盘移动已经约束的组件。同时，可变形的组件不可以利用操作工具按钮移动。

3.1.3 捕 捉

零件"捕捉"工具按钮用于移动零件时,可以为它设置相应的参考。根据参考对象,快速方便地移动零件。"捕捉"工具按钮 位置如图 3-13 所示。

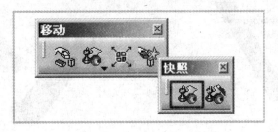

图 3-13 "捕捉"工具按钮

在实际操作中,根据不同的选择顺序,将获取不同的结果,如表 3-1 所列。

表 3-1 捕 捉

第一个选择图素	第二个选择图素	结 果
点	点	同样的点
点	线	点投影到线上
点	面	点投影到面上
线	点	线通过点
线	线	同线
线	面	线投影到面上
面	点	面通过点
面	线	面通过线
面	面	两面平行

打开 Moving_Components_01 文件,确保零件处于设计状态。单击 Snap(捕捉)工具按钮 ,首先选择红色零件的侧面,如图 3-14 所示,红色零件作为移动对象。

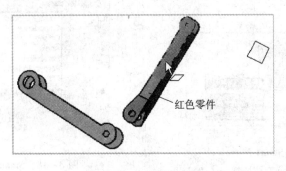

图 3-14 选择零件

选择红色零件侧面后,再次单击蓝色零件侧面,如图3-15所示。在红色零件上显示出绿色的箭头和平面。

在绿色箭头上单击,即可以所选择的平面为基准调整零件的位置,如图3-16所示。

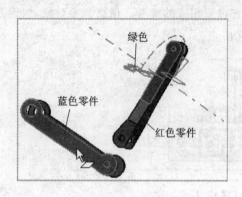

图3-15 绿色箭头

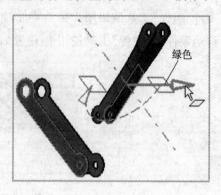

图3-16 选择基准

3.1.4 精确移动

在移动时,可以利用Smart Move(精确移动)工具按钮。在移动组件的同时创建相应的相合约束,具体位置如图3-17所示。

Smart Move工具按钮同时包含了操作和捕捉两个功能,同时,也可以创建相应的约束。在精确移动时,观察状态下的零件将自动转换成设计状态。

打开Moving_Components_01文件,单击Smart Move工具按钮,弹出Smart Move对话框,如图3-18所示。在Quick Constraint(快速约束)列表框中显示出所有可以应用的约束。

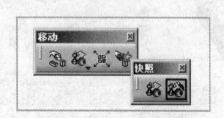

图3-17 Smart Move
(精确移动)工具按钮

图3-18 Smart Move对话框

单击 Automatic constraint creation(自动创建约束)复选框,在设计过程中可以根据快速约束创建相应的约束。首先选择需要移动的红色零件上的轴线,如图 3-19 所示。

再次单击蓝色零件的轴线,如图 3-20 所示,红色零件已经移动到相应的位置。同时,在设计环境中显示出绿色的平面和箭头。

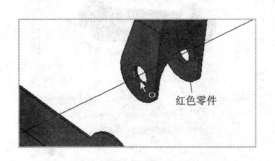
图 3-19 选择直线

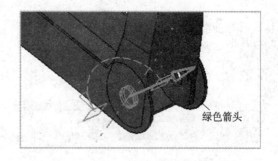
图 3-20 移动零件

单击箭头可以根据当前约束移动红色零件,如图 3-21 所示,将红色零件移动。

单击 OK 按钮后完成精确移动,如图 3-22 所示,在设计环境中显示出同轴约束。

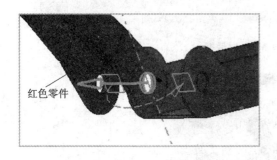
图 3-21 移动零件

图 3-22 轴约束

在设计树上,可以优先在设计树上选择相应的零件,然后应用"精确移动"工具按钮,此时在 Smart Move 对话框中可以应用观察视窗。

将前面所做的同轴约束撤销,然后在设计树上选择 CRIC_BRANCH_1 和 CRIC_BRANCH_3,单击"精确移动"工具按钮,打开 Smart Move 对话框,与先前不同的是在对话框上方出现一个观察视窗。

在蓝色零件上,单击内侧的面作为第一个组件的参考图素,如图 3-23 所示。

再次单击红色零件的侧面,如图 3-24 所示,作为第二个约束图素。

观察设计环境中,同样,两个零件间显示出绿色的轴线、平面和箭头,如图 3-25 所示。

单击 OK 按钮后完成精确移动,如图 3-26 所示,在设计环境中,显示出平面相合约束。

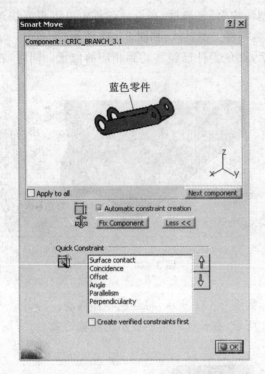 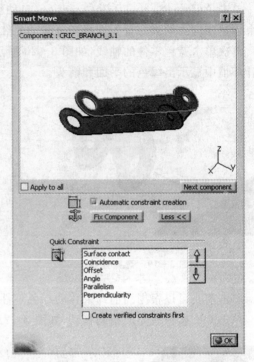

图 3-23　Smart Move 对话框

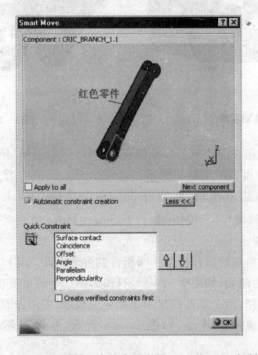

图 3-24　显示第二个约束图素的 Smart Move 对话框

第 3 章 装配组件移动和约束

图 3-25 显示出绿色的轴线、平面和箭头

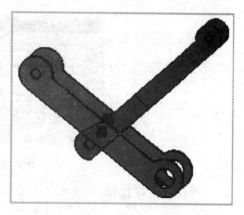

图 3-26 完成精确移动

3.1.5 装配爆炸

Explode(爆炸)工具按钮 可以将当前已经完成约束的装配设计进行自动的爆炸操作，从而便于观察装配设计，如图 3-27 所示。

打开 Moving_Components_03 文件，如图 3-28 所示，此装配已经完成了约束。Wheel Assembly 已被默认选择作为爆炸的对象。单击 Explode 工具按钮 ，弹出 Explode(爆炸)对话框，如图 3-29 所示。其中：

图 3-27 Explode(爆炸)工具按钮

- Depth(深度)　可以选择爆炸的层次，共有 All

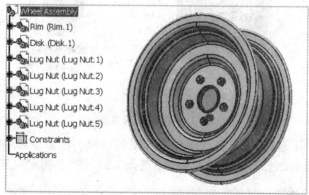

图 3-28 打开文件

levels(所有层次)和 First level(第一层)两种选择。在此默认选择 First level(所有层次)。

- Type(类型)　在类型中可以选择 3D(三维)、2D(二维)和 Constrained(约束)。在此默认选择 3D。

39

图 3-29　Explode(爆炸)对话框

单击 Apply 按钮，如图 3-30 所示，弹出 Information Box 对话框，提示可以利用罗盘移动组件。

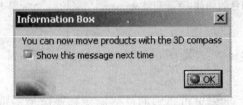

图 3-30　Information Box 对话框

单击 OK 按钮后完成爆炸图的生成，如图 3-31 所示，装配设计已经分离开来。

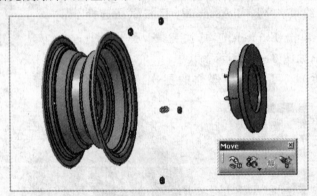

图 3-31　生成爆炸图

如果对爆炸结果不满意，可以修改爆炸的类型和结果。调整参数，将 Type 调整为 Constrained，在 Fixed product(固定产品)文本框中选择 Rim.1 作为固定对象，如图 3-32 所示。

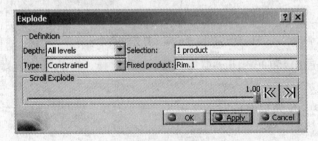

图 3-32　修改爆炸的类型和结果

单击 Apply 按钮完成新参数下的爆炸视图,如图 3-33 所示。可以观察到螺母的位置发生了变化。

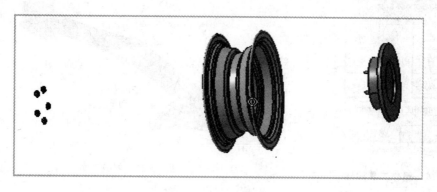

图 3-33 爆炸视图

单击 OK 按钮完成爆炸图,如图 3-34 所示,弹出 Warning(警告)对话框,询问是否确定更改产品位置,单击"是"按钮完成爆炸图的生成。

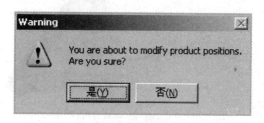

图 3-34 Warning(警告)对话框

爆炸视图用于更好地观察一个产品的结构。利用爆炸视图,可以创建新的场景,可以打印,也可以创建一个工程图。

3.1.6 干涉检查

在装配设计时,可以利用 Manipulation on Clash(干涉时停止)工具按钮 (见图 3-35)检查装配零件是否有干涉。在移动组件时,可以停止正在进行的移动。

移动零件时,可以在按住 Shift 键的同时利用罗盘移动,也可以利用操作工具按钮,但在使用操作工具按钮时,需要复选 With respect to constraints(关于约束),如图 3-36 所示。

打开 Assembly_01.CATProduct 文件,将罗盘拖动到红色零件 CRIC_SCREW 上,在按住 Shift 键的同时旋转罗盘,如图 3-37 所示,当有干涉发生时,干涉的零件加亮显示。

图 3-35 Manipulation on Clash
(干涉时停止)工具按钮

单击 Manipulation on Clash(干涉时停止)工具按钮 ,再次移动红色零件,当发生干涉时系统停止移动。在移动组件时,速度的快慢将导致最终停止距离的大小,速度愈快,距离将愈大,如图 3-38 所示。

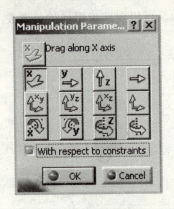

图 3-36 操作工具按钮

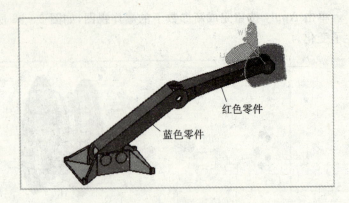

图 3-37 打开文件

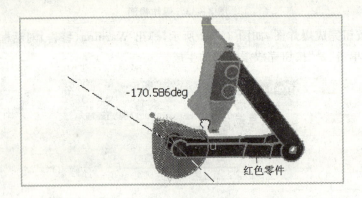

图 3-38 移动组件

再次单击 Manipulation on Clash 工具按钮，取消干涉的检查。

3.2 装配约束

将所有的零件组成一个产品，即几何装配。通过在基本的点、线、面之间添加相应的几何关系，一个完整的产品就诞生了。

3.2.1 相合约束

Coincidence Constraint(相合约束)工具按钮，如图 3-39 所示，可以对点、线、面、球形、圆柱面、圆锥面、轴系、曲线、多面体和曲面等图素进行相合约束。

图 3-39 Coincidence Constraint(相合约束)工具按钮

打开 Constraint1.CATProduct 文件，利用两面相合完成一个简单的约束。单击 Coincidence Constraint 工具按钮 ,单击红色零件的侧面作为第一个约束图素。再单击蓝色零件的侧面,定义第二个约束图素,如图 3-40 所示,在设计环境中显示出两个绿色箭头,代表约束时不同的配合方向。

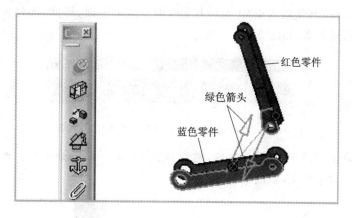

图 3-40 定义约束图素

同时,在设计环境中弹出 Constraint Properties(约束属性)对话框,可以选择同向或者是反向的约束,观察约束的各种细节,如图 3-41 所示。

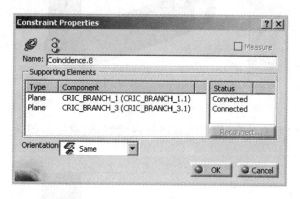

图 3-41 Constraint Properties(约束属性)对话框

单击 OK 按钮完成相合约束的添加,如图 3-42 所示,单击 Update(更新)工具按钮,零件移动到约束所决定的位置,约束标志转换为绿色。

图 3-42 添加约束

3.2.2 接触约束

Contact Constraint(接触约束)工具按钮 ，用于定义平面、球面、圆柱面、圆锥面和圆等基本图素之间的几何关系,如图3-43所示。

图3-43 Contact Constraint(接触约束)工具按钮

打开 Constraint7.CATProduct 文件,然后单击 Contact Constraint 工具按钮 ,选择红色的侧面作为第一约束图素,如图3-44所示。

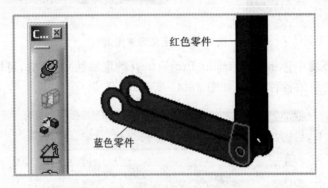

图3-44 选择第一约束图素

选择第二个接触约束的对象,即蓝色零件的内侧面,完成后如图3-45所示,在零件上显示出两个接触约束的标志。

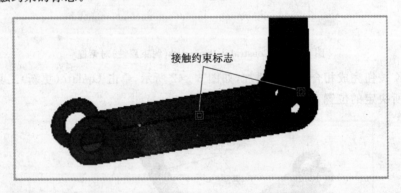

图3-45 完成约束

3.2.3 距离约束

在点、线和面之间可以添加距离约束,在装配设计中利用 Offset Constraint(距离约束)工

具按钮 实现距离约束,如图 3-46 所示。

图 3-46 Offset Constraint(距离约束)工具按钮

打开 AssemblyConstraint02.CATProduct 文件,单击 Offset Constraint 工具按钮 ,然后选择棕色零件的上表面作为距离约束的第一个元素,如图 3-47 所示。

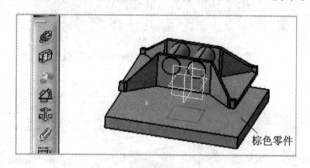

图 3-47 选择第一个元素

选择蓝色零件的下表面作为第二个约束元素,如图 3-48 所示,绿色箭头表示距离的方向。

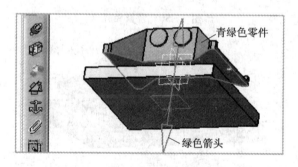

图 3-48 第二个约束元素

同时,在设计环境中弹出 Constraint Properties 对话框,如图 3-49 所示。在对话框中,显示出约束中所涉及的组件、约束的对象及约束的状态。在方向上有三种模式可选:
- Undefined(未定义) 系统自动寻求最佳结果;
- Same(相同) 在同一方向上;
- Opposite(相反) 在相反方向。

在 Offset 文本框中可以输入距离,既可以自行输入数值,也可以利用测量工具测量,默认显示为两个元素之间的距离,如图 3-50 所示,将距离修改为"24mm"。

单击 OK 按钮完成距离约束的添加,如图 3-51 所示,在设计环境中显示出距离,单击 Update 工具按钮,蓝色零件自动移动。

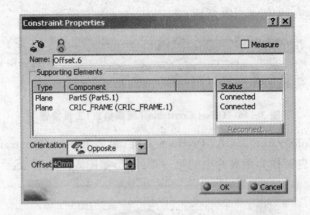

图 3-49 Constraint Properties 对话框

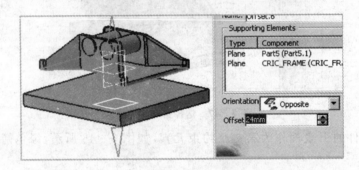

图 3-50 调整距离

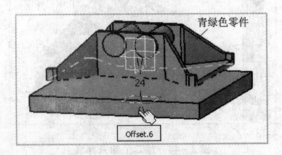

图 3-51 显示距离

3.2.4 角度约束

在装配的几何约束中,可以利用 Angle Constrained(角度约束)工具按钮 在线、面、轴线等几何图素之间添加角度约束,如图 3-52 所示。利用角度约束,可以添加以下三种模式:
- Angle(角度) 输入角度数值;
- Parallelism(平行) 特殊的角度约束,数值为 0;
- Perpendicularity(垂直) 特殊的角度约束,数值为 90。

打开 AssemblyConstraint03.CATProduct 文件,如图 3-53 所示,单击 Angle Constrain-

图 3-52 Angle Constrained(角度约束)工具按钮

ed 工具按钮 ，单击蓝色零件内侧的底面作为第一个约束图素。

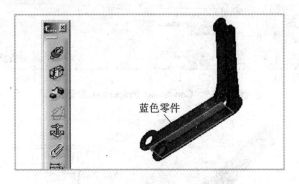

图 3-53 选择第一个约束图素

再次单击红色零件上表面,作为角度约束的第二个图素,如图 3-54 所示,在设计环境中显示出默认的角度值。

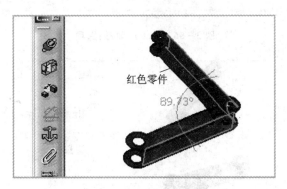

图 3-54 选择第二个约束图素

同时,在设计环境中打开 Constraint Properties 对话框,如图 3-55 所示,左侧用于选择四种约束方式,右侧显示出组件的名称和状态等相关属性。

在对话框中,有一个 Sector(扇形)的下拉列表框,可以在这个列表框中选择四个扇形位置。四个选项如图 3-56 所示,将 Angle 调整为"40",将 Sector 调整为 Sector 4。Sector 选项如下:

- Direct Angle(直接角度);
- Angle(角度)+180 deg;
- 180 deg-Angle(角度);
- 360 deg-Angle(角度)。

单击 OK 按钮完成角度约束的添加,然后单击 Update 工具按钮,结果如图 3-57 所示。

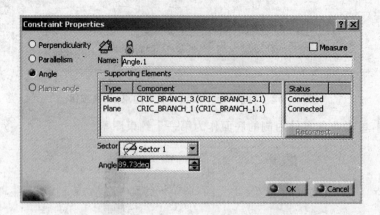

图 3-55　Constraint Properties 对话框

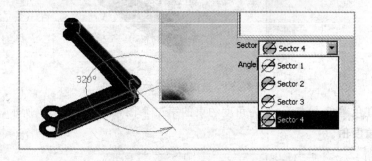

图 3-56　Sector(扇形)选项

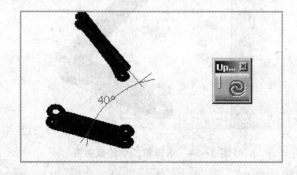

图 3-57　完成角度约束的添加

3.2.5　固定组件

在一个设计空间中,可以利用 Fix(固定)工具按钮将一个组件固定在设计环境中,如图 3-58所示。一种是将组件固定于空间固定处,称为绝对固定;另一种是将其他组件与固定组件的相互位置关系固定,当移动时,其他组件相对固定组件移动。

打开 Fix.CATProduct 文件,单击 Fix 工具按钮,选择青绿色零件,如图 3-59 所示,在设计环境中显示出固定约束的标志。

将罗盘拖动到青绿色零件上,然后拖动它到其他位置,如图 3-60 所示。

图 3-58　Fix(固定)工具按钮

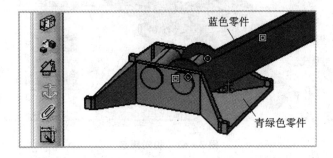

图 3-59　选择零件

图 3-60　移动零件

单击 Update 工具按钮，已经被固定的组件重新恢复到原始的空间位置。这种固定方式称为绝对固定。

双击固定约束标志，打开 Constraint Definition(约束定义)对话框。单击 More(更多)按钮展开对话框，如图 3-61 所示，将 Fix in space(固定在空间)复选框不选。

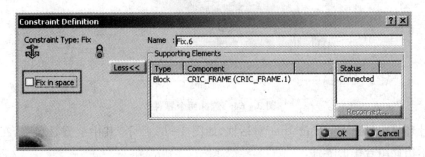

图 3-61　展开对话框

再次利用罗盘移动青绿色零件，Update 工具按钮被激活。单击 Update 工具按钮，更新装配设计,如图 3-62 所示,青绿色的零件位置未发生变化,而蓝色的零件移动,各个组件之间的位置重新固定。这种固定方式称为相对固定。

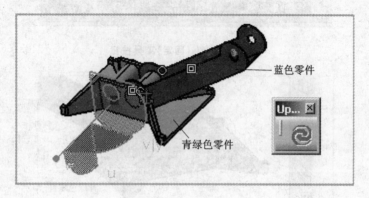

图 3-62 相对固定

3.2.6 固定多个组件

在装配设计时,可以利用 Fix Together(固定多个组件)工具按钮 如图 3-63 所示,将多个零件固定在一起,作为一个整体移动。

图 3-63 Fix Together(固定多个组件)工具按钮

打开 Fix.CATProduct 文件,单击 Fix Together 工具按钮 ,然后依次选择在设计环境中的两个零件,如图 3-64 所示。

图 3-64 选择两个零件

在设计环境中弹出 Fix Together 对话框,如图 3-65 所示,其中上方是名称,在下面的列表框中显示出此组合中的零件。

在 Name 文本框中将名称更改为"FT1",单击 OK 按钮后完成多个零件组合的建立,如图 3-66 所示。此时两个零件已经被建立成为一个组合。

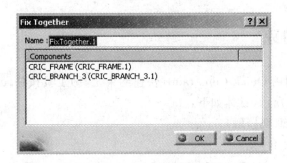

图 3-65　Fix Together 对话框

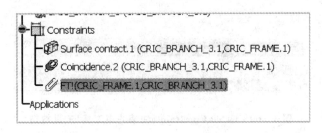

图 3-66　建立组合

将罗盘移动到青绿色零件上，拖动时零件组合中所有的零件都加亮显示，如图 3-67 所示。

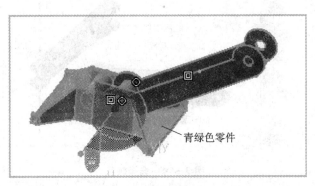

图 3-67　罗盘移动

同时，在设计环境中弹出 Move Warning（移动警告）对话框，如图 3-68 所示。其中：

- Extend selection with all involved component（选择所有相关零件）　此复选框选择后，零件组合中的所有零件都将移动。
- Do not show this warning next time（下次不再显示）　定义在移动合并组件时如何处理。

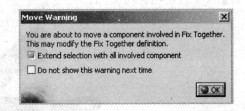

图 3-68　Move Warning（移动警告）对话框

在新建一个新的零件组合时，可以将一个已经建立的组合添加到其中。针对一个零件组合，同样可以利用约束来确定它的位置。

3.2.7 快速约束

在约束时,可以利用 Quick Constraint(快速约束工具)工具按钮 添加一些已经设置成功的约束,如图 3-69 所示,具体如下:

- Surface contact(面接触);
- Coincidence(相合);
- Offset(偏置);
- Angle(角度);
- Parallelism(平行)。

图 3-69　Quick Constraint(快速约束工具)工具按钮

打开 QuickConstraint.CATProduct 文件,双击 Quick Constraint 工具按钮 ,如图 3-70 所示,先选择红色零件的一个轴线。

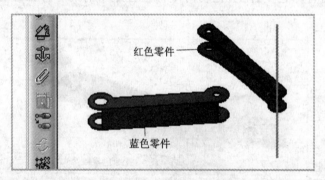

图 3-70　选择轴线

再选择蓝色零件的一个轴线,单击"更新"工具按钮,结果如图 3-71 所示。第一个约束添加的是一个轴线相合约束。

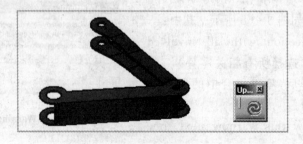

图 3-71　添加约束

继续选择红色零件的侧面作为第二个快速约束的第一个几何图素,如图 3-72 所示。

单击与红色侧面相接触的蓝色表面,如图 3-73 所示,完成约束后显示出第二个约束。第二个约束是一个面相合的约束。

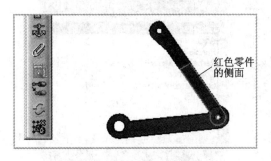

图 3-72 选择第一个几何图素

图 3-73 单击蓝色表面

在设计树上,同样显示出两个约束,如图 3-74 所示。

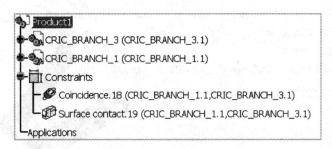

图 3-74 设计树上显示约束

3.2.8 变换约束

在一个已经完成的约束上,可以利用 Change Constraint(变换约束)工具按钮 更改一个约束的类型,具体位置如图 3-75 所示。

图 3-75 Change Constraint(变换约束)工具按钮

打开 AssemblyConstraint05.CATProduct 文件,进入设计状态,在设计环境中显示出平行约束,单击 Change Constraint 工具按钮 ,如图 3-76 所示。

在设计环境中弹出 ChangeType(更换类型)对话框,如图 3-77 所示,可以将约束类型改变为偏置、角度、平行、垂直、相合和面接触。

在对话框中选择 Offset,然后单击 OK 按钮,如图 3-78 所示,在设计树和设计环境中平行约束都转换为距离约束。

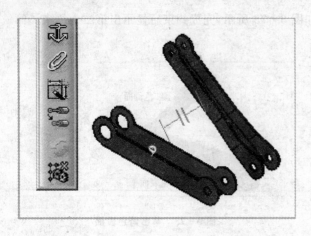 

图 3-76　单击 Change Constraint 工具按钮　　　图 3-77　ChangeType(更换类型)对话框

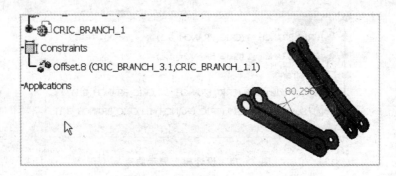

图 3-78　转换距离约束

3.2.9　重用零件阵列

在零件设计时往往有一些阵列操作,用于构造一些相同的零件特征。Reuse Pattern(重用阵列)工具按钮 可以将装配中的零件以特定方式阵列,如图 3-79 所示。

图 3-79　Reuse Pattern(重用阵列)工具按钮

打开 Pattern. CATProduct 文件,展开设计树,如图 3-80 所示,在零件中有阵列特征。

选择阵列后,在按住 Ctrl 键的同时选择 Part2,单击 Reuse Pattern 工具按钮 ,如图 3-81所示,打开 Instantiation on a pattern(阵列实例)对话框。在对话框中,阵列的相关信息如下:

- 阵列名称;
- 阵列实例数目(仅仅用于观察,不能修改);
- 进行阵列的实例名称。

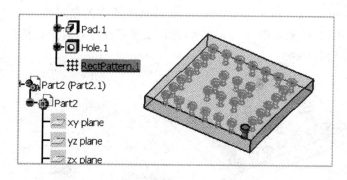

图 3-80　展开设计树

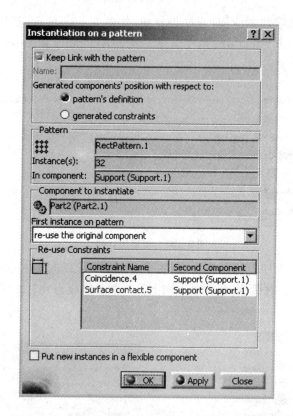

图 3-81　Instantiation on a pattern(阵列实例)对话框

Keep Link with the pattern(保持与阵列相关)复选框已经被选择。针对原始组件同样有三种方式：

- re-use the original component(重用原始组件)　原始组件在阵列中应用,在设计树中显示在原始的位置。
- create a new instance(创建一个新实例)　原始组件不发生移动,在设计树中的阵列应用中创建一个新的实例。
- cut & paste the original component(剪切并粘贴原始组件)　原始组件在阵列中显示并且在阵列树中移动。

选择 Put new instances in a flexible component（将所有的新零件实例作为柔性组件）复选框，单击 Apply 按钮，结果如图 3-82 所示，螺钉按照零件阵列的方式复制。

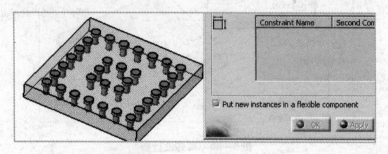

图 3-82　阵列复制

单击 OK 按钮完成阵列的应用，观察设计树，如图 3-83 所示，新增 Gathered Part2 on RectPattern.1 和 Assembly features 两个组件。展开 Assembly features 组件，可以观察到阵列的位置。

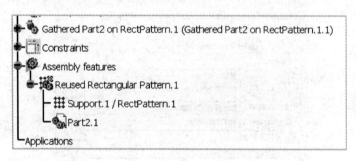

图 3-83　观察设计树

双击 Support 进入零件设计工作台，双击 RectPattern.1 选项，打开 Rectangular Pattern Definitin（矩形阵列定义）对话框，将两个方向上阵列数目修改为"5"，如图 3-84 所示。

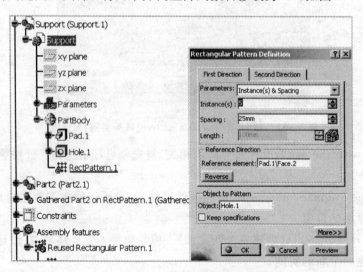

图 3-84　Rectangular Pattern Definition（矩形阵列定义）对话框

第3章 装配组件移动和约束

单击 OK 按钮完成阵列的编辑,返回装配设计工作台。单击 Update 工具按钮,结果如图 3-85 所示,螺钉的阵列已经改变。

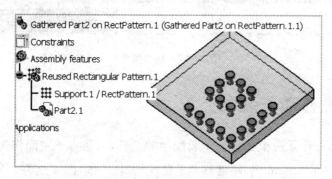

图 3-85 完成阵列的编辑

在阵列的原始组件中,往往有约束存在。选择 generated constrains(创建约束)单选项,在 Re-use Constraints(重用约束)选项组中显示出可以重用的约束,利用 All(全部)和 Clear(清除)工具按钮可以选择需要重用的约束,如图 3-86 所示。

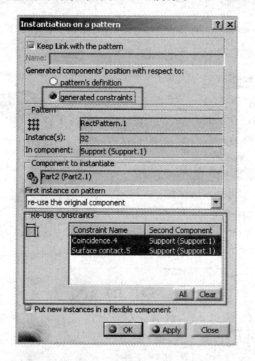

图 3-86 Instantiation on a pattern 对话框

在设计树上右击 Reused Rectangular Pattern.1 object 选项,弹出快捷菜单,如图 3-87 所示,有以下两个选项:
- Definition(定义) 展示阵列的信息,如果没有更新,则可以进行本地更新;
- Deactivate/Activate(解除/激活) 解除或者激活阵列约束的定义。

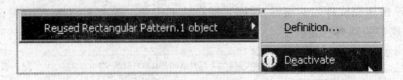

图 3-87 快捷菜单

3.2.10 柔性移动子装配

在装配设计中,往往无法单独移动子装配中的组件,而是将子装配作为刚性的整体来移动。利用 Flexible Sub-Assembly(柔性移动子装配)工具按钮 ,可以将一个子装配中的组件单独处理,如图 3-88 所示。这两种移动方式的具体区别在下例中展示。

图 3-88 Flexible Sub-Assembly(柔性移动子装配)工具按钮

打开 Articulation.CATProduct 文件,如图 3-89 所示,有一个产品和两个零件。

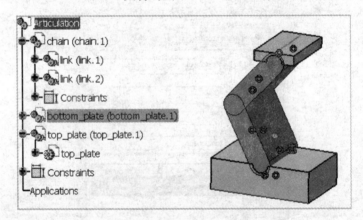

图 3-89 打开文件

将罗盘拖动到 link(link.1)上,选择 link(link.1),利用罗盘移动 link(link.1),如图 3-90 所示,并非仅有 link(link.1)移动,而是产品 chain(chain.1)全部移动。这种移动方式表示子装配组件是刚性的,所以是产品整体移动。

撤销移动,单击 Flexible Sub-Assembly 工具按钮 ,然后单击 chain(chain.1),如图 3-91 所示,在设计树上的 chain(chain.1)标志发生变化。

此时再将罗盘移动到 link(link.1),如图 3-92 所示,发现进行柔性移动操作后,仅仅是零件 link(link.1)移动,与刚才的刚性状态已经不同。

在设计树上将产品 chain(chain.1)进行复制、粘贴,设计树如图 3-93 所示,新增一个柔性的产品 chain(chain.2)。

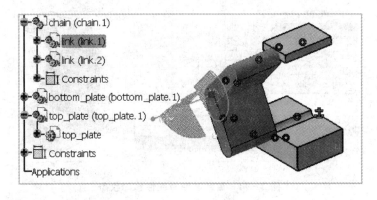

图 3-90 利用罗盘移动

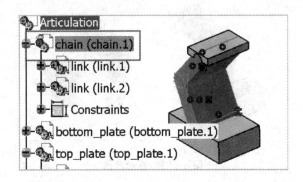

图 3-91 标志发生变化

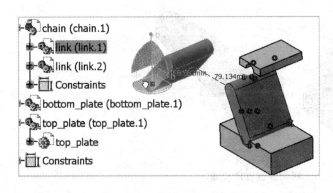

图 3-92 移动罗盘

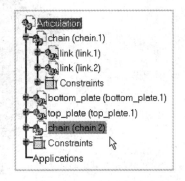

图 3-93 新增柔性产品

在设计树上右击产品 chain(chain.2)后,选择 chain.2 object|Flexible/Rigid Sub-Assembly 选项,将复制的产品 chain(chain.2)重新改变为刚性移动状态,如图 3-94 所示。

利用罗盘将产品 chain(chain.2)移出来,结果如图 3-95 所示。

打开 chain.CATProduct 文件,如图 3-96 所示,利用罗盘将其中的一个零件移动到其他位置。由于 chain.CATProduct 是 Articulation.CATProduct 的一个子部件,所以在产品 Articulation.CATProduct 中相应的组件也会发生变化。

将窗口切换到产品 Articulation.CATProduct,如图 3-97 所示,刚性的产品组合已经发生变化,而柔性的产品组合却没有位置上的变化。

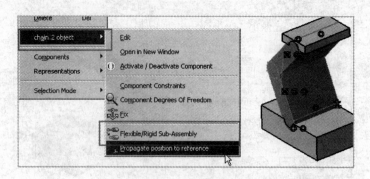

图 3-94　重新改变为刚性移动状态

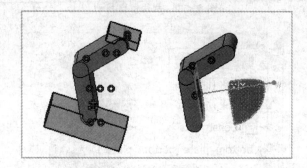

图 3-95　移动产品

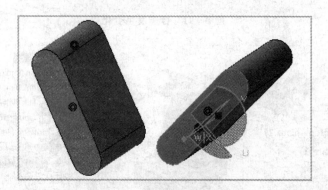

图 3-96　利用罗盘移动位置

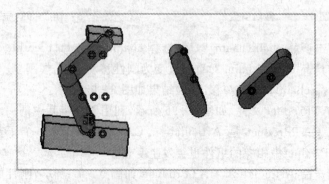

图 3-97　刚性的产品组合

重新将窗口切换到产品 chain.CATProduct,如图 3-98 所示,在两个基本零件上添加一个角度约束,并将数值调整为"80"。

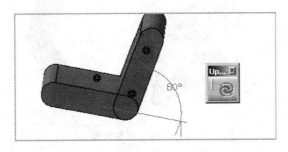

图 3-98 添加角度

重新将窗口切换到产品 Articulation.CATProduct,如图 3-99 所示,刚性的产品组合和柔性的产品组合都应用了相应的角度约束。

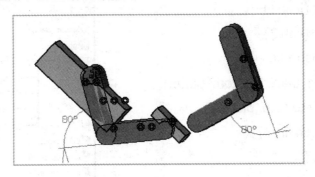

图 3-99 相应的角度约束

将柔性的产品组合的角度约束调整为"100",如图 3-100 所示,保持刚性的产品组合不变。

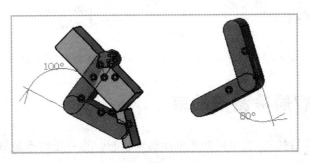

图 3-100 调整角度约束

重新将窗口切换到产品 chain.CATProduct,如图 3-101 所示,将角度约束的数值调整为"50"。然后切换到产品 Articulation.CATProduct,可以发现,柔性的产品组合没有任何变化,而刚性的产品组合依然跟随原始组件变化。

选择菜单 Analyze(分析)|Mechanical Structure(机械结构)选项,如图 3-102 所示,弹出 Mechanical Structure Tree(机械结构树)对话框。与设计树对比,可以观察到 chain.2 在机构中有记录,而 chain.1 由于改变为柔性装配,所以没有在机构中显示出来。

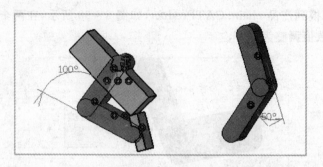

图 3-101 调整角度

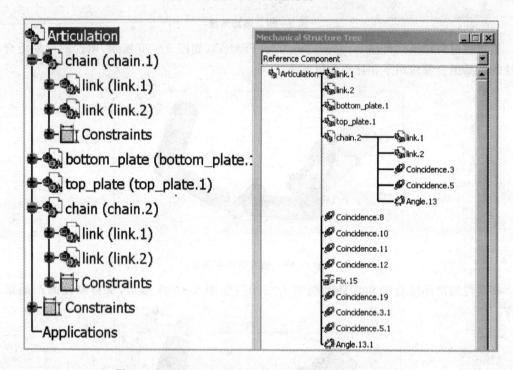

图 3-102 Mechanical Structure Tree(机械结构树)对话框

3.2.11 激活/解除激活约束

约束可以处于激活状态,也可以处于解除约束状态。当一个约束被解除激活后,在更新时将不参与重新计算。

打开 AnalyzingAssembly04.CATProduct 文件,在设计树上右击 Coincidence.3 后选择 Deactivate 选项,如图 3-103 所示,在设计树的相合标志的左下角显示红色的小圆括号。

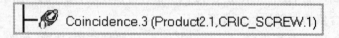

图 3-103 设计树

观察设计环境,如图 3-104 所示,被解除激活的相合约束标志显示为白色。

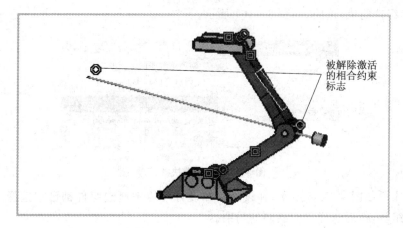

图 3-104 相合约束标志

一个被解除激活的相合约束,可以通过右键快捷菜单重新激活,如图 3-105 所示,右击弹出快捷菜单,选择 Coincidence.3 object|Activate 选项。

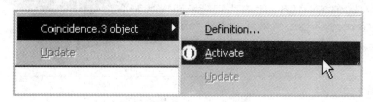

图 3-105 重新激活

3.2.12 指定组件约束选择

在约束的选择时,可以选择一个指定组件的所有约束,同时也可以复选多个组件,所选组件都将显示出来。

打开 Assembly_01.CATProduct 文件,将所有的约束显示出来,同时,确认所有零件处于设计状态。在设计环境中选择提取约束的组件,如图 3-106 所示,选择 CRIC_FRAME (CRIC_FRAME.1)作为需要提取约束的组件。

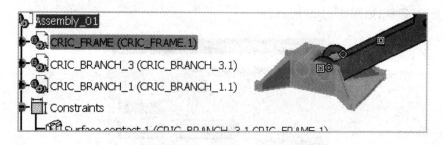

图 3-106 提取约束的组件

上篇 装配设计

选择组件约束的命令,右击弹出快捷菜单,选择 CRIC_FRAME.1 object|Component Constraints(组件约束)选项,如图 3-107 所示。

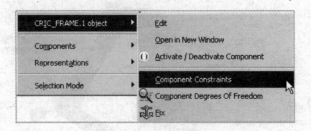

图 3-107 右键快捷菜单

命令完成后如图 3-108 所示,在设计树和设计环境中所选组件都已被选择。当然,也可以选择多个组件,然后选择它们共同的约束。

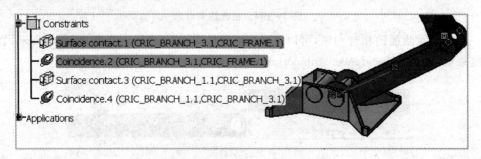

图 3-108 选择组件约束

3.2.13 约束编辑

一个约束添加完成之后,可以对相关图素和参数进行以下编辑:
- Rename the constraint(重命名约束);
- Change the referenced geometries(替换参考几何图素);
- Modify its options(修改选项)。

打开 Assembly_01.CATProduct 文件,将所有的约束显示出来,同时,确认所有零件处于设计状态。在设计树上双击 Surface contact.3 选项,在设计环境中打开 Constraint Definition(约束定义)对话框,如图 3-109 所示。

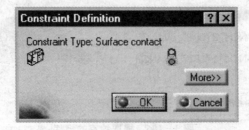

图 3-109 Constraint Definition(约束定义)对话框

单击 More 按钮,如图 3-110 所示,在对话框右侧显示出更多的约束相关信息:上方是约束名称,下面是约束类型、组件及组件状态。

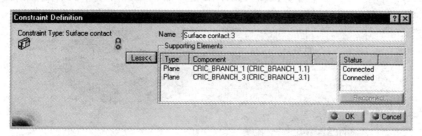

图 3-110　Constraint Definition(约束定义)对话框

在对话框中有一个类似红绿灯的标志,用于表示约束的当前状态,共有以下四种状态:

　　verified(已确认);　　　　impossible(不可存在);
　　not updated(未更新);　　broken(已损坏)。

在对话框中的 Supporting Elements(支持元素)选项组中显示出组件的名称,右击后弹出快捷菜单,如图 3-111 所示,显示出两个命令:

- Reframe on(约束居中)　在视图中,将所选图素的约束显示在中心位置。
- Center Graph(标志居中)　在设计树中将所选图素居中、展开。

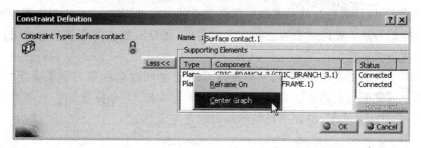

图 3-111　快捷菜单

在装配设计时,设置约束与设计零件同步进行。在设计过程中,可能修改了约束的几何参考。换句话说,约束的参考对象已经发生变化,它的原始位置已经改变。而在设计时,参考图素在历史记录中依然存在,而在当前工作时则不存在。

当参考图素发生变化后,选择约束相关的组件将不再加亮显示,或者约束看起来是错误的。在钣金设计或零件设计中修改了零件的位置,将导致这种不合理约束的存在。如图 3-112 所示即为一个成功的约束。

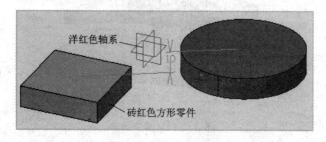

图 3-112　成功的约束

在零件设计中,移动左侧的砖红色方形零件,切换到装配设计下。可以看到,洋红色的轴系并未发生移动,所以约束的尺寸和位置也未改变。而在设计环境中,约束如图3-113所示。

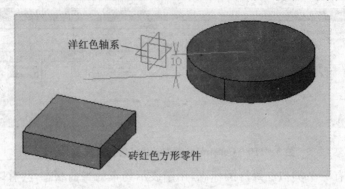

图 3-113 错误的约束

3.2.14 约束更新

在对装配设计中的约束进行更新时,可以同时更新激活组件中所有的约束,也可以仅仅更新一个或几个约束。

在默认状态下,没有更新的约束是以黑色显示的。在更新时,可以在设计树上或者设计环境中选择相应的约束。在需要更新的约束上右击后,在弹出的快捷菜单上选择 Update 按钮,所选择的约束即被更新。

选择第二个需要更新的约束,然后在按住 Ctrl 键的同时选择第三个需要更新的约束,即同时选择两个需要更新的约束。此时,在快捷菜单上选择 Update 按钮。所选择的两个约束同时被更新,在默认状态下,已经更新的约束以绿色显示。

3.2.15 约束属性

在约束的属性对话框中,可以修改约束的机械属性和参数。

打开 AssemblyConstraint02.CATProduct 文件,在青绿色和棕色零件之间创建一个距离约束,结果如图3-114所示。

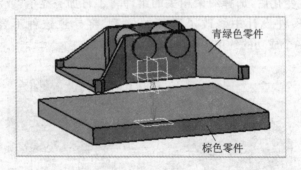

图 3-114 建立约束

在约束上右击弹出快捷菜单,然后选择 Properties(属性)选项,弹出 Properties(属性)对话框,如图 3-115 所示,其中有四个选项卡。

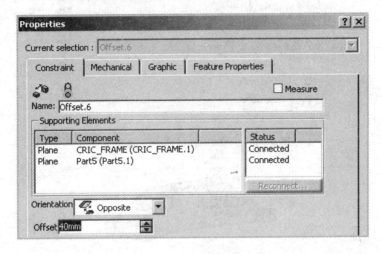

图 3-115　Properties(属性)对话框

在 Constraint(约束)选项卡中,显示出约束的状态、约束的名称和约束的支持图素。在下面的 Orientation(方向)列表框中调整约束方向为 Same(相同),在 Offset(偏置)列表框中将数值调整为"75mm",单击 OK 按钮完成对约束的修改。

除了在 Properties 对话框中调整以上属性外,也可以在 Constraint Definition 对话框中调整。Comstraint Definition 对话框如图 3-116 所示。

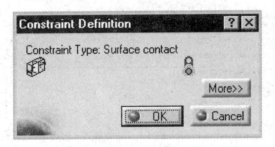

图 3-116　Constraint Definition 对话框

在 Properties 对话框中切换到 Mechanical(机械)选项卡。如图 3-117 所示,在该选项卡中,可以调整约束的三种状态:

- Deactivated(解除激活)　解除约束,以使相关约束在更新时不发生变化。
- To update(更新)　在装配设计中约束并不对最新的修改发生反应。
- Unresolved(未解决)　系统功能发现问题。

在 Mechanical 选项卡上选择 Deactivated 复选框,如图 3-118 所示,在设计环境中标注改变颜色,同时显示出圆弧括号符号。

在 Properties 对话框中切换到 Feature Properties(特征属性)选项卡,如图 3-119 所示。在 Feature Properties 选项卡上显示了特征的相关信息,其中的 Feature Name(特征名称)文本框可以修改约束的名称。

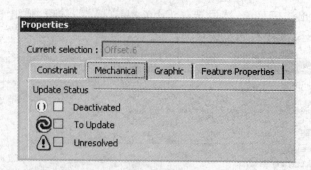

图 3-117 Mechanical(机械)选项卡

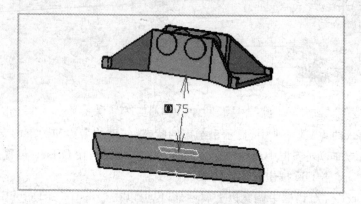

图 3-118 设计环境

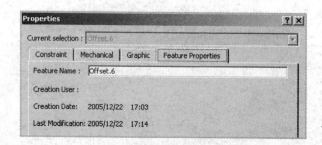

图 3-119 Feature Properties(特征属性)选项卡

单击 Graphic(图形)选项卡,在该选项卡中可以修改约束的颜色、线型和线宽等图形属性。如图 3-120 所示,调整颜色为紫色。

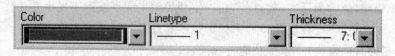

图 3-120 Graphic(图形)选项卡

单击 OK 按钮完成对约束的修改,如图 3-121 所示,在设计环境中约束调整为相应颜色。

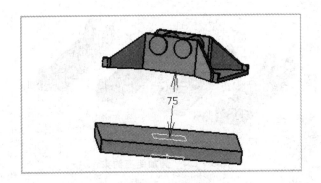

图 3-121　调整颜色

3.2.16　设置约束的创建模式

在创建多个约束时,可以设置三种多个约束的创建方式,如图 3-122 所示。利用 Constraint Creation Mode(约束创建模式)工具栏可以在下面三种约束创建模式之间切换：
- Default mode(默认模式);
- Chain mode(链模式);
- Stack mode(栈模式)。

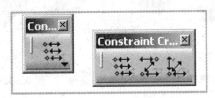

图 3-122　Constraint Creation Mode(约束创建模式)工具栏

1. Default mode(默认模式)工具

单击 Default mode(默认模式)工具按钮,在这个模式下,可以连续创建距离约束,如图 3-123 所示,双击 Offset 工具按钮,然后在加亮面与相邻表面之间添加距离约束。

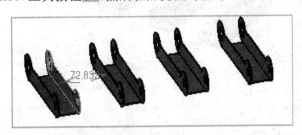

图 3-123　连续创建距离约束

Offset 工具按钮依旧被激活,将在如图 3-124 所示位置添加距离约束。可以发现,在默认模式下,添加的第二个约束与第一个约束没有几何关系。

将以上添加的约束删除,以便进行下一步的练习。

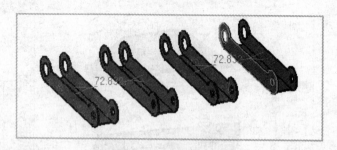

图 3-124 添加距离约束

2. Chain mode(链模式)工具

单击 Chain mode(链模式)工具按钮，在这种模式下，新添加的约束依次以上一个约束的第二个元素作为第一个约束元素。

双击 Offset 工具按钮，如图 3-125 所示，在加亮面与相邻面之间添加距离约束。

再单击下一个图素，如图 3-126 所示，第三个图素直接与第一个约束的第二个图素生成第二个约束。

图 3-125 添加距离约束

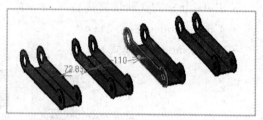

图 3-126 生成第二个约束

继续单击如图 3-127 所示第四个约束元素，同样，最后生成了三个首尾相接的距离约束。

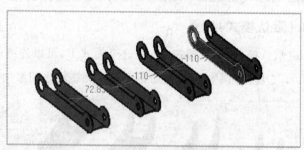

图 3-127 生成连接约束

删除以上添加的链约束。

3. Stack mode(栈模式)工具

单击 Stack mode(栈模式)工具按钮，在这种模式下，新建的约束都以第一个元素作为第一图素。

双击 Offset 工具按钮，如图 3-128 所示，在加亮面与相邻面之间添加距离约束。

单击图 3-129 所示的加亮面，在最左侧的第一个约束图素与新选择的加亮面之间添加第二个约束。

图 3-128 添加距离约束

图 3-129 添加第二个约束

再单击最右侧零件的侧面,即 3-130 图中所示加亮面。添加第三个约束,移动后观察,同样为与第一个约束图素之间的距离。

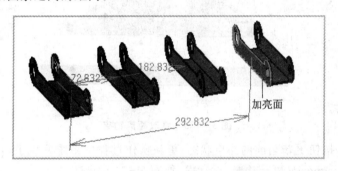

图 3-130 添加第三个约束

3.2.17 过约束

在添加几何约束时,装配设计有可能呈现过约束状态。

打开 AssemblyConstraint02.CATProduct 文件,如图 3-131 所示,添加青绿色零件的下底面和棕色零件的上表面之间的距离约束,显示为"26"。

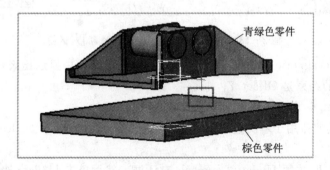

图 3-131 打开文件

在青绿色零件的上表面与棕色的上表面同样添加距离约束,如图 3-132 所示,显示出"30.276"。在设计环境中,两个约束是相一致的,均以绿色显示。

如图 3-133 所示,将第二个距离约束修改为"45",约束转换为黑色标志。

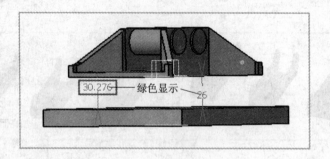

图 3-132 添加距离约束

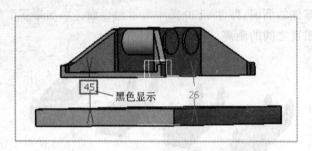

图 3-133 修改距离约束

单击 Update 按钮更新当前的约束状态,更新操作过程中系统发现了当前约束不确定,因此弹出 Update Diagnosis(更新诊断)对话框,如图 3-134 所示。

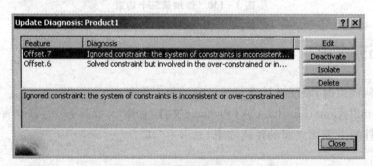

图 3-134 Update Diagnosis(更新诊断)对话框

观察 Update Diagnosis 对话框,不一致的过约束在对话框中显示出来:
- 引起问题的约束是 Offset.7;
- 约束 Offset.6,它唯一确定却涉及其他过约束。

在右侧的工具按钮用于解决过约束这个问题,选择 Offset.6,单击 Deactivate(解除激活)按钮。

单击 Close 按钮,关闭 Update Diagnosis 对话框。然后单击 Update 按钮完成装配设计中约束的更新。如图 3-135 所示,Offset.7 在设计环境中显示为解除激活状态。两个约束之间暂时一致。

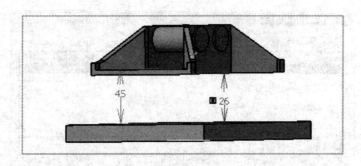

图 3-135　更新约束

3.2.18　超链接约束

在装配设计中,可以将约束与 URL(超级链接)相链接。在此,可以检查一个约束所包含的超级链接及如何搜索一个指定的链接。

打开 Moving_Components_02 文件,在知识专家工作台中已经添加了超级链接。单击 Comment and URLs(评注和超级链接)工具按钮,在设计环境中弹出 URLs and Comment (超级链接和评注)对话框。

在设计树上选择 Surface contact.18 选项,如图 3-136 所示,在 URLs and Comment 对话框中显示出与 Surface contact.18 相关的超级链接"3DL"。单击右侧的 Go(前往)按钮,将打开相应的文档。

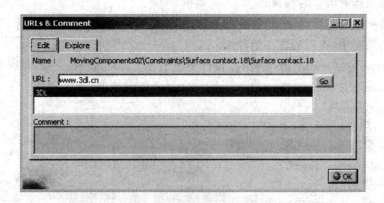

图 3-136　URLs and Comment(超级链接和评注)对话框

单击 Explore(检索)选项卡,如图 3-137 所示,在 Search(搜索)文本框中填写"3dl",然后单击 Search(搜索)按钮,在中间列表框中的 Found(寻找结果)一栏中显示 yes,表示此链接已被选择。

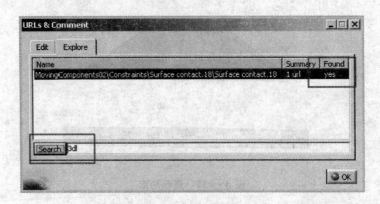

图 3-137　Explore(检索)选项卡

3.2.19　重排列约束

在设计树上的约束中,可以重新排列约束的先后位置,并可以设置不同的层。具体功能如下:

- 重新排列约束;
- 在一个组中添加多个约束;
- 创建没有约束的组;
- 处理约束组;
- 可以移动所有类型的约束;
- 在设计树上任意移动、分组各种约束,都不会影响装配设计的几何关系;
- 在柔性装配中,不能创建一组约束。

打开 AnalyzingAssembly02 文件,在设计树上右击 Coincidence.4 后,在弹出的快捷菜单中选择 Coincidence.4 objecgt | Reorder constraints(重排列约束)选项,如图 3-138 所示。

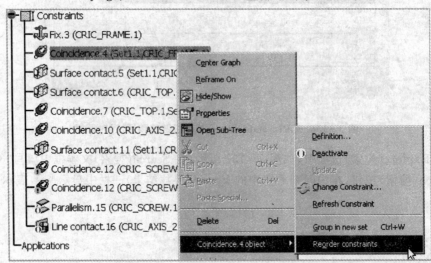

图 3-138　右键快捷菜单

在设计树上单击 Coincidence.10 选项,Coincidence.4 将移动到它的下面,如图 3-139 所示即为完成 Coincidence.4 移动后的设计树。

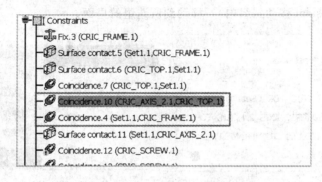

图 3-139 移动后的设计树

下面将 Surface contact.5 和 Surface contact.6 作为一个组来建立。首先在按住 Ctrl 键的同时选择两个面接触约束,然后右击,在快捷菜单选择 Selected objects(选择对象)|Group in new set(放置在同一个新建组)选项,如图 3-140 所示。

图 3-140 右键快捷菜单

在设计树上已经创建了一个名为 set.1 的约束组,利用快捷菜单打开 Properties 对话框,将 Set.1 重命名为 Surface Contact Constraints。在设计树上展开新建的组,结果如图 3-141 所示。

在 Constraints 上右击后选择 Constraints object(约束对象)|Add Set(添加组),如图 3-142 所示,设计树上添加了一个名为 Set.2 的约束组,位置在上一个约束组之下。

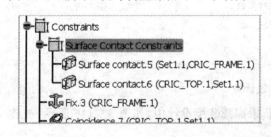

图 3-141 展开设计树

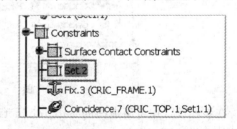

图 3-142 添加约束组

在设计树上复选 Coincidence.7、Coincidence.10 和 Coincidence.4,然后右击选择 Selected objects|Reorder constraints contextual 选项。

单击 Set.2,将以上三个约束添加到其中,最终的设计树如图 3-143 所示。

右击 Set.2 后弹出快捷菜单,如图 3-144 所示,具体功能如下:

- Add set(增加组) 在下面创建一个新的组。
- Remove set(删除组) 将约束组删除,其中所有的约束都被释放。

- Group in new set(重新建立一个约束组)　将当前约束组放置在一个新建的组中。
- Move Set after(移动到组下)　移动到所选组的下面。
- Move Set inside(移动到组内)　移动到所选组的里面。

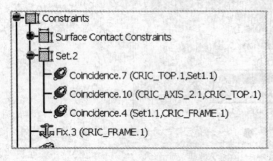

图 3-143　重新排列约束的设计树

图 3-144　快捷菜单

3.2.20　更新约束

在装配约束设计时,添加完约束后,由于种种原因,往往导致寻找不到约束的参考图素。此时,约束的标志表示它已损坏。出现这种情况时,首先将遗失的组件重新添加,但是系统不会自动恢复约束,需要利用更新工具重新将约束恢复。

打开 Assembly_02.CATProduct 文件,在设计树上展开约束,如图 3-145 所示,仅有一个组件,同时约束中 Concidence.3 和 Concidence.4 两个相合约束在左下角有一个小叹号,表示约束已被破坏。

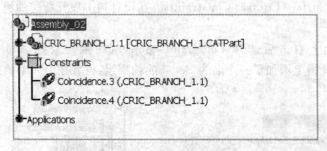

图 3-145　设计树

在装配设计中将所遗失的 Sub_product1 重新添加到装配设计中,如图 3-146 所示,被破坏的约束依然没有恢复。

在设计树上右击 Constraints 后,在弹出的快捷菜单上选择 Constraints object(约束对象)|Refresh Constraint(更新)选项,如图 3-147 所示。

在设计树上两个被损坏的约束已被恢复,如图 3-148 所示,此时可以通过 Update 按钮恢复两个约束。

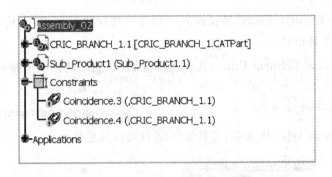

图 3-146　重新添加 Sub_product1

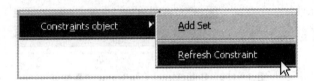

图 3-147　快捷菜单

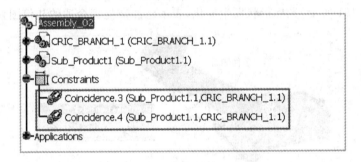

图 3-148　恢复约束

3.3　利用过滤器选择

在选择一个几何对象时,往往会造成一些混淆,如面与体、点与线等。通过 User Selection Filter(过滤器选择)工具栏,如图 3-149 所示,可以准确地选择需要的对象。

图 3-149　User Selection Filter(过滤器选择)工具栏

User Selection Filter 工具栏由两部分构成。第一部分是前四个工具按钮,通过几何图素的类型来过滤相关图素:

- point type(点);
- curve type(线);
- surface type(面);
- volume type(体)。

在第二个部分是用于定义根据图素模式来选择:

- Feature Element Filter(特征图素过滤) 选择特征图素，无论它是一个草图、产品、拉伸或者是组合。
- Geometrical Element Filter(几何图素过滤) 允许选择一个特征的子元素，如面、边和轴。

打开 Assembly_01.CATProduct 文件，单击 Coincidence Constraint 工具按钮，如图 3-150 所示，volume type(体元素)工具按钮自动以灰色显示。

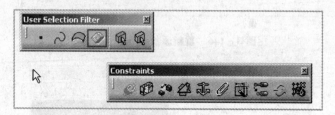

图 3-150 Coincidence Constraint 工具按钮

在 User Selection Filter 工具栏上单击 surface type 工具按钮，将光标移动至蓝色零件侧面上，如图 3-151 所示，光标形状发生变化，表示已经捕捉到合适的几何图素。

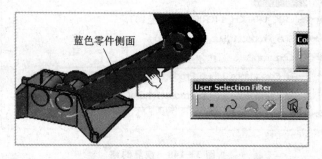

图 3-151 捕捉几何图素

在 User Selection Filter 工具栏上再次单击 surface type 工具按钮，关闭面过滤。单击 curve type 工具按钮激活线类型过滤，如图 3-152 所示，将光标移动至蓝色零件表面，显示出不可选择标志。

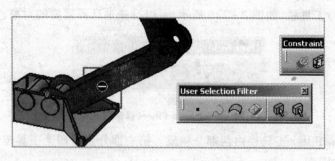

图 3-152 不可选择标志

第 4 章 装配分析

当一个装配设计完成之后,需要分析干涉、约束和从属等多种状态。在装配设计工作台中,有多种用于装配分析的工具。

4.1 装配分析

4.1.1 干涉和间隙计算

一个装配设计,可能由大量零件组成,结构非常复杂,此时,查找可能的干涉非常困难。下面介绍如何利用分析工具在指定的组件之间查找干涉和指定的间隙。

打开 AnalyzingAssembly01.CATProduct 文件,其中有多个零件,选择菜单 Analyze(分析)|Compute Clash(干涉运算)选项。

在设计环境中打开 Clash Detection(干涉检测)对话框,如图 4-1 所示,在 Definition(定义)选项组中显示查找的对象是 Clash(干涉),下面列表框中显示出需要分析的组件;在 Result(结果)选项组中显示分析结果,当前显示 No computation done(未计算)。

在设计树上复选 CRIC_FRAME1 和 CRIC_BRANCH_3,如图 4-2 所示。

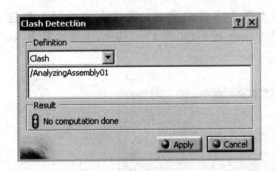 

图 4-1　Clash Detection(干涉检测)对话框　　　　图 4-2　选择零件

单击 Apply 按钮,如图 4-3 所示,在中间的列表框中显示所选择的两个零件,在下面显示运算结果是 Clash。

观察所选零件,在下部有红色加亮显示部分,用以表示此处发生干涉,如图 4-4 所示。

在设计环境中的空白处单击,取消以上两个零件的选择。再次在设计树上复选 CRIC_BRANCH1 和 CRIC_BRANCH_3,然后单击 Apply 按钮,如图 4-5 所示,运算结果为 Contact(接触)。

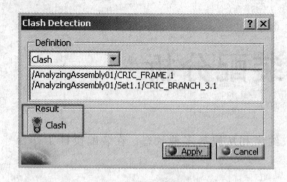
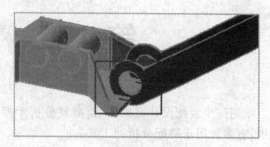

图 4-3　运算结果　　　　　　　　　图 4-4　显示干涉

在设计环境中,若两个所选择的零件完全以黄色加亮显示,则表示两个零件之间有接触,如图 4-6 所示。

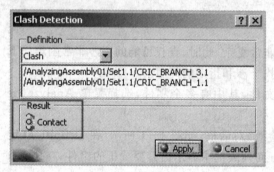
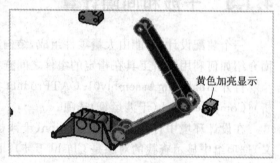

图 4-5　运算结果　　　　　　　　　图 4-6　显示接触

在设计环境中的空白处单击,即可取消以上两个零件的选择。再次在设计树上复选 CRIC_JOIN1 和 CRIC_BRANCH_1.1,然后单击 Apply 按钮,如图 4-7 所示,运算结果为 No interference(无冲突)。

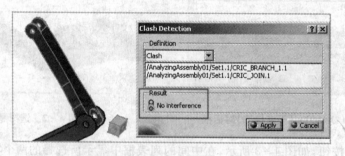

图 4-7　无冲突

在干涉检测中有 Clash,Contact 和 No interference 三种状态,下面开始间隙的检测。如图 4-8 所示,在 Definition 选项组中的下拉列表中选择 Clearance(间隙)。

在 Clearance 右侧的文本框中填写"50mm",按住 Ctrl 键同时在设计树上选择 CRIC_JOIN.1 和 CRIC_BRANCH_3.1。

单击 Apply 按钮对所选的两个零件进行间隙检测,如图 4-9 所示,结果显示为 Clearance

violation（间隙妨碍）。

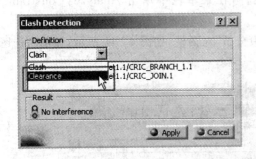

图 4-8　间　隙

图 4-9　间隙妨碍

同时，在设计环境中，若两个零件被绿色加亮显示，则表示当前零件之间存在间隙妨碍，如图 4-10 所示。

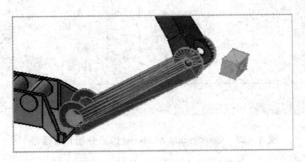

图 4-10　显示间隙妨碍

单击 Cancel 按钮结束当前的操作。

再次在菜单栏上单击 Analyze|Compute Clash 选项，选择 CRIC_BRANCH_ 和 CRIC_BRANCH_1 选项，单击 Apply 按钮后，标志以黄色显示，表明两个零件之间是接触，即存在距离为 0 的地方。观察设计环境，同样，接触的两个零件之间加亮显示，如图 4-11 所示。

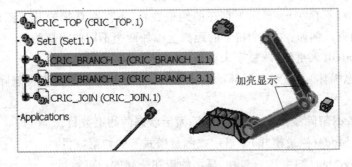

图 4-11　显示接触

4.1.2　约束分析

在装配设计过程中，可以将一个活动组件的约束加以分析。约束分析用于分类展示所有约束。

打开 AnalyzingAssembly02.CATProduct 文件，在菜单栏中单击 Analyze|Constraints 选项。

在设计环境中弹出 Constraints Analysis(约束分析)对话框，如图 4－12 所示，显示所选图素的约束状态。

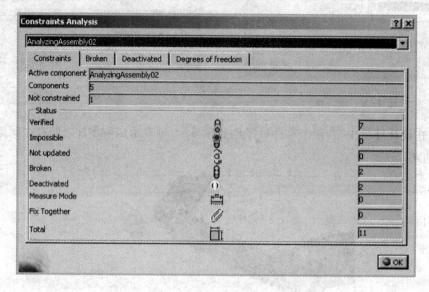

图 4－12 Constraints Analysis(约束分析) 对话框

观察对话框，在 Constraints 选项卡中显示以下相关信息：
- Active Component(活动组件)　显示活动组件的名称。
- Component(组件)　在活动组件中约束涉及的子组件的数目。
- Not constrained(未约束)　在活动组件中未约束的子组件数目。

在 Status(状态)选项组中显示以下各种状态的约束数目：
- Verified(已校验)　显示已经校验的约束数目。
- Impossible(不存在)　显示不存在的约束数目，不存在意味着几何图形无法完全符合所有的约束。例如：在两个相干的距离上添加两个不同的距离约束。
- Not Updated(未更新)　显示未更新的约束数目。
- Broken(已损坏)　显示已损坏的约束数目，当约束的参考图素被删除时，约束则显示为被损坏。
- Deactivated(解除激活)　显示出解除激活状态的约束数目。
- Measure Mode(测量模式)　显示在测量模式下的约束数目。
- Fixed Together(约束在一起)　显示约束在一起的约束数目。
- Total(全部)　显示活动组件的所有约束数目。

在最上方的下拉列表框中同样可以选择其他的子组件装配，如图 4－13 所示，可以选择 Set.1。

在 Constraints Analysis 对话框中，可以切换到 Broken(已损坏)和 Deactivate(解除激活)选项卡。如图 4－14 所示，切换到 Broken 选项卡，在设计树和选项卡中显示已损坏的两个约束。

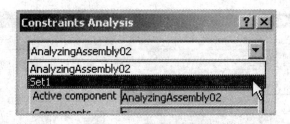

图 4-13 选择组件装配

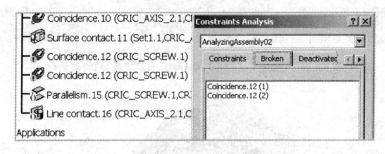

图 4-14 Broken(已损坏)选项卡

如果以下三种状态的约束存在,则在 Constraints Analysis 对话框中将显示更多选项:
- Impossible(不存在)。
- Not Updated(未更新)。
- Measure Mode(测量模式)。

在 Degrees of freedom(自由度)选项卡中将显示出各种约束的自由度,用于分析组件是否已经完全约束。

单击 OK 按钮完成对约束的检测,在设计树上删除 Coincidence.12,Parallelism.15 和 Line Contact.16。

选择菜单 Analyze | Constraints 选项,打开 Constraints Analysis 对话框,单击 Degrees of freedom 选项卡,如图 4-15 所示,显示出四个组件的自由度。

在对话框中双击 CRIC_TOP.1 选项,则在设计环境中打开 Degrees of Freedom Analysis (自由度分析)对话框,如图 4-16 所示,显示两个自由度的具体状况。

观察设计环境中的 CRIC_TOP.1,上面有一个旋转和一个平移,显示两个自由度的具体位置,如图 4-17 所示。

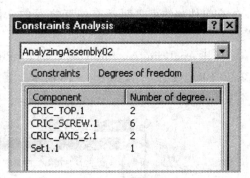

图 4-15 Degrees of freedom 选项卡

单击 Close 按钮,然后单击 OK 按钮完成约束分析。

上篇 装配设计

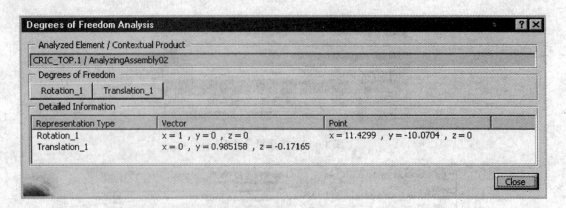

图 4-16 Degrees of Freedom Analysis(自由度分析)对话框

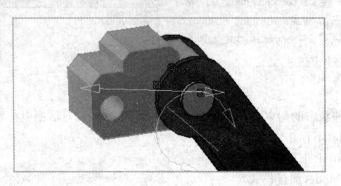

图 4-17 显示自由度位置

4.1.3 从属分析

在组件和约束之间都有相互之间的依附和从属关系，利用关系树，可以观察这些从属关系。

打开 AnalyzingAssembly03.CATProduct 文件，分析其中的相互关系。在设计树上选择 CRIC_BRANCH_3.1，如图 4-18 所示。

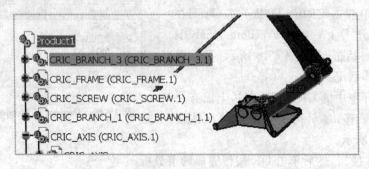

图 4-18 设计树

在菜单上选择 Analyze|Dependencies(从属)选项。在设计环境中弹出 Assembly Dependencies Tree(装配从属树)对话框，如图 4-19 所示，在中间列表框中显示 CRIC_

BRANCH_3.1 选项。

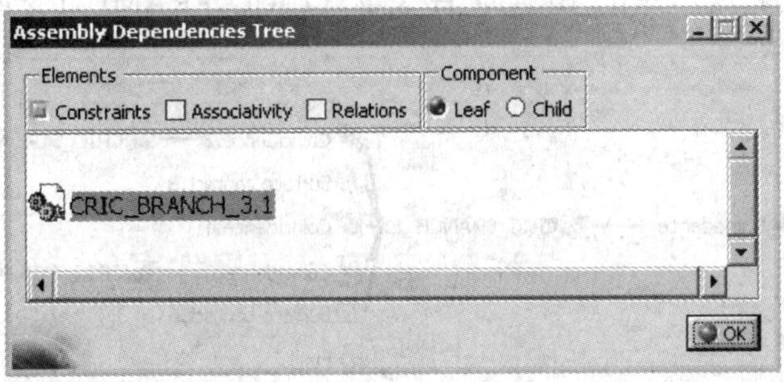

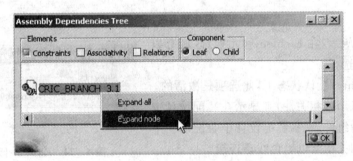

图 4-19 Assembly Dependencies Tree(装配从属树)对话框

右击 CRIC_BRANCH_3.1 选项后,在弹出的快捷菜单上选择 Expand node(展开节点)选项,如图 4-20 所示。

图 4-20 选择 Expand node(展开节点)选项

如图 4-21 所示,与 CRIC_BRANCH_3.1 组件相关的约束全部显示出来。

同样,右击 CRIC_BRANCH_3.1 选项后,在弹出的快捷菜单上选择 Expand all(展开全部)选项,如图 4-22 所示。

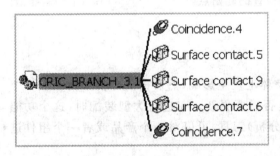

图 4-21 显示约束

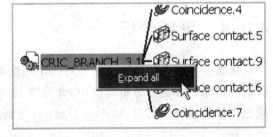

图 4-22 选择 Expand all(展开全部)选项

在设计环境中显示出所有的约束和组件,如图 4-23 所示,具体如下:
- Coincidence.4   在 CRIC_BRANCH_3.1 与 CRIC_BRANCH_1.1 之间的相合约束。
- Surface contact.5   在 CRIC_BRANCH_3.1 与 CRIC_FRAME.1 之间的面接触约束。
- Surface contact.9   在 CRIC_BRANCH_3.1 与 CRIC_AXIS.1 之间的面接触约束。
- Surface contact.6   在 CRIC_BRANCH_3.1 与 CRIC_BRANCH_1.1 之间的面接触

约束。
- Coincidence.7   在 CRIC_BRANCH_3.1 与 CRIC_FRAME.1 之间的相合约束。

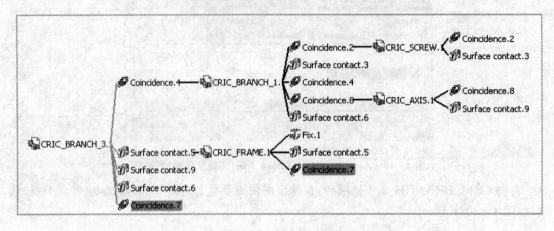

图4-23 显示出所有的约束和组件

如图 4-24 所示，在 Elements(元素)区域有以下三种元素可供选择：

- Constraint   默认状态下，此选项是激活的。
- Associativity(相关性)   显示在装配设计中所编辑的组件，观察装配设计中装配的上下关系。相关图素以绿色线条连接。
- Relations(关系)   显示公式。

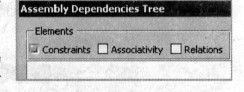

图4-24 Elements(元素)区域

在关系树中，可以右击后通过快捷菜单进行一些操作，用于展开和设置关系树：

- Expand all   观察所有的关系。
- Expand node   观察节点下的关系。
- Set as new root   将所选组件作为关系检查的起始点。

4.1.4 更新分析

移动组件与添加约束往往会对一个装配整体上产生影响，然后需要分析如何获取一个合适的产品。在更新分析功能中，允许查找是否需要更新。在进行大型装配时，这个功能就显得格外重要。通过 Analyze Update(更新分析)工具，可以对一个产品或者一个组件进行更新。

打开 AnalyzingAssembly04 文件，在设计树上选择 Analysis，如图 4-25 所示。

选择 Analyze|Update 选项，在设计环境中，打开 Update Analysis(更新分析)对话框，如图 4-26 所示。在对话框中有以下信息：

- 分析的产品或组件的名称；
- 分析产品或组件的约束名称；
- 产品或组件的子组件的名称；
- 子组件中约束的名称；

- 子组件中定义表述的名称。

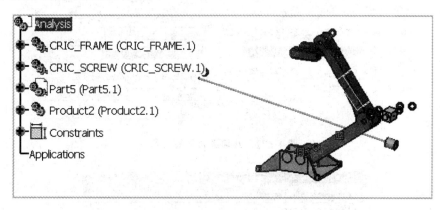

图 4-25　选择 Analysis

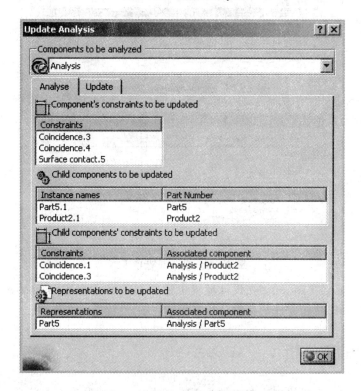

图 4-26　Update Analysis(更新分析)对话框

在 Update Analysis 对话框中的 Constraints 列表框中选择 Coincedence.4 选项,如图 4-27所示,在设计树和设计环境中相应的几何图素加亮显示。

在 Components to be analyzed(分析组件)下拉列表框中选择 Analysis/Product2 选项,如图 4-28所示。在下面的列表框中显示出两个需要更新的约束。

在 Components to be analyzed 下拉列表框中选择 Analysis 选项,单击 Update 选项卡,如图 4-29所示。

按住 Ctrl 键同时在对话框中复选三个约束,然后单击右侧的 Update 工具按钮。

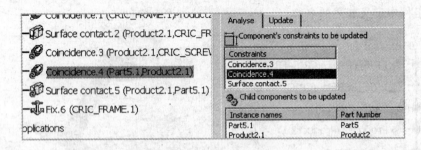

图 4-27 几何图素加亮显示

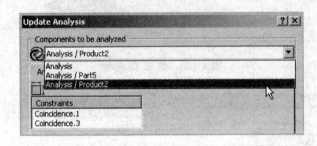

图 4-28 选择 Analysis/Product2

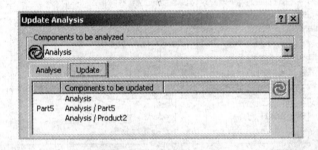

图 4-29 Update 选项卡

相应的约束都已经更新,同时在设计环境中弹出 Update Analysis 对话框,显示组件已经更新的信息,单击 OK 按钮完成约束的分析与更新。

4.1.5 自由度分析

通过自由度分析,可以检查当前组件是否需要添加更多的约束。

自由度分析所针对的约束是装配约束,即零件、组件之间的约束。这样,在零件设计时的约束不参与自由度分析。

自由度分析对象必须是活动的组件及其子装配,需要注意的是:

- 在对一个组件的子装配进行分析时,因所涉及的分析对象只有其活动的父组件,所以必须先激活相应的组件。
- 柔性组件是无法参与自由度分析的。

打开 AnalyzingAssembly04 文件,单击 Update 工具按钮 。

在设计树上右击 CRIC_SCREW(CRIC_SCREW.1)后,在弹出的快捷菜单上选择 CRIC_

SCREW.1 object|Component Degrees of Freedom(组件自由度)选项。

在设计环境中打开 Degrees of Freedom Analysis(自由度分析)对话框,如图 4-30 所示,可以看到所选组件共有四个自由度。

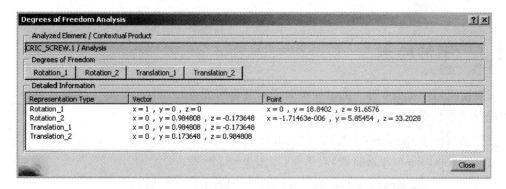

图 4-30　Degrees of Freedom Analysis(自由度分析)对话框

在 Degrees of Freedom Analysis 对话框中单击 Rotation_2(旋转 2)按钮,如图 4-31 所示,在设计环境中相应的自由度加亮以红色显示。

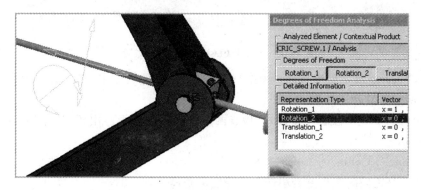

图 4-31　单击 Rotation_2(旋转 2)按钮

在 Degrees of Freedom Analysis 对话框中下方的列表中单击 Translation_2(平移 2)选项,如图 4-32 所示,在设计环境中相应的自由度加亮以红色显示。

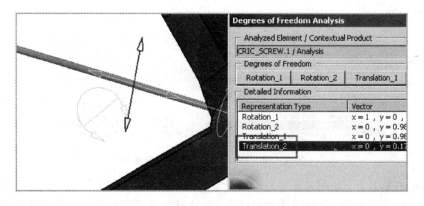

图 4-32　单击 Translation_2(平移 2)选项

单击 Close 按钮退出 Degrees of Freedom Analysis 对话框。

4.2 干涉检测与分析

4.2.1 干涉检测

干涉检测用于检测零件之间的间隙大小以及是否有干涉存在。一般先进行初步计算,然后再进行细节运算。

打开 AnalyzingAssembly01.CATProduct 文件,单击 Clash(干涉)工具按钮 ,在设计环境中打开 Check Clash(干涉检查)对话框,如图 4-33 所示。

图 4-33　Check Clash(干涉检查)对话框

在 Check Clash 对话框中 Type(类型)的第一个下拉列表框中,可以选择多种检测方式,如图 4-34 所示。其功能如下:

- Contact+Clash(接触+干涉)　检查两个产品之间是否占用相同的空间,或者最小间隙为 0。
- Clearance+Contact+Clash(间隙+接触+干涉)　在上一个选项的基础上,增加检查两个产品之间的距离是否小于一个指定的距离。
- Authorized penetration(核准深度)　在实际的过盈配合时,往往需要零件之间有一定的干涉程度,在此设置最大的核准深度。
- Clash rule(干涉规则)　利用预定义好的干涉规则检查装配之间是否存在不恰当的干涉。

图 4-34　Type 的第一个下拉列表框

在 Type 的第二个下拉列表框中用于定义参与运算的组件,如图 4-35 所示。其功能如下:

- Between all components(所有组件)　默认状态下,检查产品中所有组件之间的相互关系。

- Inside one selection(在一个选择中)　在任意一个选择中,检查选择内部所有组件之间的相互关系。
- Selection against all(选择相对)　检查所选组件与其他组件之间的相互关系。
- Between two selections(在两个选择之间)　检查两个选择对象之间的相互关系。

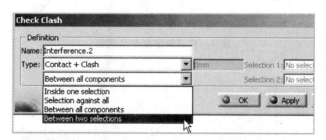

图 4-35　Type 的第二个下拉列表框

在 Type 的第一个下拉列表框中选择 Clearance+Contact+Clash,在第二个下拉列表框中使用默认状态。

单击 Apply 按钮,结果如图 4-36 所示,增加了许多细节性描述。

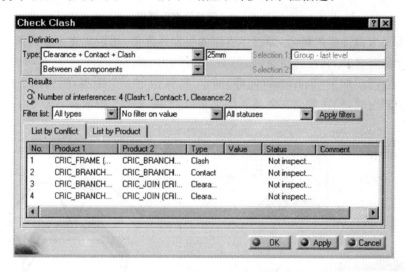

图 4-36　Check Clash(干涉检查)对话框

在 Check Clash 对话框中,有许多细节性的描述,用以表述装配中的所有干涉关系。

4.2.2　干涉结果分析

在分析干涉结果时,需要仔细研究每一种结果的几何含义。

干涉比较简单,如图 4-37 所示,左侧两个组件在空间占用了相同的位置,即发生了干涉;而右侧两个组件之间没有相同的几何空间,则无干涉。

在接触检查中,相对较为复杂。在此需要引入一个挠度的概念,即图 4-38 所示的外侧部分(黄色)。左侧图中两个红色部分相互干涉,表示两个组件存在干涉;右侧图中两个黄色挠度部分处于同一个空间,则称为接触。

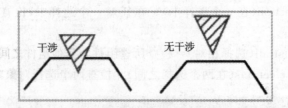

图4-37　干涉检查示意图

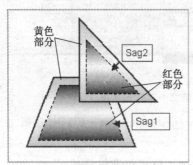 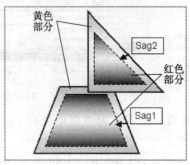

图4-38　接触检查示意图

接触时需要考虑挠度的概念,即物体表面的一定弹性值,用距离表示。当两个组件之间的距离小于两个挠度之和,则称为接触,如图4-39所示。

如果在检查时添加了Clearance(间隙)的定义,即指定一个距离,则当两个组件之间的距离小于指定的距离时,同样作为一种运算结果显示,如图4-40所示。

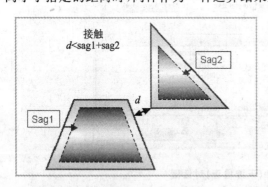 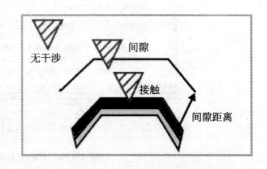

图4-39　接触检查示意图　　　　　　图4-40　间隙检查示意图

打开AnalyzingAssembly01.CATProduct文件,单击Clash工具按钮 后,填写各种参数,单击Apply按钮后显示细节分析,结果如图4-41所示。

从Check Clash对话框可知,在装配中共有四个不合标准的干涉存在。通过状态灯可以分析:

- red(红色)　至少存在一个干涉。
- orange(黄色)　没有相应干涉,同时至少存在一个未检查干涉。
- green(绿色)　无干涉。

在下方有三种检查结果排列方式的选项卡:

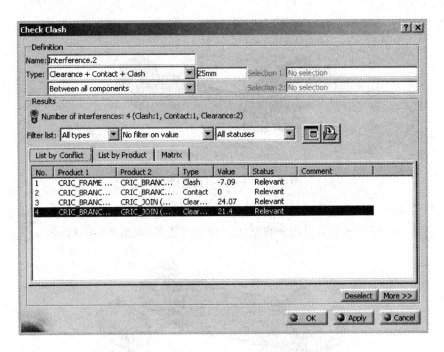

图 4-41 Check Clash 对话框

- List by Conflict（干涉类型列表） 按照干涉方式的不同排列。
- List by Product（产品类型列表） 根据产品的不同排列干涉结果。
- Matrix（矩阵） 以表格的方式排列，如图 4-42 所示。

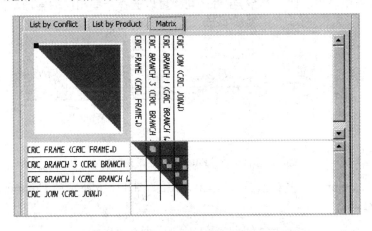

图 4-42 Matrix（矩阵）选项卡

在列表上单击第一个干涉的名称，由于这是一个碰撞，在设计环境中打开 Preview（预览）对话框，如图 4-43 所示。在该对话框中，显示碰撞位置及最小距离。

绘图时以不同的颜色表示不同的干涉类型：

- Clash 红色相交线表示发生碰撞的位置。
- Contact 黄色三角形用以区别发生接触的产品。
- Clearance 绿色三角形以区分间隙小于最小定义距离的产品。

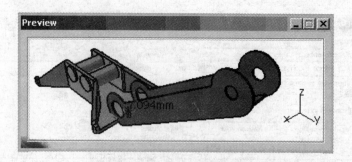

图 4-43　Preview(预览)对话框

在列表中选择一个相应的检查结果,然后单击 Result window(结果视窗)工具按钮,在设计环境中将专门打开一个窗口用于观察相应的检查结果,如图 4-44 所示。

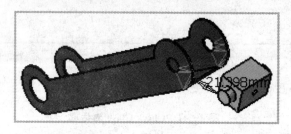

图 4-44　观察检查结果

可以通过过滤功能显示需要显示的检测结果类型,如图 4-45 所示,在 Filter list(过滤列表)的下拉列表框中提供了四种类型,在后面同样可以选择一些相应的辅助功能。

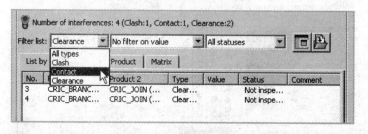

图 4-45　Filter list(过滤列表)

在列表中的 Comment(备注)一栏中单击,打开如图 4-46 所示的 Comment 对话框,在文本框中输入相应的文字。

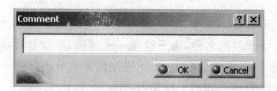

图 4-46　Comment 对话框

输入 Test 后单击 OK 按钮完成输入,结果如图 4-47 所示。

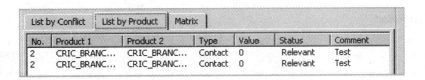

图 4-47 完成备注的输入

4.2.3 输出干涉结果

在干涉检查结果完成后,可以将结果以 XML 格式或 TXT 格式输出,用于互相之间的交流。

打开 AnalyzingAssembly01.CATProduct 文件,单击 Clash 工具按钮 ,运行干涉检测。在类型中设置为 Clearance（25mm）+Contact+Clash,在所有组件之间检查。

Check Clash 对话框显示所有的检测结果,如图 4-48 所示。在以下的步骤中可以将这些信息输出。

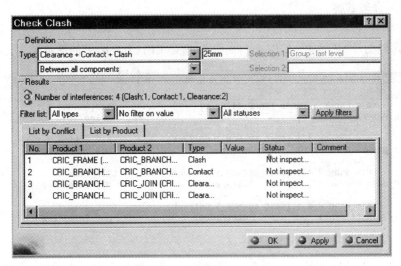

图 4-48 显示所有检测结果

利用结果浏览器观察检测结果。首先,输出 XML 文件。在工具栏上单击 Export as（输出）工具按钮 。

① 在设计环境中弹出"保存"对话框,设置文档格式为 XML。这是一种用于互相交流的标准格式。

② 选择文档保存的位置。

③ 输入保存的名称。

④ 单击 Save（保存）按钮完成输出。

打开文档中相应的保存位置,可以观察到在一个文件夹中含有所有的相关文档。

打开生成的文件,如图 4-49 所示,上方是所有干涉结果,可以打开观察。向下浏览可以观察到更加详细的干涉信息。

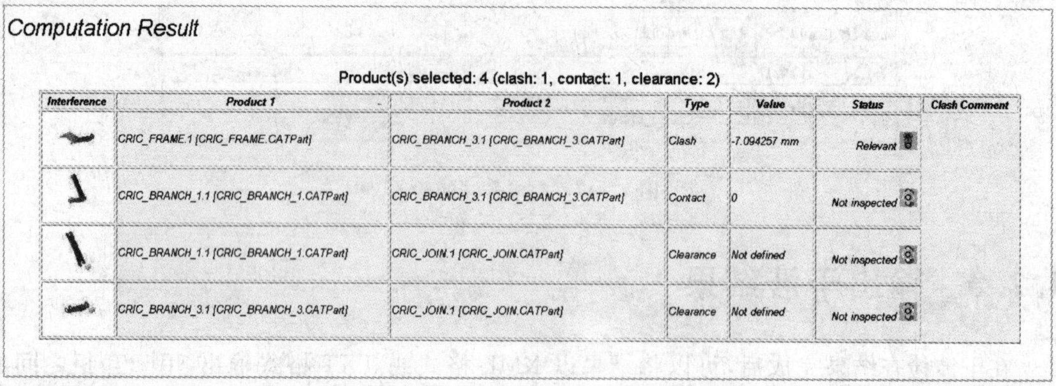

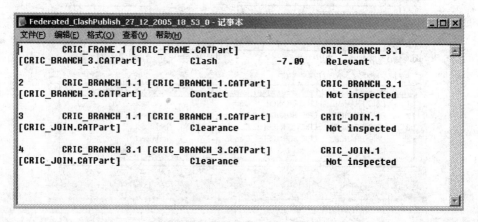

图 4-49 打开生成的文件

在生成文档时可以生成 TXT 文本格式。在工具栏上单击 Export as 工具按钮。
① 在设计环境中弹出"保存"对话框,设置文档格式为 TXT。
② 选择文档保存的位置。
③ 输入保存的名称。
④ 单击 Save 工具按钮完成输出。

打开所存储的 TXT 文档,如图 4-50 所示,显示四个干涉结果的简单信息。

图 4-50 显示干涉结果

4.3 切片观测

4.3.1 关于切片

通过切片可以创建剖视图,也可以创建局部剖视图和剖视体,用于在三维环境下更好地观察产品。

创建局部剖视图和剖视体是 P2 的电子样机中的功能。

剖视面一般平行于 YZ 面,面的中心点一般位于产品的球形边界的中心点。图 4-51 所示即为一剖面的三维位置。

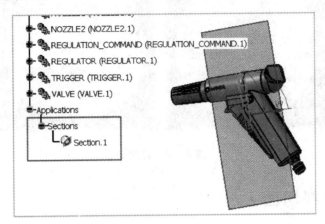

图 4-51 剖面位置

在剖视图中,线元素的轮廓一般与产品的颜色相同,而相交生成的点则以独特的颜色显示,以便在文档窗口和切片窗口都可以观察到,如图 4-52 所示。

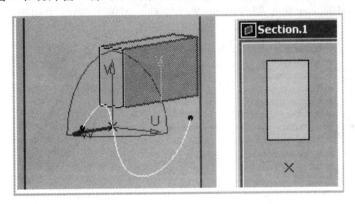

图 4-52 文档窗口和切片窗口

在剖面上的面元素或其他线架元素都是不可见的。在进入剖面命令时,如果没有预先选择某些图素,那么剖面将剖切所有的产品组件。在 P1 版本中,产品是不能进行部分零组件的剖切的,只能对所有的零组件进行剖切。

剖面可以通过多种方式移动:
- 直接移动;
- 利用几何图素定位,与点或线相关;
- 利用命令编辑现有定位,通过移动或旋转调整位置。

不同的挠度值导致不同的剖切结果,如图 4-53 所示,左侧为默认值,右侧的挠度值较高。
在 P2 版本中,创建剖切面之前,可以先创建一个产品组。需要注意的是,作切割的时候,每一次只能选择一个产品组。

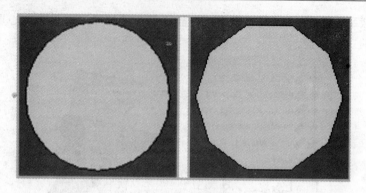

图 4-53 挠度值

4.3.2 创建剖切面

创建一个剖切面，一般先应用它的默认设置，除此之外，也可以调整剖切面法向。

新建一个产品文档，在文档中依次插入 ATOMIZER.cgr, BODY1.cgr, BODY2.cgr, LOCK.cg, NOZZLE1.cgr, NOZZLE2.cg, REGULATION_COMMAND.cgr, REGULATOR.cgr, TRIGGER.cgr 和 VALVE.cgr 作为剖切练习的实例，结果如图 4-54 所示。

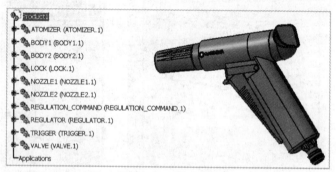

图 4-54 新建一个产品文档

单击 Space Analysis(空间分析)工具栏中的 Sectioning(剖切)工具按钮，在设计环境中自动生成一个剖切面，如图 4-55 所示。

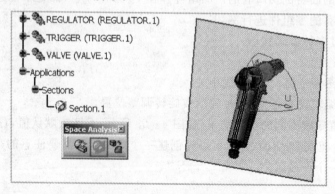

图 4-55 生成剖切面

在默认状态下,剖切产品中所有的零组件,如图 4-56 所示,在左侧新建一个剖切窗口,用于显示剖切位置的效果,观察零件之间的关系。

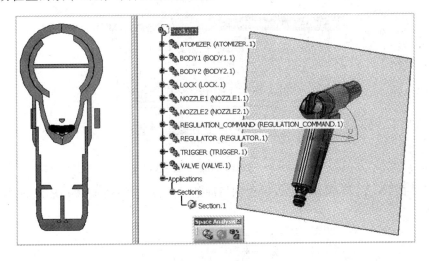

图 4-56 剖切零组件

与此同时,在设计环境中打开 Sectioning Definition(剖切定义)对话框,如图 4-57 所示,通过对话框可以调整剖切名称、剖切对象和剖面定位等多个与剖切相关的因素。

在 Sectioning Definition 对话框中激活 Selection(选择)文本框,在设计树上选择 TRIGGER 和 BODY1 作为剖切对象,如图 4-58 所示,在设计环境中两个零件同样被选择;同时,在剖切窗口中仅显示出这两个零件的剖切图。

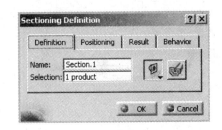

图 4-57 Sectioning Definition
(剖切定义)对话框

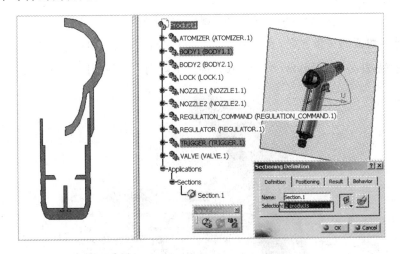

图 4-58 选择剖切对象

在 Sectioning Definition 对话框中单击 Positioning(定位)选项卡,如图 4-59 所示。在这个选项卡中可以定位剖切面的位置。

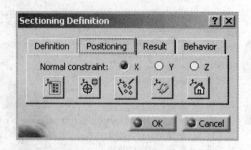

图 4-59　Positioning(定位)选项卡

利用其中的"X,Y,Z"单选项可以定位剖切面的垂直方向,如图 4-60 所示,即为选择 Z 方向后的效果。

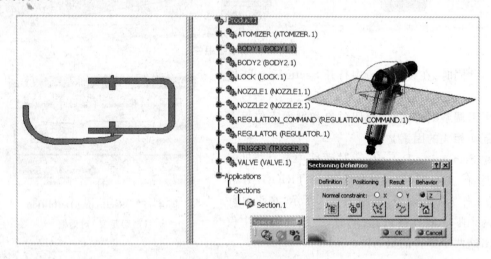

图 4-60　定位剖切面的垂直方向

可以调整剖切面的法量方向,有两种方法:一种是在代表法向的红色加粗显示箭头上双击进行切换;另一种是单击 Invert Normal(转换垂直方向)工具按钮,如图 4-61 所示。

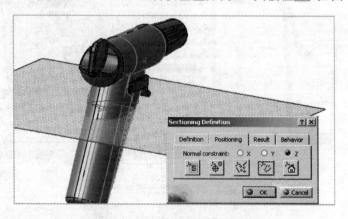

图 4-61　调整剖切面的法量方向

剖切平面同样也是一个功能性元素，在设计树上同样有显示。图 4-62 所示即为一个剖切平面的特征树造型。单击 OK 按钮完成剖切面的生成。

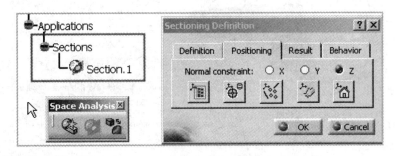

图 4-62 剖切平面的特征树造型

添加剖切面后，产品上剖切面的位置自动生成一个透视的剖面图，如图 4-63 所示。此时，在设计树上双击剖切面的特征树标志可以重新编辑剖切面。

图 4-63 生成透视的剖面图

4.3.3 创建三维剖切视图

在生成剖切视图时，可以生成三维的剖切视图，用于观察产品内部腔体的构造。

新建一个产品文档，在文档中依次插入 ATOMIZER.cgr,BODY1.cgr,BODY2.cgr,LOCK.cg,NOZZLE1.cgr, NOZZLE2.cg,REGULATION_COMMAND.cgr,REGULATOR.cgr,TRIGGER.cgr 和 VALVE.cgr 作为三维剖切练习的实例。

单击 Space Analysis(空间分析)工具栏中的 Sectioning(剖切)工具按钮，在设计环境中自动生成一个剖切面。

在 Sectioning Definition 对话框中的 Definition 选项卡中单击 Volume Cut(体切割)工具按钮。

在设计环境中，剖切面的反向的三维实体自动消失，如图 4-64 所示，即为三维剖切后的结果。此时，可以观察产品内部的构造。

为了观察另外一侧的腔体构造，往往需要调整剖切面的法量方向，有两种方法：一种是在

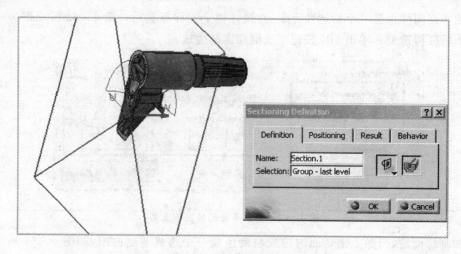

图 4-64　反向的三维实体自动消失

代表法向的红色加粗显示箭头上双击进行切换；另一种是单击 Positioning 选项卡中的 Invert Normal(转换垂直方向)工具按钮，如图 4-65 所示。

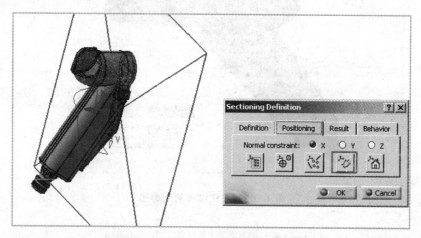

图 4-65　单击 Invert Normal(转换垂直方向)工具按钮

在一个完成三维剖切的三维实体上可以进行测量，如图 4-66 所示即为测量两个面之间距离的结果。

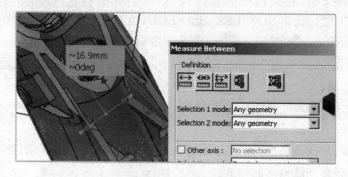

图 4-66　测量距离

当进行片状剖切时,产品仅仅显示其中的一个薄层,如图4-67所示即为片状剖切时的三维剖切效果。

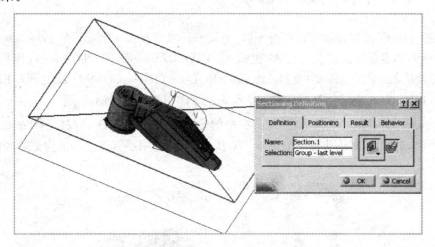

图4-67 片状剖切

同样,在进行包围盒的剖切时,三维剖切的结果仅仅显示包围盒中间的部分,如图4-68所示。

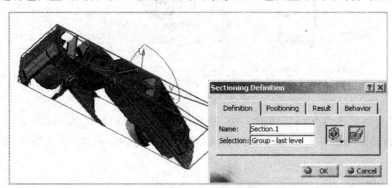

图4-68 进行包围盒的剖切

为了便于观察,一共可以设置六个剖切面,如图4-69所示即为多个剖切面下的产品。

图4-69 产品

4.3.4 剖切平面的直接移动

对于剖切平面,可以直接拖动进行平移、旋转和缩放等操作。下面讲解具体的操作方法。

新建一个产品文档,在文档中依次插入 ATOMIZER.cgr、BODY1.cgr、BODY2.cgr、LOCK.cg、NOZZLE1.cgr、NOZZLE2.cg、REGULATION_COMMAND.cgr、REGULATOR.cgr、TRIGGER.cgr 和 VALVE.cgr 作为三维剖切练习的实例。

单击 Space Analysis(空间分析)工具栏中的 Sectioning(剖切)工具按钮 ,在设计环境中自动生成一个剖切面,默认状态下如图 4-70 所示,平面的中心点位置和法向都已经给定。

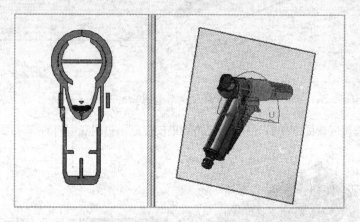

图 4-70 默认状态

首先通过光标直接改变剖切面的大小,将光标移动到剖切面边缘,如图 4-71 所示,直接拖动,在红色边缘上显示出一个绿色双向箭头,同时显示有一个距离,随着拖动,数值进行动态变化。

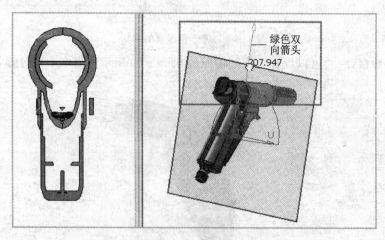

图 4-71 通过光标直接改变剖切面的大小

在拖动时,如果平面的大小改变未涉及剖切位置,则左侧的剖切窗口不发生变化。而当剖切面的剖切位置发生变化时,如图 4-72 所示,左侧的剖切窗口也发生相应变化。

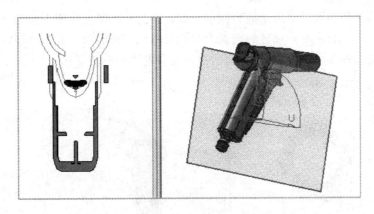

图 4-72 剖切位置发生变化

将光标移动到剖切面上,即黄色平面部分,光标以绿色双向箭头显示,同时箭头垂直于黄色平面。拖动光标即可调整剖切面在其法向上的位置,如图 4-73 所示,在移动剖切面的同时左侧的剖切窗口也发生相应的变化。

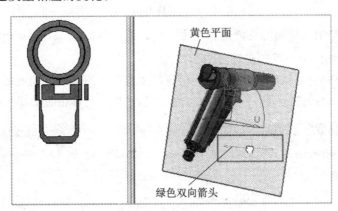

图 4-73 调整剖切面在法向上的位置

将光标移动到剖切面上,按住左键,然后按住中键,如图 4-74 所示,此时光标改变成十字绿色双向箭头。在此状态下,可以在剖切平面所在面内移动剖切面。当移动剖切面超出剖切范围后,左侧的剖切窗口发生相应的变化。

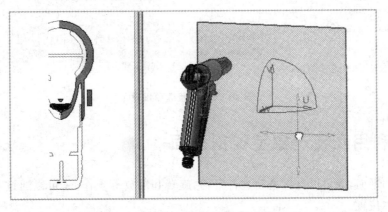

图 4-74 在剖切平面所在面内移动剖切面

沿着指定的旋转轴可以自由地旋转剖切平面。将光标移动至代表平面的三个四分之一圆弧上,如图4-75所示,在所需旋转的圆弧上显示出绿色的圆弧双向箭头,同时,在旋转轴上出现绿色双向箭头。按住左键拖动,在左侧的剖切窗口发生相应的变化。

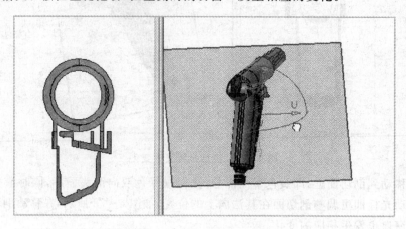

图4-75 旋转剖切平面

经过移动,如果剖切平面的位置偏移过大。可以通过单击 Reset Position(重置位置)工具按钮,将剖切平面的中心重新旋转到初始位置。

在以上剖切面的直接操作中,左侧的剖切窗口随着右侧的移动自动更新,通过调整选项设置,可以在移动结束后进行运算,并发生相应的变化,选项的具体位置如图4-76所示。

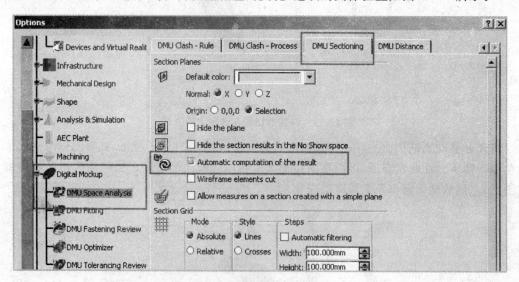

图4-76 调整选项设置

4.3.5 利用几何对象定位剖切面

对于剖切平面,除可以直接拖动进行平移、旋转和缩放等操作,还可以通过几何对象定位剖切面的具体位置。

新建一个产品文档,在文档中依次插入 ATOMIZER. cgr,BODY1. cgr,BODY2. cgr, LOCK. cg,NOZZLE1. cgr,NOZZLE2. cg,REGULATION_COMMAND. cgr,REGULATOR. cgr,TRIGGER. cgr 和 VALVE. cgr 作为三维剖切练习的实例。

单击 Space Analysis 工具栏中的 Sectioning 工具按钮,在设计环境中自动生成一个剖切面。为了方便观察,在黄色的剖切面上右击后在快捷菜单中选择 Hide/Show(隐藏/显示)选项,将剖切面隐藏,如图 4-77 所示。如果需要重新显示,即在设计树上对剖切面进行两次 Hide/Show 命令操作即可。

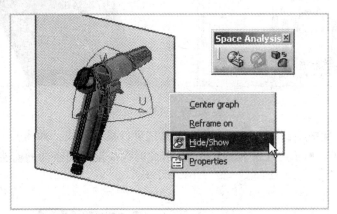

图 4-77 隐藏剖切面

在 Sectioning Definition 对话框中单击 Positioning 选项卡,然后单击 Geometrical Target(几何对象)工具按钮。

在产品上移动光标,出现一个位置捕捉标志,由一个平面和一个箭头组成,用于表示捕捉后剖切面的位置,其中平面即为剖切面所在面,箭头即为剖切面的法向位置。如图 4-78 所示,两个窗口都不随光标的移动而发生变化。同时可以观察到,光标可以捕捉到点、线和面。

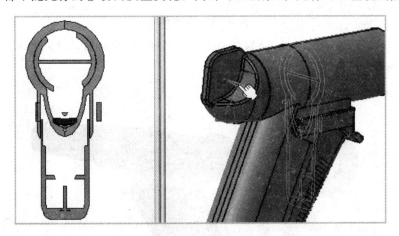

图 4-78 捕捉

在恰当的位置单击后,即移动剖切面,结果如图 4-79 所示。在左侧和右侧的窗口中都发生了相应的变化。

图 4-79　移动剖切面

除了捕捉点、线外，Geometrical Target 工具还可以捕捉轴线。如图 4-80 所示，将光标移动到圆柱表面上即可显示出代表轴线的长短线，此时代表剖切面法向的箭头与轴线重合。

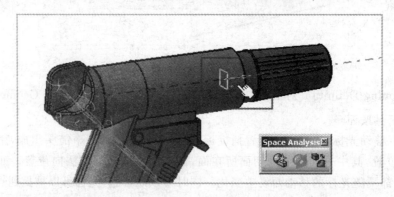

图 4-80　捕捉轴线

在图 4-80 所示位置单击后，结果如图 4-81 所示，剖切面自动将圆柱形的截面剖切显示。在两个视图中均发生改变。

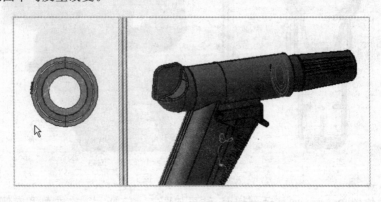

图 4-81　显示剖切截面

第 4 章 装配分析

在捕捉几何对象时,除了捕捉点、线和轴线外,还可以捕捉曲线、边和面。此时的操作方法如下:
① 将光标指向需要捕捉的相交位置;
② 按住 Ctrl 键;
③ 移动光标,结果如图 4-82 所示,可以观察到光标沿着几何对象自动移动。

图 4-82 移动光标

在进行操作,同样有一个比较有意义的选项设置,即 Automatically reframe(自动构造视图窗口)。在选择 Tools(工具)|Options(选项)|Digital Mockup(电子样机)|DMU Space Analysis(电子样机空间分析)选项,单击 DMU Sectioning(电子样机剖切)选项卡,其中有一个 Automatically reframe(自动构造视图窗口)的复选框,具体位置如图 4-83 所示。

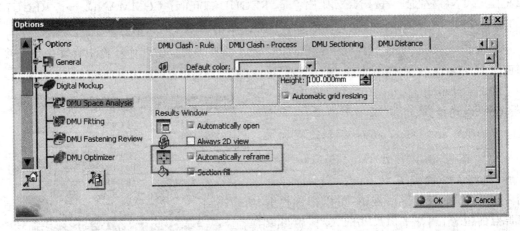

图 4-83 Automatically reframe(自动构造视图窗口)的复选框

选中此复选框后,再次进行几何对象捕捉的操作,结果如图 4-84 所示。在左侧的剖切视图中,位置自动更新,新生成的剖切面自动调整到中间位置。

单击 OK 按钮完成剖切面的生成。

109

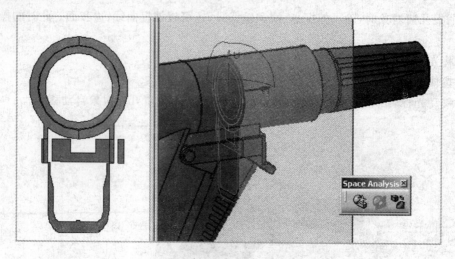

图 4-84 几何对象捕捉

4.3.6 利用位置尺寸编辑工具定位剖切面

每个剖切平面的大小、中心位置都是由一些非常精确的参数所决定的。通过编辑相关参数,可以精确、快速地移动剖切平面并编辑平面大小。

新建一个产品文档,在文档中依次插入 ATOMIZER.cgr,BODY1.cgr,BODY2.cgr,LOCK.cg,NOZZLE1.cgr,NOZZLE2.cg,REGULATION_COMMAND.cgr,REGULATOR.cgr,TRIGGER.cgr 和 VALVE.cgr,作为三维剖切练习的实例。

单击 Space Analysis 工具栏中的 Sectioning 工具按钮,在设计环境中自动生成一个剖切面。

在 Sectioning Definition 对话框中单击 Positioning 切换到"定位"选项卡中,然后单击 Edit Position and Dimensions(编辑位置和尺寸)工具按钮,弹出 Edit Position and Dimensions(编辑位置和尺寸)对话框,如图 4-85 所示。在此对话框中,可以精确地编辑原点的位置,调整平面尺寸的大小,也可以准确地移动、旋转剖切平面。左上角的 Origin(原点)选项组用于定位剖切平面在绝对坐标系中的位置,默认状态下以剖切产品的包围球心为剖切面中心。

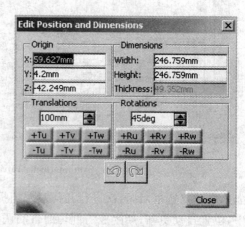

图 4-85 Edit Position and Dimensions(编辑位置和尺寸)对话框

观察设计窗口和剖切视图窗口。图 4-86 所示为剖切平面的默认位置。此时中心位置、平面长度和宽度都在 Edit Position and Dimensions 对话框中显示出来。

在 Edit Position and Dimensions 对话框中的 Translations(移动步长)选项组的文本框中输入

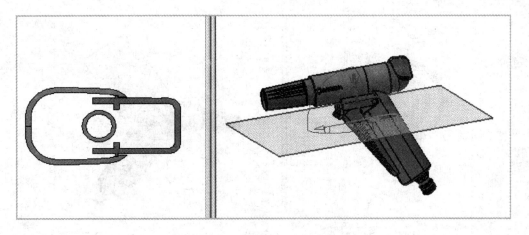

图 4-86 设计窗口和剖切视图窗口

"25mm"。下面的六个按钮-Tu，+Tu，-Tv，+Tv，-Tw，+Tw 用于调整在三个方向上的移动，每单击一次即以所设步长移动相应的距离。如果步长设置不当，可以修改步长值。

单击+Tw(沿 W 向移动)按钮，如图 4-87 所示，即为移动后的结果。可以观察到在设计环境中剖切平面向上移动了 25 mm，同时左侧的剖切视图也即时更新，发生相应的变化。

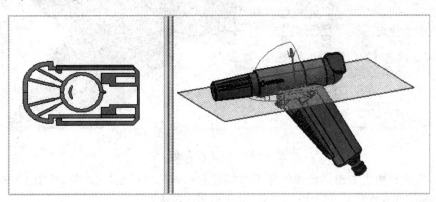

图 4-87 移动步长

在 Edit Position and Dimensions 对话框中的 Rotations(旋转步长)选项组用于定义每次旋转移动的角度，使用默认值"45deg"。下面的六个按钮-Ru，+Ru，-Rv，+Rv，-Rw，+Rw 用于调整在三个轴向上的移动，每单击一次即以所设步长旋转相应的角度。如果步长设置不当，可以修改步长值。

单击+Rv(沿 V 轴旋转)按钮，如图 4-88 所示，即为旋转后的结果。可以观察到，在设计环境中剖切平面以 V 轴为中心轴逆时针旋转了 45°，同时左侧的剖切视图也即时更新，发生相应的变化。

剖切面的长、宽、高也可以自由定义，一般长度与 U 向相对应，宽度与 V 向相对应，高度在当前面状态下无定义，而切片或者切割盒高度则可以自由定义。将 Width(宽度)和 Height (高度)修改为"100 mm"，如图 4-89 所示，在设计环境中剖切面的大小自动改变。

单击 Close 按钮关闭 Edit Position and Dimensions(编辑位置和尺寸)对话框。单击 OK 按钮退出 Sectioning Definition(剖切定义)对话框。

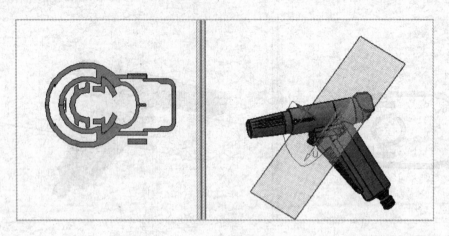

图 4-88　旋转步长

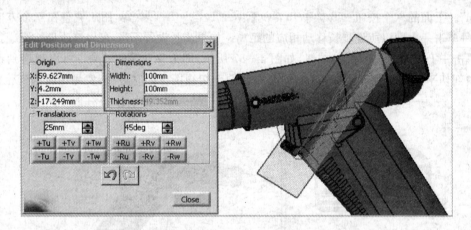

图 4-89　定义剖切面尺寸

此时,在设计树上右击剖切面的标志后打开 Properties(属性)对话框,如图 4-90 所示,在 Plane Dimensions(面尺寸)选项卡中可以定义剖切面的大小。

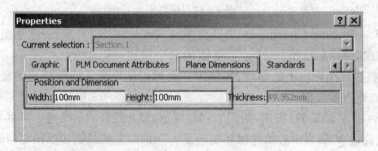

图 4-90　Plane Dimensions(面尺寸)选项卡

4.3.7　剖切视图窗口

在剖切结果中,还有许多相应的操作:

- 剖切结果方向调整；
- 在剖切结果中添加二维栅格；
- 将剖切结果以三维方式显示；
- 检查剖切面中干涉位置。

以上功能的操作主要通过两个位置的功能来实现，如图 4-91 所示：
- Sectioning Definition(剖切定义)对话框中的 Result(剖切结果)选项卡；
- 右击剖切结果设计环境中弹出的快捷菜单。

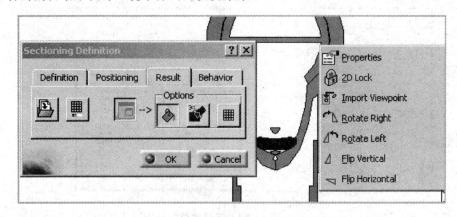

图 4-91 Result(剖切结果)选项卡与快捷菜单

新建一个产品文档，在文档中依次插入 ATOMIZER. cgr，BODY1. cgr，BODY2. cgr，LOCK. cg，NOZZLE1. cgr，NOZZLE2. cg，REGULATION_COMMAND. cgr，REGULATOR. cgr，TRIGGER. cgr 和 VALVE. cgr 作为三维剖切练习的实例。

单击 Space Analysis(空间分析)工具栏中的 Sectioning(剖切)工具按钮，在设计环境中自动生成一个剖切面。

在默认设置下，剖切面的结果以颜色填充进行显示。单击 Sectioning Definition 对话框中的 Result 标签切换到相应的剖切结果选项卡中。其右侧的 Options(选项)选项组中的 Fill(填充)工具按钮可以调整是否显示填充颜色。单击 Fill 工具按钮，如图 4-92 所示，剖切结果即以线性轮廓显示。

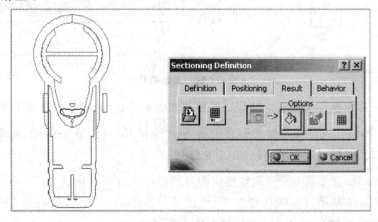

图 4-92 线性轮廓显示

在剖切视图窗口中右击后弹出快捷菜单,如图 4-93 所示,在菜单的下方有四个命令用于调整剖切结果的方向:

- Rotate Right(向右旋转)工具按钮　　向右侧旋转 90°。
- Rotate Left(向左旋转)工具按钮　　向左侧旋转 90°。
- Flip Vertical(垂直翻转)工具按钮　　沿垂直线翻转 180°。
- Flip Horizontal(水平翻转)工具按钮　　沿水平线翻转 180°。

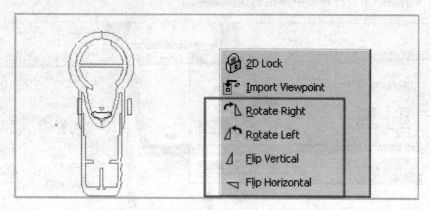

图 4-93　快捷菜单

在右侧的 Options 选项组中的第三个命令是 Grid(栅格)工具按钮　，用于调整是否显示二维栅格。单击该工具按钮,如图 4-94 所示,剖切结果视图中即显示相应的二维栅格。

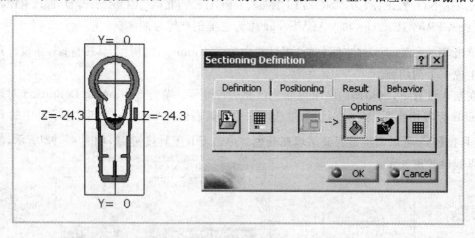

图 4-94　二维栅格

默认状态下,栅格尺寸是剖切尺寸。调整剖切面的位置,同时在剖切视图中显示相应的新的尺寸值。在 Result 选项卡左侧的第二个命令是 Grid Edit(栅格编辑)工具按钮　,利用此工具按钮,可以调整栅格的类型、模式和步长。

单击 Grid Edit 工具按钮　,调整相应的参数。在设计环境中弹出 Edit Grid(编辑栅格)对话框,如图 4-95 所示。在默认状态下,模式是 Absolute(绝对),类型是 Lines(直线)。在 Absolute 模式下,栅格坐标以绝对坐标轴系统为参考显示。

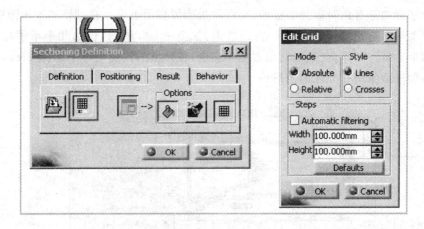

图 4-95　Edit Grid(编辑栅格)对话框

在 Sectioning Definition 对话框中调整模式和类型。将 Mode(模式)调整为 Relative(相对)，Style(类型)调整为 Crosses(十字标志)。同时在将下方 Steps(步长)选项组中的 Width 和 Height 修改为"10.000 mm"，如图 4-96 所示，即为相应的调整结果。在 Relative 模式下，二维栅格视图中的坐标以剖切平面的中心为原点。在 Sectioning Definition 对话框单击 Automatic filtering(自动适应)复选框，可以在对剖切结果进行缩放时自动调整二维栅格的显示状况。

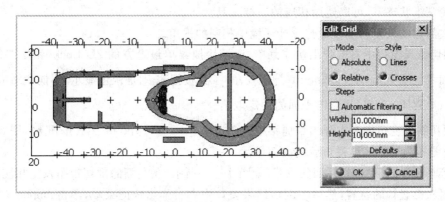

图 4-96　设置宽度和高度

在选项设置中，也有二维栅格相应的选项，具体位置如图 4-97 所示。同样，可以调整模式、类型和步长等相关选项。

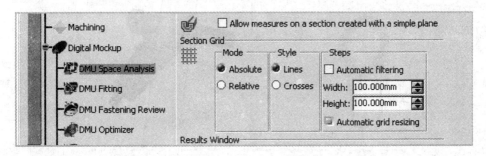

图 4-97　选项设置

每个十字标志都有相对应的坐标值,可以将坐标值显示出来。在剖切结果视图中右击,在弹出的快捷菜单中选择 Coordinates(坐标)选项,如图 4-98 所示,任选几个十字标志单击后显示相应的坐标值。同样,在剖切结果视图中右击,在弹出的快捷菜单中选择 Clean All(清除全部)选项,即可清除所有标注的坐标值。

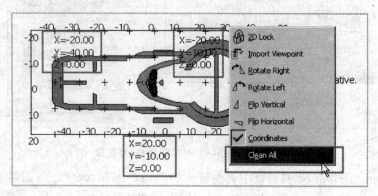

图 4-98　清除所有坐标值

单击 OK 按钮退出 Edit Grid 对话框。

默认状态下,剖切结果都是以二维平面显示。也可以调整成三维显示,使相应的剖切结果视图以三维状态显示:

- 在三维状态下,可以使用相应的三维工具。
- 在剖切结果窗口中设置与设计环境中相同的视角。

在剖切结果窗口中右击弹出快捷菜单,激活快捷菜单最上方的 2D Lock(锁定二维)工具按钮 ,而第二个 Import Viewpoint(导入视角)工具按钮 则是灰色显示,不能激活应用。单击 2D Lock 工具按钮 ,将二维平面的锁定取消。

在剖切结果窗口中右击弹出快捷菜单。单击 Import Viewpoint 工具按钮 ,图 4-97 中左侧的视图即为导入三维视角后的剖切显示。

在设计环境中调整剖切平面的位置,如图 4-99 所示,在左侧的剖切视图发生相应的变化。同样,调整产品设计的位置,然后在剖切结果窗口中右击弹出快捷菜单,单击 Import Viewpoint 工具按钮 ,在剖切结果视图窗口中同样会将剖切面调整为与设计环境相适合的位置。

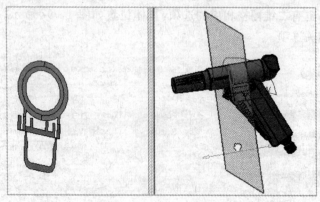

图 4-99　调整剖切平面位置

在剖切结果窗口中右击弹出快捷菜单,单击 2D Lock 工具按钮,将二维平面锁定。如图 4-100 所示,剖切结果重新回到二维显示状态。

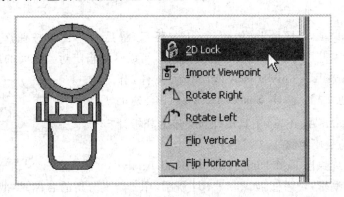

图 4-100 快捷菜单

如图 4-101 所示,在 Result 选项卡中右侧的 Options 选项组中的第二个命令是 Clash Detection(干涉检测)工具按钮,用于检查在剖切面内的干涉状况。单击 Clash Detection 工具按钮,在左侧图中出现粉色圆,表示当前剖面内的干涉位置。

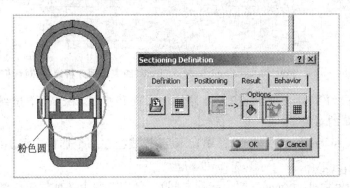

图 4-101 干涉检测

在设计环境中调整剖切平面的位置,如图 4-102 所示,左侧的剖切视图发生相应的变化。若没有干涉则粉色圆不予以显示,其他干涉状况同样以粉色圆标示出来。

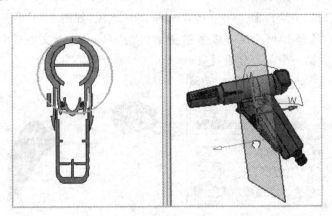

图 4-102 粉色圆

4.4 最小距离检测

在 Space Analysis 工具栏上,如图 4-103 所示,最后一个工具按钮是 Distance and Band Analysis(距离范围分析)。利用此工具按钮,可以计算指定对象之间的最小距离。

打开 AnalyzingAssembly01.CATProduct 文件,作为最小距离分析的文档。单击 Space Analysis 工具栏上的 Distance and Band Analysis 工具按钮,开始分析计算相关对象之间的最小距离。

图 4-103 Space Analysis 工具栏

在设计环境中,弹出 Edit Distance and Band Analysis(距离范围分析编辑)对话框,如图 4-104 所示,用于定义分析的名称、类型和对象。

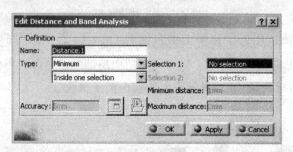

图 4-104 Edit Distance and Band Analysis(距离范围分析编辑)对话框

Type 的第一个下拉列表用于定义最小距离的方向和范围,第二个下拉列表有三个选项,用于定义距离计算的对象:

- Inside one selection(在一个选择中) 默认模式。在一个选择中添加的所有零组件都参与计算。
- Between two selections(在两个选择之间) 分别在两个选择框中添加运算对象,在运算时在两个对象组之间进行检查。
- Selection against all(所选择对象与其他未选择对象计算) 检查所选择对象与其他所有未选择对象之间的距离。

在第二个下拉列表中选择 Between two selections 选项,如图 4-105 所示,Selection 1(选择 1)和 Selection 2(选择 2)两个文本框都被激活。在 Selection 1 文本框中选择 CRIC_TOP (CRIC_TOP.1)作为第一个距离分析对象。

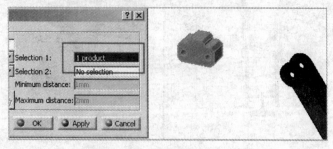

图 4-105 选择距离分析对象

单击 Selection 2 文本框激活选择对象 2 的选择，在设计树上复选 CRIC_BRANCH_3 (CRIC_BRANCH_3.1)和 CRIC_JOIN (CRIC_JOIN.1)，结果如图 4-106 所示，在激活的文本框中显示 2 products。在选择参与运算的对象时，可以选择多个参考对象，当取消相应的选择对象时，只要在设计树上单击即可。

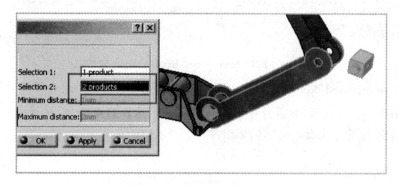

图 4-106　选择参考对象

单击 Apply 按钮对最小距离进行运算，如图 4-107 所示，弹出 Preview(预览)对话框。在对话框中，显示出最小距离的运算结果，用一个双向箭头和一个尺寸值表示。在 Preview 对话框中，同样可以通过光标进行平移、旋转和缩放的操作，以便更好地观察运算结果。

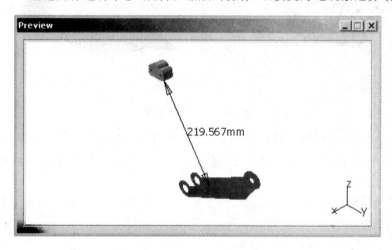

图 4-107　Preview(预览)对话框

与此同时，在 Edit Distance and Band Analysis 对话框下方有一个 Results 选项组，如图 4-108所示。其中显示出距离、向量、起点、终点、起点所在和终点所在的信息。

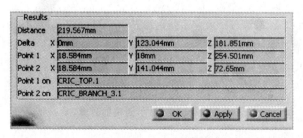

图 4-108　Results 选项组

在 Edit Distance and Band Analysis 对话框中部的两个工具按钮被激活,分别用于显示距离分析结果和输出运算结果,具体位置如图 4-109 所示。

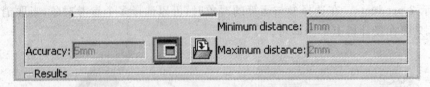

图 4-109 Edit Distance and Band Analysis 对话框

在 Edit Distance and Band Analysis 对话框中部单击 Results windows(运算结果窗口)工具按钮 ,如图 4-110 所示,在设计环境中新增了一个运算结果窗口,显示内容与右侧产品设计环境中相比,略去了未参与运算的零组件。

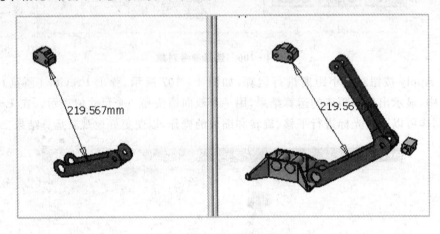

图 4-110 运算结果

在 Edit Distance and Band Analysis 对话框中部单击 Export as(输出运算结果)工具按钮 ,打开 Save As 对话框,选择文件类型,输入文件名称后即可将最小距离的运算结果保存起来。

单击 OK 按钮完成最小距离的计算,结果如图 4-111 所示,在设计环境中和设计树上都相应地显示出运算结果。

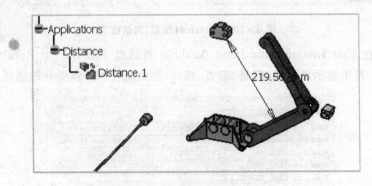

图 4-111 最小距离的计算

4.5 注　解

在进行产品造型时,特别是大型的、需要多方交流的产品设计,往往需要添加一系列的辅助信息以便对产品更加精确地描写。

4.5.1 焊接特征

在产品设计中,焊接特征需要专门标注出来。在焊接标注定义的几何位置,实际生产中都要进行焊接加工。

打开 Weld_Planner 文件,如图 4-112 所示,作为焊接标注的练习实例,由四个零件组成。

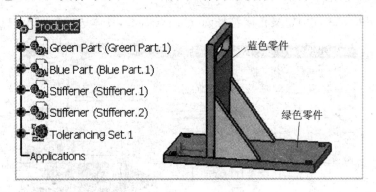

图 4-112　打开文件

Weld Feature(焊接特征)工具按钮 位于 Annotations(标注)工具栏上,具体位置如图 4-113 所示。

单击 Weld Feature 工具按钮 ,首先需要确定焊接的几何位置:单击选择蓝色零件和绿色零件交接处,具体几何位置如图 4-114 所示。

图 4-113　Annotations(标注)工具栏

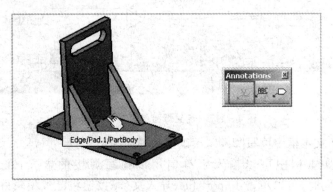

图 4-114　确定焊接的几何位置

在设计环境中弹出 Welding creation(焊接标注创建)对话框,如图 4-115 所示,其中可以添加焊接标注的所有信息。

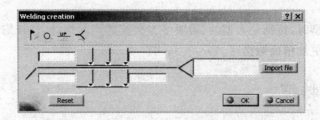

图 4-115　Welding creation(焊接标注创建)对话框

在 Welding creation 对话框中添加标注的参数。在左侧上面的文本框中输入"70",作为焊接的长度参数。

在第一个下拉列表框中定义角度符号(angle symbol),具体选项如图 4-116 所示。

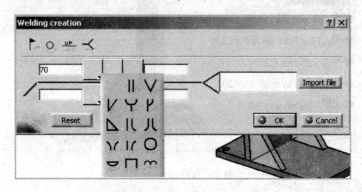

图 4-116　定义角度符号(angle symbol)

在第二个下拉列表框中定义焊接类型(weld type),如图 4-117 所示,有三种焊接类型可以选择。

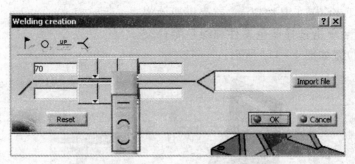

图 4-117　定义焊接类型(weld type)

在右侧上面的文本框中填写"2.5",用以定义焊接的尺寸。

在最右侧的文本框中可以输入字符串用以描写焊接的含义,在此输入 Weld2,如图 4-118所示。同时,可以单击 Import file(导入文件)按钮将已经编辑好的 TXT 文件导入到文本框中。

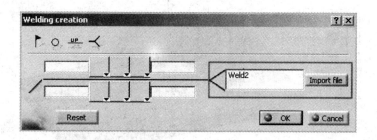

图 4-118　输入 Weld2

当相关的参数输入完成后,结果如图 4-119 所示。此时已经完成一个完整的焊接特征标注的定义,可以进行相应的修改。如果需要全部重新设置,单击左下角的 Reset(重新设置)按钮即可将所有已输入信息清除。

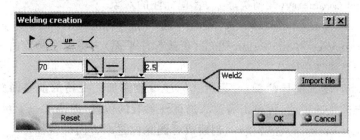

图 4-119　输入参数

在 Welding creation 对话框(如图 5-119 所示)的左上角有若干用于调整焊接标志显示的工具按钮,它们的具体作用如下:

- ▶(flag symbol)　范围焊接标志(field-weld symbol)。保留原始零件的焊接标注位置,不进行焊接加工。
- ○(circle symbol)　围焊标志(the weld-all-around symbol)。保留零件边缘全部进行焊接加工。
- UP　文字位置(the "up" option)。用于调整焊接标志显示的工具,可以在横线的上方或下方调整焊接的标志和文字显示,可以迅速地将所有标志上移或下移。
- ⊣　焊接尾部标志(the weld tail symbol)。当没有描述性文字时,此工具按钮用于定义是否显示尾部标志;当有描述性文字存在时,尾部标志自动显示。

单击 OK 按钮完成焊接标志的添加。

观察设计环境,如图 4-120 所示,在设计树和产品特征上,分别增加了相应的焊接特征的显示。

焊接标志的细节显示与在 Welding creation 对话框所设置的内容相同。将光标移动至标注上,标注变黑显示,拖动焊接标注,即可移动它的位置。

在对焊接标志的后续修改中,相当多的功能都是通过快捷菜单进行的。右击设计环境中焊接标注上的标注符号,弹出如图 4-121 所示的快捷菜单。

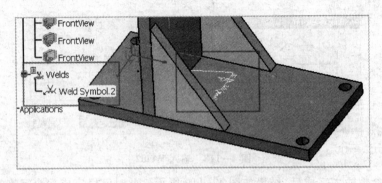

图 4-120 焊接特征的显示

快捷菜单的功能如下：
- Associated Geometry(几何关联)　管理标注的对象。
- Select Views/Annotation Plane(选择标注平面)　选择标注所在平面或标注平面上的标注。
- Transfer to View/Annotation Plane(更改标注平面)　将标注参数由一个观察平面调整到另一个观察平面。
- Add Leader(增加前导箭头)　为所选标注参数添加一个新的前导箭头。在快捷菜单上单击选择此选项后，再单击需要添加标注参数的位置，即添加一个新的标注。
- Annotation Links(标注链接)　创建或者删除位置或方向的链接。

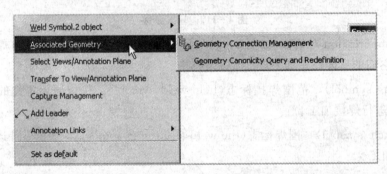

图 4-121 快捷菜单

在焊接标注箭头的最前方是一个黄色方形标志，右击后同样弹出快捷菜单，如图 4-122 所示，即为相应的命令：
- Add a Breakpoint(添加断点)　在前导线上添加一个断点。
- Add an Interruption(添加打断)　在前导线上添加一个打断点。
- Remove a Breakpoint(移除一个断点)　将一个断点从前导线上移除。
- Remove Leader/Extremity(移动前导线)　将一个前导线全部删除。
- All Around(围焊标志)　添加一个圆形的围焊标志。
- Switch to perpendicular leader(切换垂直前导线)　设置前导线垂直于焊接标注。

在快捷菜单的最下方是一个 Symbol Shape(箭头形状)选项，当光标指向它时，在其右侧显示出一个如图 4-123 所示的箭头形状列表，在实际设计中可以根据需要进行相应的选择。

当需要调整焊接标志的参数时，随时双击设计树或设计环境中的焊接标志，即可切换到 Welding creation(焊接标准创建)对话框。

第 4 章 装配分析

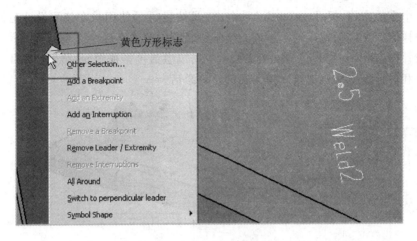

图 4-122 快捷菜单

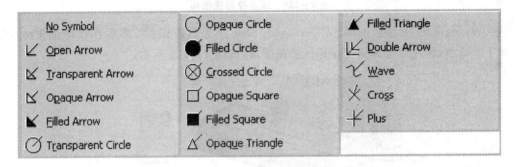

图 4-123 箭头形状列表

4.5.2 文字标注

在 Annotations(标注)工具栏上,第二个工具按钮 是 Text with Leader(文字标注)命令按钮。通过此工具按钮,可以任意创建文字标注。创建的文字标注位于没有边界限制的框架内。在创建文字过程中,可以随时修改和调整文字的大小、颜色及箭头的位置等相关属性。

打开 Common_Tolerancing_Annotations_01 文件,如图 4-124 所示。

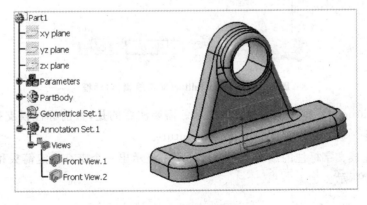

图 4-124 打开文件

这是一个零件文档,但 Text with Leader 工具按钮 的使用与在装配设计工作台中的使用是完全一样的。在这里就用这个零件文档学习装配中的文字标注。

展开设计树,在 Projected View.1 文档上双击以激活投影视图面,结果如图 4-125 所示。在设计树上和设计环境中所选投影视图面都已被激活。

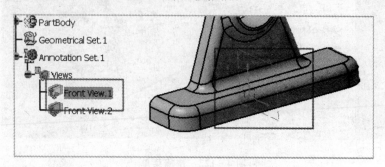

图 4-125　激活投影视图面

在 Annotations 工具栏上单击 Text with Leader 工具按钮 ,然后在投影面 Projected View.1 上单击,将投影面作为文字标注的基准面,如图 4-126 所示。

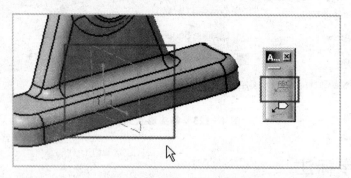

图 4-126　设置文字标注的基准面

选择文字标注所在面,然后需要选择标注箭头的位置。在任意位置处单击作为箭头所指位置,如图 4-127 所示,在设计环境中弹出 Text Editor(文字编辑)对话框。

图 4-127　Text Editor(文字编辑)对话框

在 Text Editor 对话框中输入标注的文字。需要注意的是,目前标注仅支持英文标注,尚不支持中文标注。输入文字 Let's design our future.。

单击 OK 完成文字标注的编辑。在设计环境中显示出一个带有特定箭头和相应文字的标注,如图 4-128 所示。

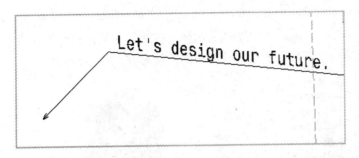

图 4-128　文字标注

在设计树上增加与文字标注相应的标志,如图 4-129 所示,右击后在快捷菜单上选择 Properties 选项。

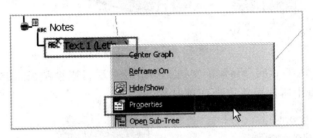

图 4-129　设计树

在"属性"对话框中,切换到 Font(字体)和 Text(文本)选项卡,即可调整文本的细微属性,如图 4-130 所示。

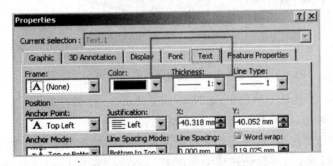

图 4-130　Text(文本)选项卡

4.5.3　链接标记

在 Annotations 工具栏上,第三个工具按钮 是 Flag Note with Leader(链接标注)命令按钮,具体位置如图 4-131 所示。通过此工具按钮,可以任意创建链接标注。与文字标注的不同之处在于,在链接标注中,可以添加与各种文档之间的链接关系。创建的链接标注位于一个箭头框内。在创建链接标注的过程中,可以随时修改和调整文字的大小、颜色及箭头的位置等相关属性。

图 4-131　Flag Note with Leader
(链接标注)工具按钮

打开 Common_Tolerancing_Annotations_01 文件，如图 4-132 所示。这是一个零件文档，但 Flag Note with Leader 工具按钮的使用方法与在装配设计工作台中的使用是完全一样的。在这里就用这个零件文档学习装配中的链接标注。

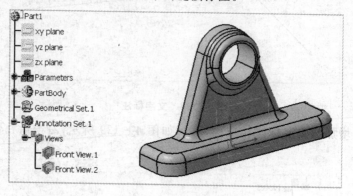

图 4-132 打开文件

展开设计树，在 Projected View.1 文档上双击以激活投影视图面，结果如图 4-133 所示。在设计树和设计环境中所选投影视图面都已被激活。

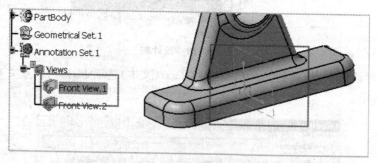

图 4-133 激活投影视图面

在 Annotations 工具栏上单击 Flag Note with Leader 工具按钮，然后在投影面 Projected View.1 文档上单击，将投影面作为链接标注的基准面。

选择链接标注的所在面，然后需要选择标注箭头的位置。在合适位置处单击作为箭头所指位置，如图 4-134 所示，在设计环境中弹出 Flag Note Definition（链接标注定义）对话框。

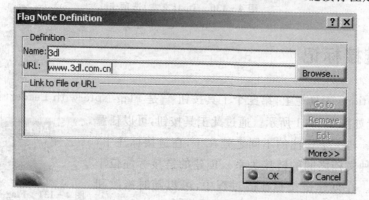

图 4-134 Flag Note Definition（链接标注定义）对话框

在 Flag Note Definition 对话框中,在 Name 文本框中输入链接标注的名称。这里输入"3dl"。在下面的 URL(超级链接)文本框中输入链接的地址。该地址将添加到下面的列表内。单击右侧的 Browse(列表)弹出"文件选择"对话框,同样也可以选择添加相应的文档或应用文件。

在对话框中添加 www.3dl.com.cn 和 CamtasiaStudio.exe 两个相应的选项。在对话框中选择 www.3dl.com.cn 并激活,从而右侧的工具按钮被激活,相应功能如下:
- Go to(转到)　激活相应选择的对象。
- Remove(清除)　删除激活的对象。
- Edit(编辑)　编辑激活的对象。

单击 OK 按钮完成链接标注的编辑。在设计环境中,显示出一个带有特定边框和相应文字的链接标注,在设计树上显示出相应的链接标注标志,如图 4-135 所示。

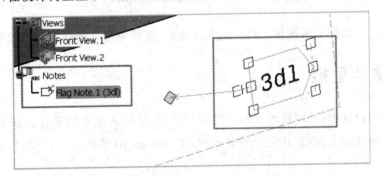

图 4-135　显示链接标注标志

在设计树上右击链接标注相应的标志后,在弹出的快捷菜单上选择 Properties 选项。

在 Properties(属性)对话框中,切换到 Font 和 Text 选项卡,即可调整文本的细微属性,如图 4-136 所示。

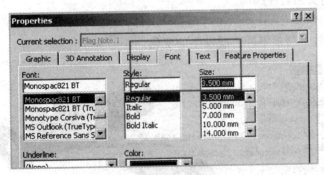

图 4-136　Font(字体)选项卡

第5章 装配文档的编辑与修改

在装配设计过程中,对装配组件、约束对象等往往需要进行适当的修改。而在设计过程中,还有一些特定的装配设计功能,如:装配特征、装配对称、零件设计样式重用等功能。通过这些特有的功能,可以对装配设计文档进行更好的操作。

5.1 装配编辑

本节介绍三个装配编辑操作,分别是:零件更换、替换显示并重新连接及约束重新连接。

5.1.1 零件更换

在一个装配设计中,可以将现有的零件进行替换,使用一个新的零件。在 Product Structure Tools(产品结构工具)工具栏上的 Replace Component(替换零件)工具按钮 专门用于零件替换。

在一个装配文档中,可以用两个完全不同的零件互相替换,如用一个千斤顶替换一个车轮;也可以用两个相近的零件进行替换,如用另一个型号的轴承替换现有的轴承。在以下两种情况下,约束只有在合理的情况下才会得到重新连接。

- 两个零件的产品结构相同;
- 两个零件的实例名称相同。

打开 AssemblyConstraint06.CATProduct 文件,如图 5-1 所示,观察设计树上约束的状态和零件的名称。注意替换零件后所发生的变化。

图 5-1 打开文件

在 Product Structure Tools 工具栏上单击 Replace Component 工具按钮 。可以在设计树和设计环境两个位置选择需要替换的对象。在此替换 CRIC_BRANCH_3,如图 5-2 所示,在设计环境中单击蓝色零件。

第 5 章　装配文档的编辑与修改

图 5-2　选择替换对象

当需要替换的零件选择完成后,如图 5-3 所示,设计环境中自动弹出 File Selection(文件查找)对话框,在这个对话框中定义替换零件。单击"打开"按钮完成替换零件的选择。

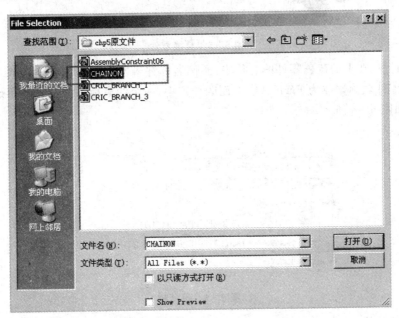

图 5-3　File Selection(文件查找)对话框

在设计环境中自动弹出 Impacts On Replace(替换影响)对话框,如图 5-4 所示。

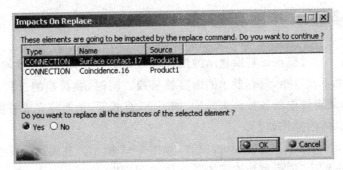

图 5-4　Impacts On Replace(替换影响)对话框

上篇　装配设计

在该对话框中,显示需要更新、调整的约束,即应用替换命令后受到影响的约束,同时也显示出约束的类型、名称和来源。下面的 Yes 和 No 单选项用来选择是否替换所选零件的所有实例。

可以看到,在这个替换过程中,共有两个约束受到影响,分别是 Surface contace.17 和 Coincedence.16。单击 OK 按钮将替换应用到两个约束上,结果如图 5-5 所示。蓝色零件 CRIC_BRANCH_3 消失了,而新增了一个红色零件 CHAINON。

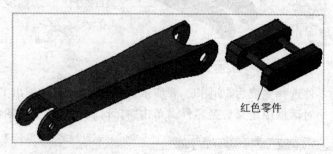

图 5-5　替换零件

观察设计树,在上面蓝色零件的名称中,实例名称并未发生变化,依然是 CRIC_BRANCH_3.1,前面的零件名称修改为 Part5。在下面的约束中,两个约束标志的左下角都新增了一个叹号的标志,如图 5-6 所示。

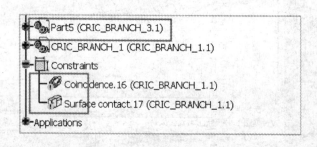

图 5-6　设计树

完成零件替换,在设计树和设计环境中都发生了相应的变化。关于如何将产生问题的约束重新连接,在下面的内容中将涉及。

5.1.2　替换显示并重新连接

在零件的替换中,可以仅仅替换显示的内容。与 5.1.1 节所讲的替换的区别是,零件的名称和实例的名称都不被替换,只有显示的内容被替换。同时,在替换的过程中,如果零件的结构相似,可以选择新零件中的各种约束元素,如平面、直线等,从而将完成替换的零件重新连接到合适的位置。具体的操作如下:

① 打开 Reconnect01.CATProduct 文件,如图 5-7 所示。利用这个零件进行相应的替换并重新连接。在本例中,进行重新连接的零件是 SCREW。

② 与零件替换不同的是,由于没有替换逻辑结构上的元素,仅仅替换的是几何图形的显

第 5 章 装配文档的编辑与修改

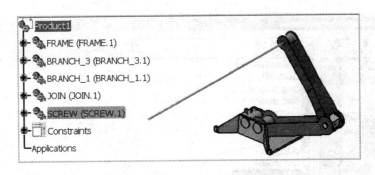

图 5-7 打开文件

示,所以在实际操作中没有固定的工具按钮,而是通过快捷菜单来实现。在 SCREW 上右击,在弹出的快捷菜单中选择 Representations(显示)| Manage Representations(显示管理)菜单项。

③ 单击 Manage Representations 命令后,在设计环境中弹出 Manage Representations 对话框,如图 5-8 所示。在对话框中的列表框中,显示所选择的零件文档的各种属性和参数,包括名称、类型、默认状态和激活状态等。在列表框中选择需要的零件,右侧的相应命令即可显示激活状态:

- Assoiate(关联)　打开关联的文档。
- Remove(移除)　清除所选择的零件。
- Replace(替换)　替换所选择的零件。
- Rename(重命名)　为选择的零件重新命名。

图 5-8 Manage Representations(显示管理)对话框

④ 在零件列表中选择相应的 SCREW 零件,在右侧单击 Replace 按钮,在设计环境中弹出 Associate Representation(显示关联)对话框选择替换对象,如图 5-9 所示。

⑤ 单击"打开"按钮。

⑥ 在设计环境中自动弹出 Reconnect Representation(显示重新连接)对话框,如图 5-10 所示。在上方左侧的窗口中显示现有零件,同时显示一条用于约束的直线;在上方右侧的窗口中显示替换零件。在中间部分,显示需要重新连接的约束元素,在这里是一条直线和一个平面,同时显示"是否被重新连接"的状态。在下方显示 Dependent Constraints(依赖约束)和 Dependent Publications(依赖发布)的数目。需要注意的是,两个约束元素的 Reconnected(重新连接)状态都是 No。

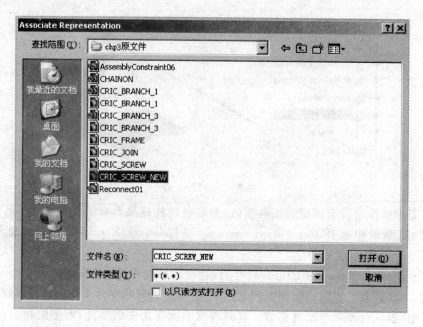

图 5-9　Associate Representation(显示关联)对话框

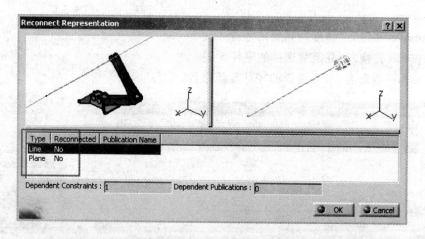

图 5-10　Reconnect Representation(显示重新连接)对话框

⑦ 在被替换的浅蓝色零件上，显示中心轴线。为了替换相应的轴线，需要在右侧替换零件的窗口中选择一条轴线。在替换零件的外表面圆周上单击，即可选择新增零件的轴线。完成后如图 5-11 所示，在列表中直线的 No 已经被替换成 Yes，表示直线的约束元素已经被选择。

⑧ 第二个约束元素是一个平面，观察左侧的显示窗口，如图 5-12 所示，同样是一个平面的原始约束图素。替换图素上所需要的平面同样是一个底侧的平面，单击选择替换零件的底部平面，作为替换图素的约束元素。观察列表，平面的 No 同样已经被替换成 Yes，表示所有约束元素已经被定位。

⑨ 单击 Close 按钮关闭 Reconnect Representation 对话框。

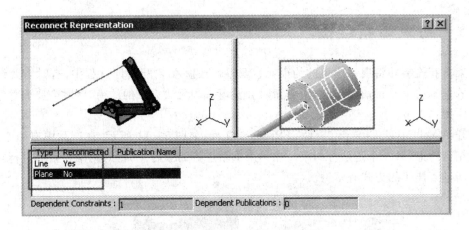

图 5-11　选择新增零件的轴线

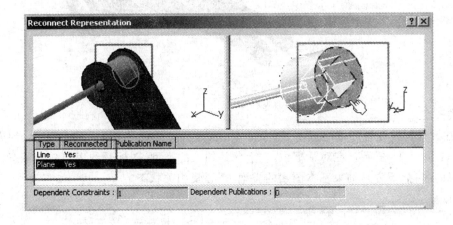

图 5-12　显示窗口

⑩ 设计环境如图 5-13 所示，在设计树上零件名称和实例名称都没有变化，同时设计环境中浅蓝色零件已经被白色零件所替换。

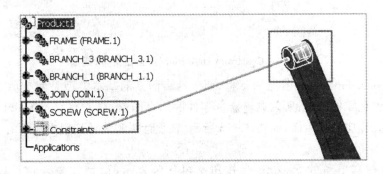

图 5-13　零件替换

5.1.3 约束重新连接

约束重新连接即将现有约束的约束元素调整修改。在装配设计过程中,有时需要调整现有约束的基本约束元素;有时在约束更新时会发现一些无法完成的约束,此时需要调整约束元素。具体操作如下:

打开 AssemblyConstraint06. CATProduct 文件,如图 5-14 所示,在产品中有两个约束:一个是相合约束,另一个是贴合约束。在约束重新连接的学习中,将对两个约束都进行重新连接。重新进入连接的方式有多种。

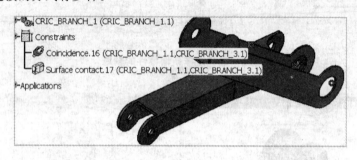

图 5-14 打开文件

方式一

① 在设计树或设计环境中双击 Surface contact17,打开 Constraint Definition(约束定义)对话框,如图 5-15 所示。在对话框中,左上角是约束的类型、图标及约束当前的状态,右侧上方是约束的名称,下方是约束基本图素的类型、来源及相关状态。

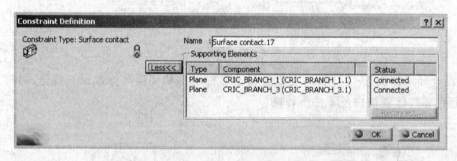

图 5-15 Constraint Definition(约束定义)对话框

② 观察 Constraint Definition 对话框,两个约束图素的基本类型是两个面。由于蓝色零件的位置应在红色零件内部,所以调整蓝色零件的约束图素,应先在 Constraint Definition 对话框中单击选择相应的约束面,如图 5-16 所示,在设计树和设计环境中相关的元素全部加亮显示。

③ 在设计树右下角的 Reconnect 按钮不再灰色显示,而是加亮表示可以应用。单击 Reconnect 按钮,选择蓝色零件的内侧面作为蓝色零件重新连接后的约束元素,如图 5-17 所示。

④ 单击 OK 按钮完成约束的重新连接。

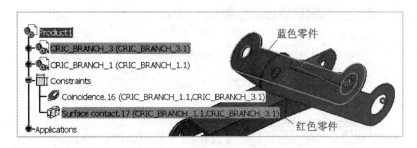

图 5-16 选择约束面

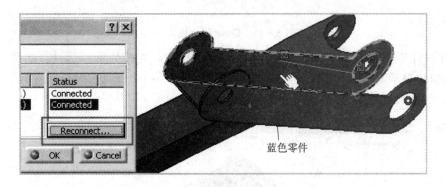

图 5-17 选择蓝色零件的内侧面

⑤ 在设计环境中,应用 Upadte 工具按钮,如图 5-18 所示,即完成约束元素的重新连接的结果。

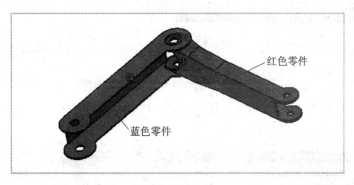

图 5-18 重新连接

方式二

① 上面是通过双击约束打开 Constraint Definition 对话框,在对话框中调整约束的支持元素。通过 Properties 对话框同样可以进入到约束图素的重新连接中。在设计树上右击第二个相合约束 Coincidence.16,弹出快捷菜单,选择 Properties 选项,打开 Properties 对话框,如图 5-19 所示,Constraint 选项卡中的内容与 Constraint Definition 对话框的内容相似。最上方显示约束的标志、状态和名称,下面显示约束的相关图素。

② 在 Supporting Elements 选项组中的列表框中,单击 CRIC_BRANCH_3 选项,然后单击右下角的 Reconnect 按钮。

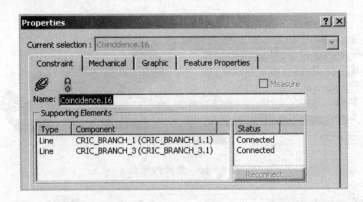

图 5-19 Constraint 选项卡

③ 在设计环境中弹出一个 Reconnect Constraint（重新连接约束）对话框，如图 5-20 所示。上方窗口显示零件，下方显示当前零件的状态，在 Selected（已选择）一栏中，当前的显示为 No，表示约束对象尚未选择。

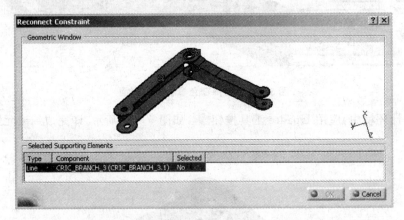

图 5-20 Reconnect Constraint 对话框

④ 在设计环境中，将光标移动到蓝色零件的非约束端，如图 5-21 所示，显示出相应的中心轴线标志。

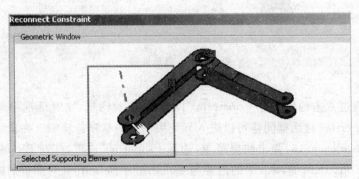

图 5-21 中心轴线标志

⑤ 单击即可选择轴线作为几何约束图素，观察 Selected 一栏，由 No 转换为 Yes，表示当前的约束元素已经选择。

⑥ 单击 OK 按钮关闭 Reconnect Constraint 对话框。观察 Properties 对话框,如图 5-22 所示,在 Supporting Elements 选项组的右侧状态栏中,显示为 Reconnect。

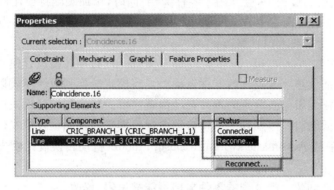

图 5-22 Properties 对话框

⑦ 单击 OK 按钮完成相合约束的几何元素的重新连接。

⑧ 单击 Update 工具按钮 后,约束重新连接的结果如图 5-23 所示。

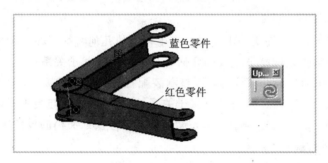

图 5-23 观察约束

5.2 装配特征

装配特征,是在装配计时,同时应用到多个零件上的特征。如一些配合孔的造型上,就需要使用装配特征。

5.2.1 装配特征基础

装配特征与零件特征不同,在应用时有一些注意事项。首先,装配特征的应用对象是有限制的:
- 装配特征只能应用在激活产品的子零件上,同时,至少要有两个以上的零件。每个零件中必须有至少一个实例。
- 装配特征不能应用于两个来自于同一个实例的零件。
- 装配特征只能应用于可以进行零件特征造型的零件。

其次,每一个装配特征生成的同时,都会与相应的零件发生作用。在零件上生成的几何特征,与装配特征之间有相应的链接关系。由装配特征生成的零件几何特征称为装配结果特征。

1. 观察模式

装配特征在应用的过程中,会作用于零件文档;同时,添加装配特征往往也影响零件文档。在观察模式下,根据选项设置中 Access to geometry(进入几何体)的设置,当添加装配特征时,系统自行决定零件是否转入设计状态:

① 如果选项中的 Automatic switch to Design mode(自动转换设计模式)已被复选:
- 装配特征创建　涉及到的零件自动由观察模式转换到设计模式以创建装配特征。
- 装配特征编辑　涉及到的零件自动由观察模式转换到设计模式以编辑装配特征。
- 装配特征删除　涉及到的零件自动由观察模式转换到设计模式以删除装配特征。

② 如果选项中的 Automatic switch to Design mode(自动转换设计模式)没有被复选或者零件文档没有载入:
- 装配特征创建　涉及到的零件文档不能被编辑、修改。
- 装配特征编辑　涉及到的零件文档不能被编辑、修改。
- 装配特征删除　删除装配特征时,不影响零件文档;当载入零件文档时,相关的几何特征将以 Broken(已损坏)的标志出现。

2. 装配特征结果链接

装配特征生成后,在零件文档中同时会产生相应的几何特征。在分析一个零件文档时,可以通过以下方法观察由装配特征生成的几何特征的链接及父子关系:

① 选择菜单 Edit|Links(链接),可以显示装配特征结果的链接。
② 快捷菜单中的 Parent/Children(父子关系)选项可以显示与装配特征之间的联系。

如果相应的链接已经损坏,则 Broken 标志将在零件设计文档的设计树上显示出来。

3. 独立装配结果特征

在零件设计文档中,如果需要对装配结果特征进行相应的复制、粘贴和删除等操作,则在操作之前,必须先将其独立出来,断绝与装配文档之间的关系,然后才可以独立操作。独立之后,装配结果特征与其他的零件特征就一样了。同时,需要注意的是,独立之后的装配结果特征是不能再与装配特征进行连接的。

4. 关联设计

装配特征的创建一直保持文档之间的关联性,而选项设置中的 Keep link with selected object(与所选对象保持链接)复选框的选择也可以保证在装配特征创建时与相关参考图素保持连接。如果不需要关联设计,有如下方法:

① 在已生成的装配结果特征上右击,在弹出的快捷菜单中选择 Isolate(独立)选项。
② 如果仅作用于零件文档,则可以切换到零件设计工作台直接生成零件特征。

5.2.2　装配切割

在产品设计时,可以通过一个曲面同时切割多个零件,加快产品设计过程。如在设计鼠标内部结构时,可以给一个假想高度,然后用做好的鼠标外表面去切割。切割操作同样可以依次在零件设计工作台中实现,但装配切割更加富有效率,对于进行全局的修改,如更换一个鼠标上表面,同样更加快捷方便。

在装配设计工作台中,Split(切割)工具按钮位于 Assembly Feature(装配特征)工具栏的子工具栏中,具体位置如图 5-24 所示。

下面通过实例展示 Split 工具按钮的应用方法,具体操作步骤如下:

① 打开 AssemblySplit.CATProduct 文件,如图 5-25 所示,确保各个零件处于设计状态。观察设计环境,有四个实体零件和一个曲面,在本例中,通过曲面切割右侧的三个零件。

图 5-24 Split(切割)工具按钮

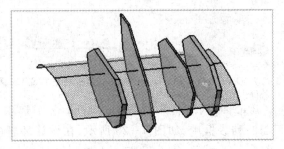

图 5-25 打开文件

② 单击 Split 工具按钮,选择切割面。在本例中选择 Loft.1,可以在设计树和设计环境中选择。如图 5-26 所示,在设计环境中单击相应的放样曲面。

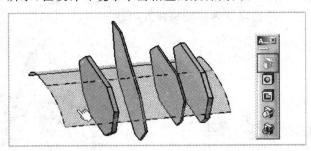

图 5-26 选择放样曲面

③ 在设计环境中自动打开 Assembly Features Definition(装配特征定义)对话框,如图 5-27所示。在对话框中,最上方是装配特征的名称,可以根据需要自行修改。在 Parts possibly affected(可修改零件)列表框中,列出所有可以应用装配切割的零件,显示出名称和路径。中间的四个按钮用于上下两个列表框中调整位置。下面的 Affected parts(应用零件)列表框中,显示装配特征应用的零件。

④ 中间的四个按钮用于调整零件在可应用装配特征零件列表框和应用装配特征零件列表框之间切换。

  将所有零件移到下方列表框;
  将所选择零件移动到下方列表框中;
  将所有零件移动到上方列表框中;
  将所选零件移动到上方列表框中。

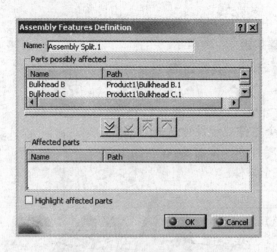

图 5-27 Assembly Features Definition(装配特征定义)对话框

⑤ 在 Parts possibly affected 列表框中选择 Bulkhead A.1 选项,然后单击按钮 ⊻,将 Bulkhead A.1 移动到下面的列表框中,如图 5-28 所示,在设计环境中打开 Split Definition (切割定义)对话框。

⑥ 继续向下添加应用装配切割的零件,与前面不同,通过双击所选零件同样可以添加到下方的列表中。双击 Bulkhead A.2 和 Bulkhead B,将它们添加到下方列表框中。

⑦ 此时,已经将三个需要切割的零件全部选择,设计环境如图 5-29 所示,显示出切割方向的两个橙色箭头。箭头所指向即为切割保留方向。

图 5-28 Split Definition(切割定义)对话框

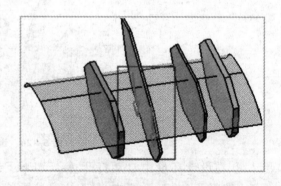

图 5-29 橙色箭头

⑧ 单击 OK 按钮完成装配切割特征的生成。

⑨ 观察设计环境,如图 5-30 所示,零件已经被切割。Bulkhead A.1、Bulkhead A.2 和 Bulkhead B 三个零件中与箭头所指方向相反的材料已经被切除。与此相反的是,Bulkhead C 没有任何变化。

⑩ 观察设计树,如图 5-31 所示,在设计树下方新增一个 Assembly features 选项,展开后其中有一个 Assembly Split.1 选项,再展开后下面共有三个相应的切割特征,分别对应于装配切割特征添加时的三个零件。

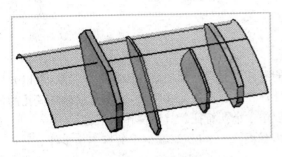

图 5-30 切割零件

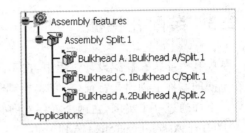

图 5-31 设计树

⑪ 将上面的设计树展开,除了在下方增加一个 Assembly features 选项外,在每个零件设计中同样新增加了相应的切割特征标志。在设计树上展开 Bulkhead B、Bulkhead A.1 和 Bulkhead A.2,如图 5-32 所示。在每个零件的设计特征中都增加了标志,唯一的区别就是数量根据切割时位置的不同而有所不同。在标志左上角的黑色小箭头标志表示与装配设计的连接。

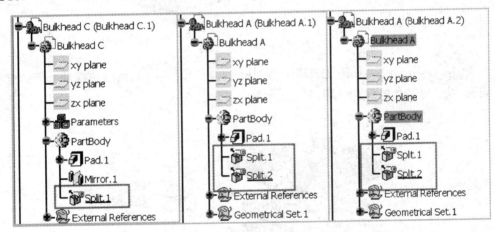

图 5-32 展开设计树

⑫ 装配切割特征应用完成后,可以继续进行编辑。在设计树上双击即可打开装配切割特征的相关信息,并进行如下编辑:
- 调整需要进行切割的零件列表;
- 替换新的切割曲面;
- 重新定义切割方向。

⑬ 如果需要切断零件与装配之间由装配特征所创建的联系,在设计树上右击带有黑色小箭头的特征标志,然后在弹出的快捷菜单上选择 Isolate 选项。此时,在设计树上相应的黑色小箭头的特征标志将会消失,表明切割特征与在零件设计工作台所创建的切割特征没有任何区别。

零件设计中的切割特征在装配设计中可以重用,这样可以加速装配设计中切割的速度。

5.2.3 装配孔特征

装配孔特征指在装配设计过程中,在不同的零件上同时创建一个孔的特征。当然,可以分别在不同的零件上创建孔特征,来完成造型设计;同时,通过装配孔特征,可以更快地完成孔的设计。下面通过一个实例,在两个零件上同时创建一个孔特征。具体操作如下:

① 打开 AssemblyHole.CATProduct 文件,如图 5-33 所示,实例中共有三个零件。

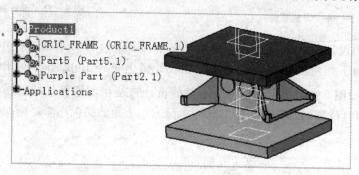

图 5-33 打开文件

② 单击 Assembly Feature 工具栏中的 Hole(孔)工具按钮 ⊙,然后选择最上面的紫色零件上表面,以便定义孔的位置,如图 5-34 所示。

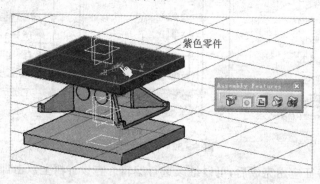

图 5-34 定义孔的位置

③ 在设计环境中打开 Assembly Features Definition 对话框,如图 5-35 所示。在对话框中,最上面是默认的特征名称,如果需要,也可以按需要将它修改为合适的名称。下面有两个列表框,上面的列表框是可以应用装配设计特征的零件列表,下面的列表框是应用特征的零件列表。在这个实例中,紫色零件是应用装配设计特征的零件。

④ 中间的四个按钮用于调整零件在可应用装配特征零件列表框和应用装配特征零件列表框之间切换。利用这些按钮将灰色零件添加到特征应用列表框中。

☒ 将所有零件移到下方列表框中;
☒ 将所选择零件移动到下方列表框中;
☒ 将所有零件移动到上方列表框中;
☒ 将所选零件移动到上方列表框中。

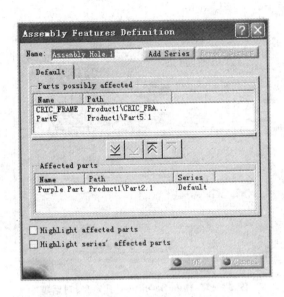

图 5-35　Assembly Features Definition 对话框

⑤ 在 Assembly Features Definition 对话框中选中 Highlight affected parts（加亮作用零件）复选框，如图 5-36 所示，这样可以更清楚地分别出添加孔特征的零件。

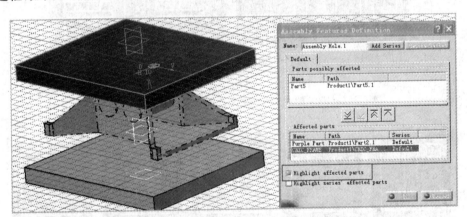

图 5-36　Assembly Features Definition 对话框

⑥ 在装配环境中打开 Assembly Features Definition 对话框的同时，Hole Definition（孔定义）对话框也被打开。如图 5-37 所示，在这个对话框中，可以通过设置各种参数生成合适的孔特征。注意孔的位置是不可以在装配设计模块下进行改变的。如果需要改变，可以切换到相应的零件设计模块中进行修改。

⑦ 在定义孔的终端时，可以定义它的长度。如果不定义长度，有以下四种方式可以用于定义孔的终端位置，如图 5-38 所示。选择 Up to Last（到最后）方式，孔特征将穿过所有经过的表面。

⑧ 定义孔的直径为"25mm"，在 Type 选项卡中可以定义以下五种不同的孔的形状，如图 5-39 所示。

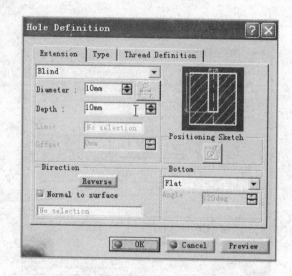

图 5-37　Hole Definition(孔定义)对话框

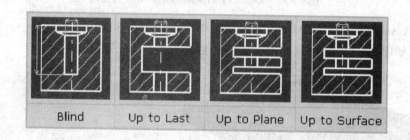

图 5-38　定义孔的终端位置

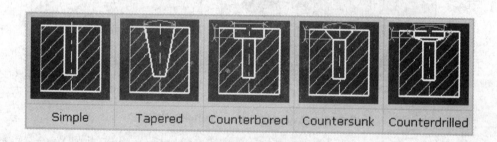

图 5-39　孔的形状

⑨ 单击 Confirm(确定)按钮,在紫色零件和灰色零件上被添加了孔特征,如图 5-40 所示,但中间的零件完整不变。同时,在设计树上新增加了装配特征的标志。

⑩ 如果需要重新编辑装配孔特征,在设计树上双击装配孔特征,可以修改应用孔特征的零件,也可以重新定义孔的类型、深度等参数。

⑪ 装配孔特征,同样也可以从零件孔特征生成。单击 Assembly Feature 工具栏中的 Hole 工具按钮，选择需要应用的零件孔特征,就可以生成相应的装配孔特征。

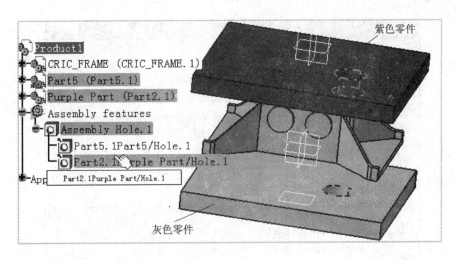

图 5-40 添加孔特征

5.2.4 应用孔系列

在生成装配孔特征时,可以通过应用孔系列在不同的零件上生成不同的孔类型。下面通过实例来学习如何应用孔系列。具体操作如下:

① 打开 AssemblyHole2. CATProduct 文件,如图 5-41 所示,共有四个不同颜色的零件。

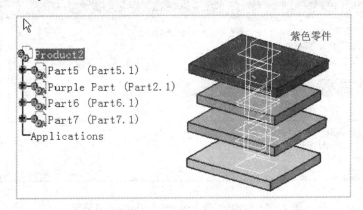

图 5-41 打开文件

② 单击 Assembly Feature 工具栏的子工具栏中的 Hole 工具按钮,然后选择最上方的紫色零件上表面定义孔的位置。

③ 利用移动所有零件到应用特征列表框工具按钮,将所有的零件都移动到下面的应用特征列表框中,如图 5-42 所示。

④ 在 Hole Definition 对话框中定义孔的参数,在 Extension 选项卡中选择 Up to Last 方式,直径为 10 mm 不变;在 Type 选项卡中选择 Counterbored(沉孔)形状,然后输入直径为"18mm"。

⑤ 在设计环境中,同时打开 Assembly Features Definition 对话框和 Hole Definition 对话

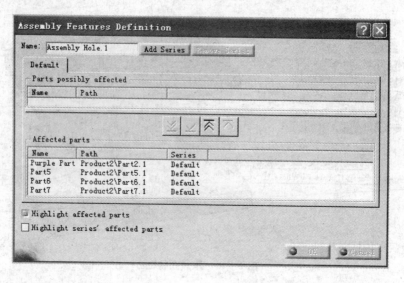

图 5-42　Assembly Features Definition 对话框

框,单击 Assembly Features Definition 对话框中的 Add Series(增加系列)按钮,新增加一个零件系列。

⑥ 复选 Part.5 和 Part6,然后单击右侧的 Select 按钮,如图 5-43 所示,在"选择"状态栏中都相应的改变为 Yes。

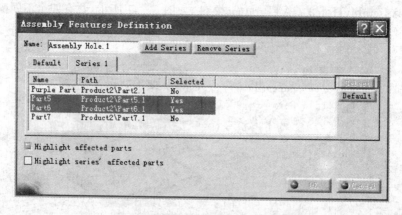

图 5-43　Assembly Features Definition 对话框

⑦ 此时,在 Hole Definition 对话框中定义新增系列孔的参数,在 Extension 选项卡中选择 Up to Last 方式,直径修改为"12mm";在 Type 选项卡中选择 Simpled(简单孔)形状。结果如图 5-44 所示,紫色零件上同样显示出来。

⑧ 再次单击 Add Series 按钮,新增加一个零件系列。在这个零件系列中,选择 Part.7,单击 Select 按钮使它成为这个系列被激活的零件。

⑨ 通过 Hole Definition 对话框重新定义孔形状,在 Extension 选项卡中选择 Blind(盲孔),直径定义为"10mm",深度定义为"160mm",选择使用 V 型底。结果如图 5-45 所示,在紫色零件上显示出相应的结果。

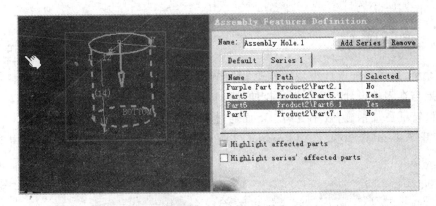

图 5-44 显示孔

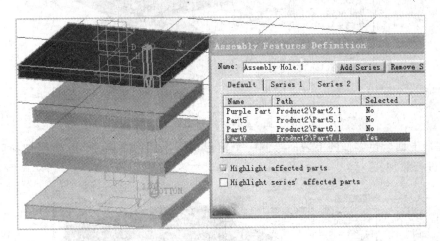

图 5-45 盲孔

⑩ 单击 Confirm 按钮完成孔的定义。如图 5-46 所示,在四个零件上分别显示出不同的孔特征。同时,在设计树上也显示出相应的设计特征标志。

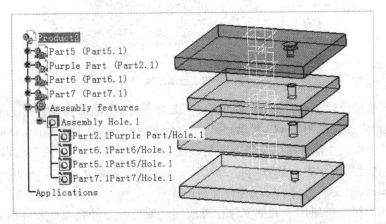

图 5-46 孔

5.2.5 装配除料

装配除料,是在装配设计模块中根据相应的轮廓,同时在多个零件时创建除料特征的工具。其效果与在零件设计时分别创建拉伸除料特征是相同的,所不同的是,这样做对于一些配合性的除料特征更加精确,效率更高。下面通过实例学习此工具。具体操作如下:

① 打开 AssemblyHole.CATProduct 文件,如图 5-47 所示,在这个实例中共有三个零件。

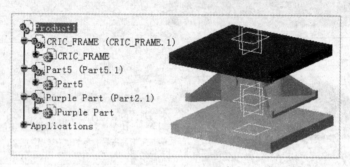

图 5-47 打开文件

② 在最上面紫色零件的上表面绘制一个矩形草图,如图 5-48 所示,需要切换到零件设计模块中进行添加。

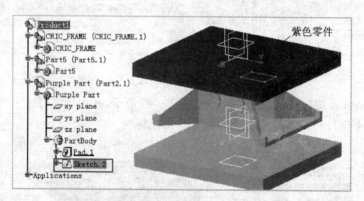

图 5-48 绘制草图

③ 切换到装配设计模块后,单击"拉伸除料"工具按钮,然后在设计树上或设计环境中选择添加的矩形草图。如图 5-49 所示,弹出 Assembly Features Definition 对话框。

④ 此对话框由三个部分组成。最上面是装配特征的名称,可以使用系统默认的名称,也可以根据需要自行修改名称。Parts possibly affected 列表框列出了可以应用拉伸除料的零件,Affected parts 列表框列出了应用拉伸除料的零件。

⑤ 在中间的四个按钮用于调整零件在可应用装配特征零件列表框和应用装配特征零件列表框之间切换。利用这些按钮将灰色零件添加到特征应用列表框中。

⑥ 单击按钮将紫色零件和灰色零件添加到应用拉伸除料特征列表框中,同时,弹出 Pocket Definition(拉伸除料)定义对话框,如图 5-50 所示。

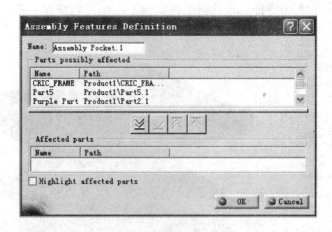

图 5-49　Assembly Features Definition 对话框

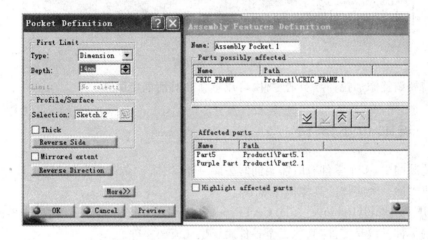

图 5-50　Pocket Definition(拉伸除料)对话框

⑦ 在 Pocket Definition 对话框中最上方的 Type 下拉列表框中选择 Up to last(拉伸到最后)选项,预览结果如图 5-51 所示,紫色零件和灰色零件都添加了一个矩形除料孔。

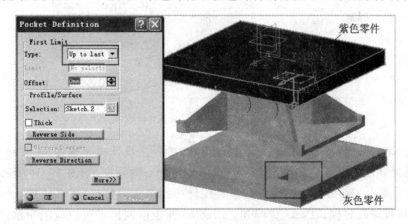

图 5-51　Up to Last 选项

⑧ 观察设计树,在两个零件的设计树上都添加了一个孔类特征。同时,注意还有一个新增的装配特征标志,如图 5-52 所示。

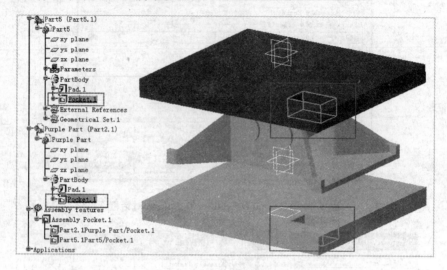

图 5-52　设计树

如果需要调整添加拉伸除料的零件,可以重新在对话框中调整。

5.2.6　装配布尔除料

在一些装配中,多个零件有时需要同时去除一个实体。"装配布尔除料"工具可以在多个零件上同时去除一个实体。具体操作如下:

① 打开 AssemblyRemove_Add. CATProduct 文件,如图 5-53 所示,由四个零件组成,其中最上面的零件是模具零件,其他三个零件用于生成模架零件。

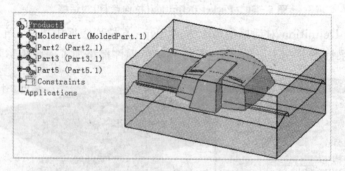

图 5-53　打开文件

② 单击 Remove(装配布尔除料)工具按钮 ,然后在设计树上选择 MoldedPart 作为除料零件,在设计环境中打开 Assembly Features Definition 对话框,如图 5-54 所示。

③ 此对话框由三部分组成。最上面是装配特征的名称,可以使用系统默认的名称,也可以根据需要自行修改名称。Parts possibly affected 列表框列出了可以应用布尔除料的零件,Affected parts 列表框列应用布尔除料的零件。

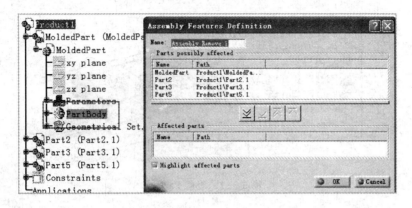

图 5-54 Assembly Features Definition 对话框

④ 单击按钮 将 Part.2 和 Part.3 添加到应用布尔除料特征列表框中,同时,弹出 Remove(布尔除料)对话框,如图 5-55 所示。

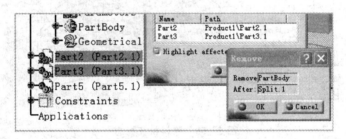

图 5-55 Remove(布尔除料)对话框

⑤ 单击 OK 按钮完成装配布尔除料。为了更好地观察,将用于除料的零件隐藏,结果如图 5-56 所示,可以观察到除料后的结果。

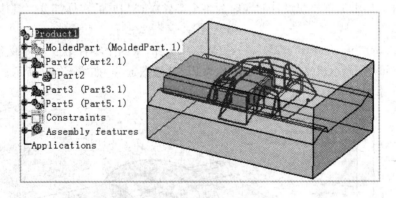

图 5-56 除料后的结果

⑥ 为了更好地观察,将 Part2 隐藏,Part3 的效果如图 5-57 所示。

⑦ 观察设计树,同样,在 Part2 和 Part3 上同时添加了一个除料特征标志,在最下面添加了一个装配特征标志,如图 5-58 所示。

⑧ 装配布尔除料特征同样可以编辑,添加移除作用的零件。同时,在生成装配布尔除料特征时,可以重复利用零件设计时的布尔除料。

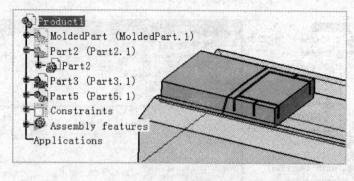

图 5-57 观察 Part3

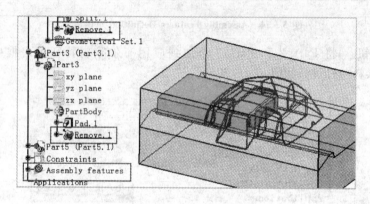

图 5-58 除料特征标志

5.2.7 装配布尔增料

装配增料工具用于在装配设计时同时为多个零件添加相同的实体部分。具体应用通过以下实例讲解。

① 打开 AssemblyRemove_Add.CATProduct 文件,由四个零件组成。将最上面的MoldedPart 中的 Body.5 显示出来,同时将 Part2 和 Part3 隐藏起来,如图 5-59 所示。在这个实例中,将 Body.5 添加到 Part5 中。

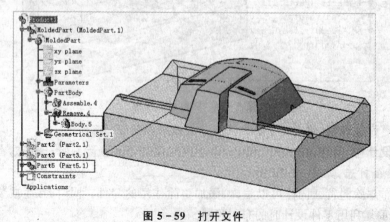

图 5-59 打开文件

② 单击 Add(装配布尔增料)工具按钮，然后在设计树上选择 Body.5 作为增料部分。单击按钮将 Part.5 添加到应用布尔增料特征列表框中，同时，弹出 Add(布尔增料)对话框，如图 5-60 所示。

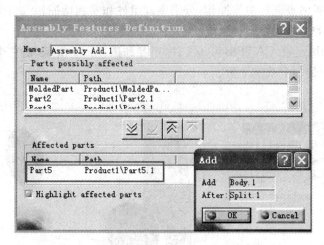

图 5-60 Add(布尔增料)对话框

③ 单击 OK 按钮完成装配增料。

④ 为了更好地观察，将其他零件隐藏，如图 5-61 所示，可以观察到完成增料后的结果。同时，观察设计树，在 Part5 上新增了相应的标志，在最下面添加了装配特征的标志。

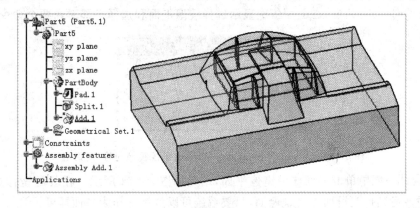

图 5-61 增料后的结果

同样，装配增料特征也可以进行编辑调整，同时可以利用零件设计时的增料特征。

5.3 装配对称

在装配设计工作台中，可以利用装配镜像工具进行零件、组件的镜像复制。对于一些平移和旋转的镜像复制零件，可以通过此工具按钮进行生成操作。

5.3.1 镜像操作

下面通过一个实例来进行镜像操作,分别生成组件和实例特征,并进行旋转和平移的镜像操作。具体操作如下:

① 打开 Assembly_03.CATProduct 文件,产品如图 5-62 所示,由三个零件组成,同时注意,在设计环境中间是一个基准平面。

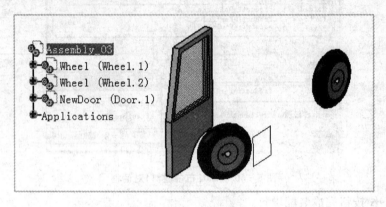

图 5-62 打开文件

② 单击 Symmetry(镜像)工具按钮 ,如图 5-63 所示,弹出 Assembly Symmetry Wizard(装配镜像向导)对话框,在上面依次显示选择镜像平面和选择平移对象两个命令顺序。

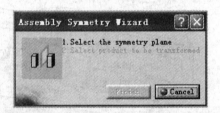

图 5-63 Assembly Symmetry Wizard(装配镜像向导)对话框

③ 在设计环境中单击平面作为镜像平面,结果如图 5-64 所示。在装配镜像过程中,可以选择平面或者其他光滑面作为镜像面,只要系统可以辨别它作为平面即可。

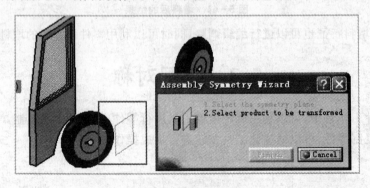

图 5-64 选择镜像平面

④ 在第③步中已经确认了镜像平面,下面选择需要镜像的零件。在镜像时有多种选项,在这一步中镜像的元件将成为一个新的组件。选择 NewDoor(NewDoor.1)作为镜像零件,如图 5-65 所示,在设计环境中原始零件和镜像平面分别加亮显示,同时,在镜像位置显示出新的预览图形。

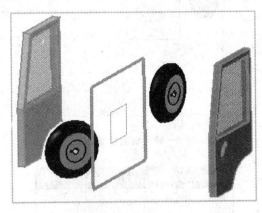

图 5-65　选择镜像零件

⑤ 同时,在设计环境中向导对话框如图 5-66 所示,在左侧的对话框中显示出镜像零件的列表,分别是 Door.1 和 Pane.1;在右侧的选项中显示的分别是不同的命令,在这里使用默认的第一个选项,镜像复制并创建新的组件。

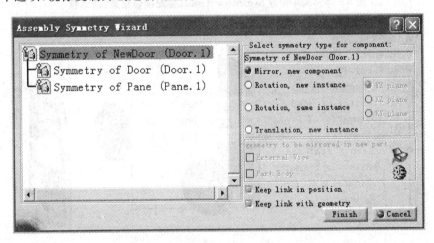

图 5-66　向导对话框

⑥ 在观察时可以分别观察不同的镜像结果,如图 5-67 所示,在对话框中单击 Symmetry of Pane(Pane.1),设计环境中就只显示它的镜像预览结果。

⑦ 单击 Finish(完成)按钮,如图 5-68 所示,弹出 Assembly Symmetry Result(装配镜像结果)对话框,在对话框中依次显示出镜像的结果统计。在这次操作中,共创建了三个新组件,增加了三个新产品。设计树如图 5-69 所示,共增加了三个新组件。同时,也增加了一个 Assembly Symmetry.1 装配特征。在装配特征中,包含了镜像平面和镜像对象两个元素。在应用这个选项时,需要注意的是,镜像本身不能是镜像元素的组件。

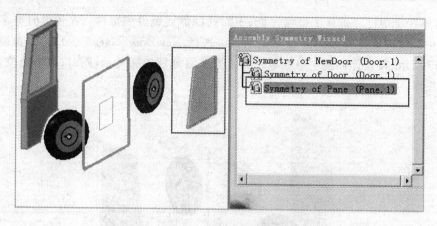

图 5-67 观察镜像结果

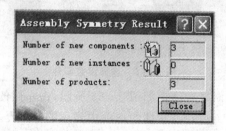

图 5-68 Assembly Symmetry Result(装配镜像结果)对话框

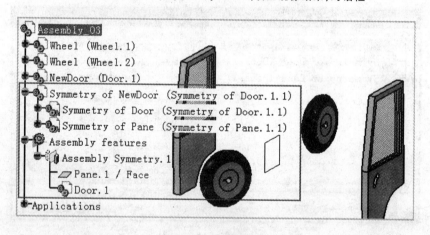

图 5-69 观察设计树

⑧ 下面对另外一个零件进行镜像操作,这次生成新实例而不是新组件。单击 Symmetry 工具按钮 。在设计环境中单击显示的平面作为镜像平面,然后选择 Wheel(Wheel.2)作为镜像对象,如图 5-70 所示,显示出镜像结果的预览。

⑨ 在弹出的向导对话框中选择 Symmetry of Rim 选项,如图 5-71 所示,只显示一个组件。在对话框右侧选择 Rotation, new instance(旋转,创建新组件)选项,注意它内部键槽的方向。同时可以观察,在对话框中相应的图标也已发生改变。

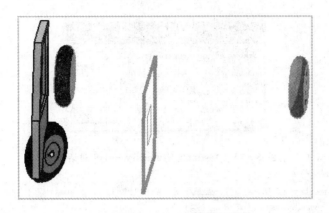

图 5-70　预览镜像结果

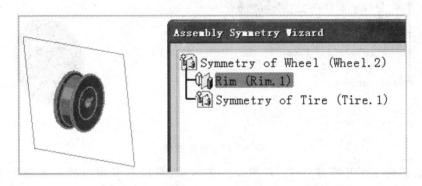

图 5-71　向导对话框

⑩ 由于零件本身的对称性,需要调整它的位置,单击 XY plane(XY 平面)作为参考平面,如图 5-72 所示,零件自身也已发生变化。

图 5-72　选择参考平面

⑪ 单击 Finish 按钮,如图 5-73 所示,弹出 Assembly Symmetry Result 对话框,显示生成两个组件和一个实例,共三个产品。

⑫ 单击 Close 按钮,如图 5-74 所示,在设计树上显示出各个镜像结果相应的位置,同时增加一个装配设计特征。

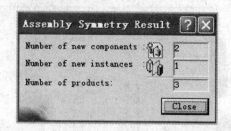

图 5-73 Assembly Symmetry Result 对话框

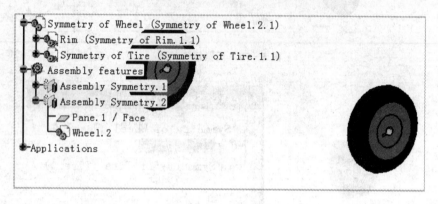

图 5-74 完成镜像

⑬ 在设计树上展开镜像结果,如图 5-75 所示,可以观察到组件与实例的不同结果。组件是根据镜像对象读入一个体特征,而实例则是将所有的特征完全复制,可以进行编辑调整。

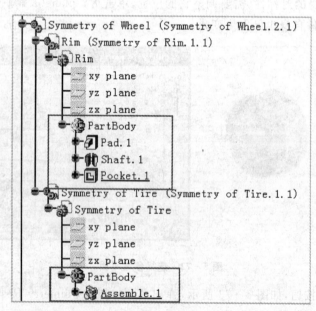

图 5-75 设计树

⑭ 利用镜像工具,还可以进行平移的操作。单击 Symmetry 工具按钮，在设计环境中单击显示的平面作为镜像平面,然后选择 Wheel(Wheel.1)作为镜像对象,如图 5-76 所示,显示出镜像结果的预览。

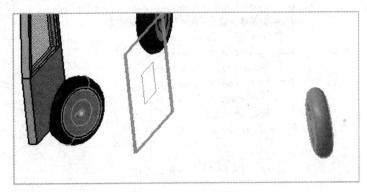

图 5-76 预览镜像结果

⑮ 如图 5-77 所示,在向导对话框中,选择右侧的 Translation,new instance(平移,创建新实例)选项,在左侧的对话框中图标已经发生变化。

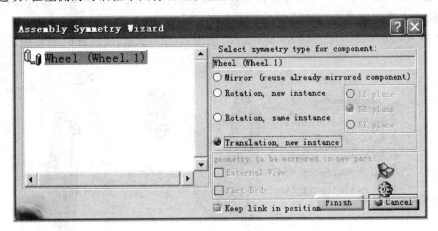

图 5-77 向导对话框

⑯ 设计环境如图 5-78 所示,镜像对象以平移方式显示镜像结果。这里根据镜像中心的 2 倍平移距离计算预览结果。

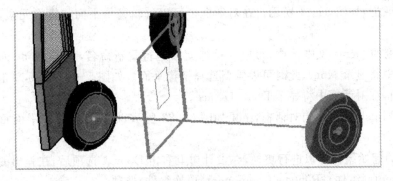

图 5-78 观察设计环境

⑰ 单击 Finish 按钮生成一个实例。

⑱ 单击 Close 按钮，如图 5-79 所示，观察设计树，生成了相应的实例特征并新增了一个装配设计特征。

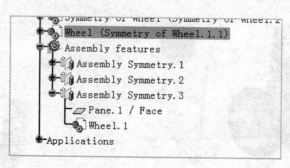

图 5-79　观察设计树

5.3.2　镜像操作编辑

在 5.3.1 节中，通过一个实例讲解如何进行镜像操作，那么本节将学习如何进行编辑、更换镜像对象或者更换镜像平面等操作。具体操作如下：

① 打开 Assembly_04.CATProduct 文件，如图 5-80 所示，确认此时的装配设计是自动更新的。

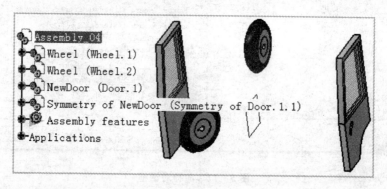

图 5-80　打开文件

② 在设计树上双击 Assembly Symmetry.1 选项，打开 Assembly Symmetry Wizard（装配镜像向导）对话框，如图 5-81 所示。在对话框中可以编辑镜像平面和镜像元素，并且可以进行重命名。

③ 在右侧的 Name 文本框中，可以对镜像元素进行重新命名，单击 Plane 列表框的右箭头，在对话框中将显示 None，此时可以重新选择镜像平面。如图 5-82 所示，单击车门的侧面作为镜像平面，在对话框中将显示 Door.1/Face。

④ 单击 Finish 按钮关闭对话框，结果如图 5-83 所示，根据新的镜像平面重新生成镜像结果。

⑤ 镜像的起始组件可以进行更换，在设计树上右击 Door.1 选项后，在弹出的快捷菜单中选择 Components（组件）| Replace Component（更换组件）选项。

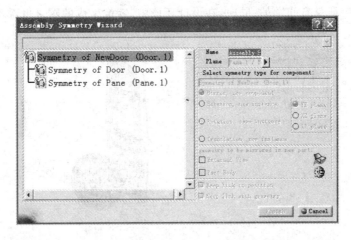

图 5-81　Assembly Symmetry Wizard 对话框

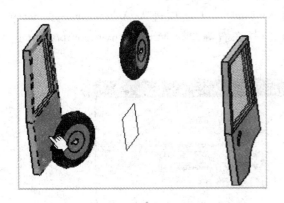

图 5-82　选择镜像面

图 5-83　镜像结果

⑥ 系统将弹出文件选择框,选择 Door.2 作为替换组件,单击完成后弹出 Impacts On Replace(替换效果)对话框,如图 5-84 所示。在下面的选项中选择 No 单选项后,单击 OK 按钮完成组件的替换。

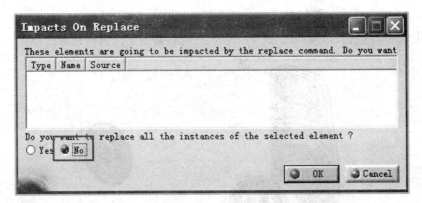

图 5-84　Impacts On Replace(替换效果)对话框

⑦ 此时的设计树和设计环境如图 5-85 所示,设计树上装配特征一栏中将显示"!"标志,

表明当前的镜像特征是有问题的;同时,在设计环境中,镜像生成的图素也看不见。

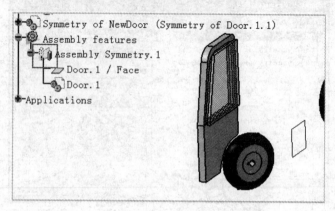

图 5-85　设计树

⑧ 修改当前的状态,同样双击 Assembly Symmetry.1 选项进入 Assembly Symmetry Wizard 对话框,在左侧选择 Symmetry of Door2 后,在右侧选择 Mirror, new component 选项,如图 5-86 所示。

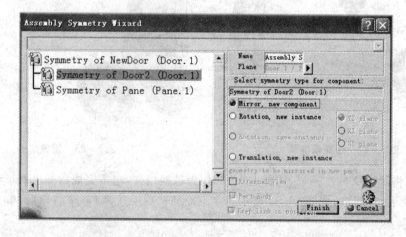

图 5-86　Assembly Symmetry Wizard 对话框

⑨ 单击 Finish 按钮,结果如图 5-87 所示,系统将新的车门进行镜像。

图 5-87　镜像结果

⑩ 当删除镜像的原始零件时,镜像生成的零件同样会消失。如图 5-88 所示即为删除原始的 Pane 后的结果。在设计树和设计环境中相应的零组件都消失了。

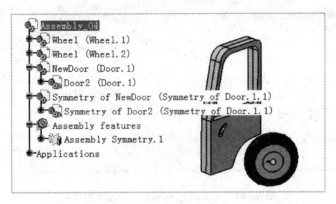

图 5-88 删除镜像的原始零件

5.3.3 组件旋转

在使用镜像工具按钮时,可以将镜像对象沿着指定的轴旋转操作。下面通过实例来学习如何进行零件的旋转。具体操作如下:

① 打开 Assembly_05.CATProduct 文件,如图 5-89 所示,有两个组件,下面的操作是将 LeftDoor 旋转到合适的位置。

② 单击 Symmetry 工具按钮,然后选择图 5-89 中所示的平面作为镜像平面。选择 LeftDoor 作为镜像对象,结果如图 5-90 所示,在设计环境中显示相应的结果。

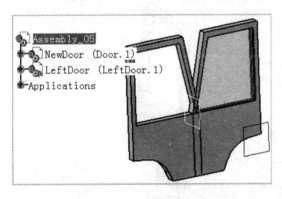

图 5-89 打开文件

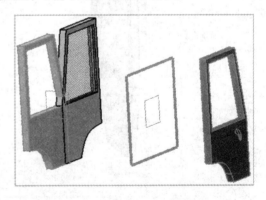

图 5-90 镜像结果

③ 在装配镜像向导对话框中调整相应的选项,在右侧选择 Rotation,same instance(旋转,相同的实例)选项,同时选择"XZ 平面"作为旋转轴参考平面,即将镜像面与 XZ 平面的相交线作为旋转轴线,如图 5-91 所示。

④ 单击 Finish 按钮,如图 5-92 所示,弹出 Assembly Symmetry Result 对话框,表示没有生成新的组件或实例,只移动了一个产品。

⑤ 单击 Close 按钮,结果如图 5-93 所示,在设计环境中 Left Door 移动到新的位置。

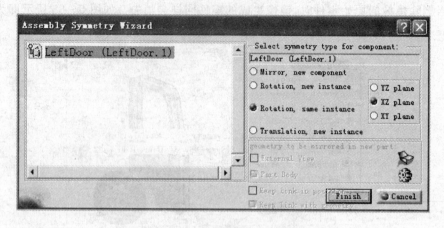

图 5-91　Assembly Symetry Wizard 对话框

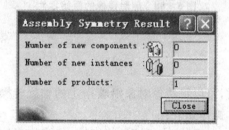

图 5-92　Assembly Symmetry Result 对话框

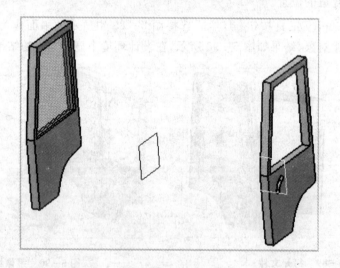

图 5-93　镜像结果

5.3.4　柔性子装配

在以前的装配设计工作台中，只能刚性地移动子装配组件。现在，通过设置柔性子装配，可以在装配中将一个子装配分离出来，单独对待，可以移动其中的一个零件。这个功能可以更加灵活地处理装配体。下面通过实例来学习刚性子装配和柔性子装配的区别。

① 在 CATIA 中打开 Articulation.CATProduct 和 chain.CATProduct 文件，前一个文件如图 5-94 所示，设计树由一个装配文件和两个零件文件所组成。

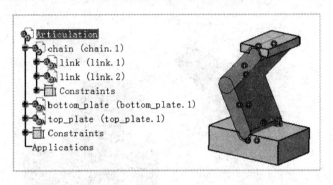

图 5-94　打开文件

② 将罗盘移动到子装配的一个零件上，移动罗盘，结果如图 5-95 所示。刚性子装配移动时所有的零件同时移动。

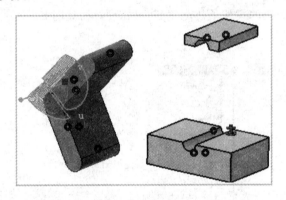

图 5-95　移动罗盘

③ 首先将刚才的移动操作取消，然后将刚性子装配改为柔性子装配。在设计树上右击后，选择 chain.1 object|Flexible/Rigid Sub-Assembly（柔性/刚性子装配）选项。另一种方式是单击 Flexible/Rigid Sub-Assembly 工具按钮，然后选择相应的子装配。

④ 将刚性子装配改为柔性子装配后，观察设计树和设计环境，如图 5-96 所示，设计环境中没有发生任何变化，在设计树上相应的图标改变为紫色的小齿轮标志。

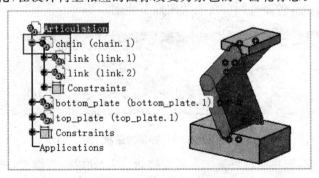

图 5-96　观察设计树和设计环境

⑤ 此时,再次将罗盘移动到子装配的一个零件上,移动罗盘可以观察到只有单独的零件移动。这就是柔性子装配与刚性子装配的区别。结果如图 5-97 所示。

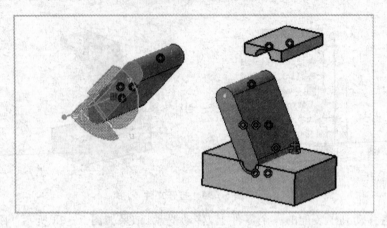

图 5-97 移动零件

⑥ 在设计树上将修改的柔性子装配复制一份,设计树如图 5-98 所示,观察图标,柔性子装配的属性同时也被复制。

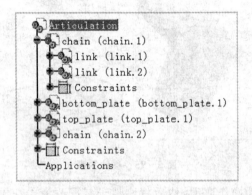

图 5-98 设计树

⑦ 将新复制的子装配重新修改为刚性子装配,同样在设计树上右击后,选择 chain.1 object | Flexible/Rigid Sub-Assembly(柔性/刚性子装配)选项,单击 Flexible/Rigid Sub-Assembly 工具按钮,然后选择相应的子装配。在设计环境中弹出一个对话框,如图 5-99 所示,提示系统将其所有的零件同时转变为刚性子装配。

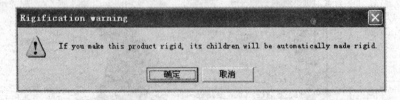

图 5-99 提示对话框

⑧ 为了便于观察,利用罗盘将第二个组件移动出来,此时进行修改,可以方便地观察到柔性子装配和刚性子装配的区别,如图 5-100 所示。

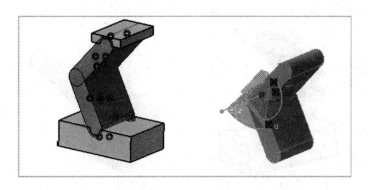

图 5-100 移动组件

⑨ 将设计环境切换到 chain.catProduct 选项,如图 5-101 所示,利用罗盘移动其中的一个零件。

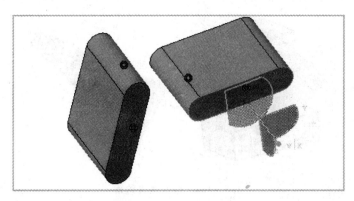

图 5-101 移动零件

⑩ 此时再次切换到原始装配文件,可以观察到刚性子装配已经发生变化,而柔性子装配则没有发生任何变化。

⑪ 再次切换到 chain.catProduct 选项,添加一个角度约束,如图 5-102 所示,将角度修改为 80°。

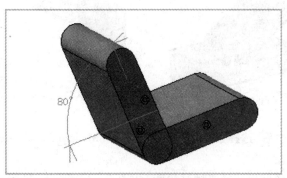

图 5-102 修改角度

⑫ 同样切换到原始装配文件,可以看到,刚性子装配和柔性子装配都已发生变化,如图 5-103所示,分别显示出相应的角度约束。

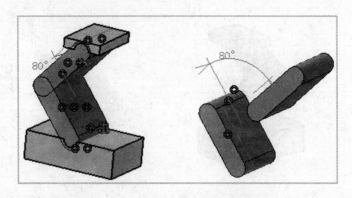

图 5-103　观察刚性子装配和柔性子装配

⑬ 此时,可以修改柔性子装配的角度约束,如图 5-104 所示,可以将角度约束修改为 100°。更新后相应的角度发生变化。

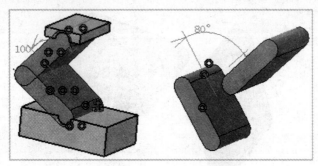

图 5-104　修改角度约束

⑭ 修改调整刚性子装配的角度约束,如图 5-105 所示,调整为 50°,可以看到,柔性子装配并未发生任何变化。

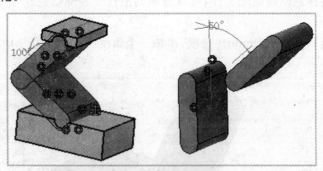

图 5-105　修改角度

⑮ 调整完以上属性后,选择菜单 Analyze(分析)|Mechanical Structure(机械结构)选项,可以观察机械结构图。

⑯ 在设计环境中弹出相应的机械结构图,如图 5-106 所示,可以看到只有 chain.2 被显示出来,而 chain.1 并未被显示出来。这也是柔性子装配与刚性子装配的一个区别。

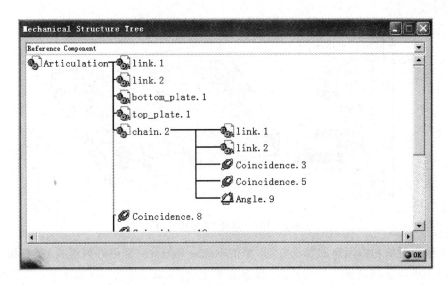

图 5-106 机械结构图

5.4 重用零件阵列样式

在装配设计中,许多零件特别是标准件往往是重复应用的。如果在这之前应用过其他软件的读者,一定会发现在 CATIA 的装配设计中并未提供零件的阵列工具。但这并不说明它不可以进行零件阵列,而是出于对产品设计的稳定性考虑,装配设计中的阵列同样需要应用零件设计时的底层数据,即重用零件阵列样式工具。

重用零件阵列样式工具的操作如下:

① 打开 Pattern.CATProduct 文件,如图 5-107 所示,有两个零件。其中,作为支板的零件上有一个孔的阵列,而另一个零件则是一个标准螺钉。在本实例中,即将螺钉沿着孔的阵列进行生成。

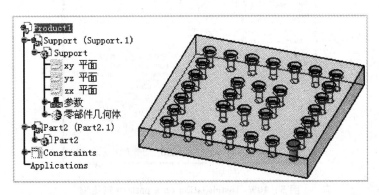

图 5-107 打开文件

② 在 CATIA 的应用中,可以先选择操作对象,同样可以先选择工具按钮。现在可以在设计树或设计环境中选择"矩形模式.1",如图 5-108 所示,零件得到加亮显示效果。

③ 复选螺钉,按住 Ctrl 键同时在设计树或设计环境中选择。

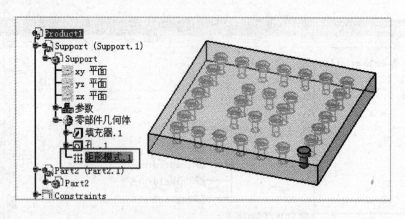

图 5-108 选择"矩形模式.1"

④ 当操作对象和应用模式都选好后,单击 Reuse Pattern(重用阵列模式)工具按钮, 弹出如图 5-109 所示对话框。可以看到,最上方的 Keep Link with the pattern(与阵列保持联系)已经被复选,这样可以保证在以后的修改中二者是同步的。同时,在创建新的零件位置时应用的是 pattern's definition(阵列模式)。在 Pattern(阵列模式)选项组中,相应的名称、数量和位置都已添加完毕。这里是不可更改的。在 Component to instantiate(阵列对象)同样已将螺钉添加完毕。

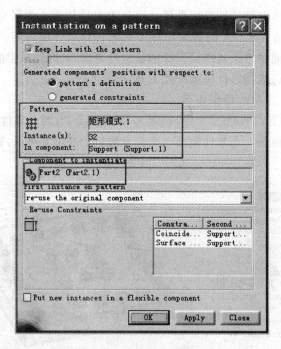

图 5-109 Instantiation on a pattern 对话框

⑤ 在 First instance on pattern 下拉列表框中,针对第一个零件的处理有三个选项:
- re-use the original component(重用原始零件) 原始的零件将位于阵列的第一个位置,同时保持在设计树上的位置不变。
- create a new instance(创建一个新的零件) 原始零件不发生变化,同时在同样位置创建一个一样的零件。
- cut & paste the original component(剪切并粘贴原始零件) 将原始零件移动到新的阵列位置。

⑥ 如图 5-110 所示,在对话框最下方是一个 Put new instances in a flexible component(将新零件置于一个新的组件)复选项,具体操作是将所有生成的零件放于一个组件中,可以简化设计树,增加可观性。

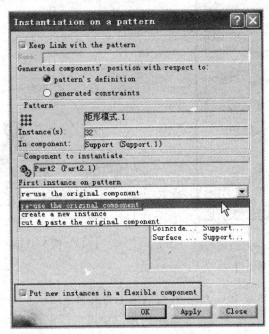

图 5-110 Put new instances in a flexible component(将新零件置于一个新的组件)复选项

⑦ 完成上述设置后,单击 OK 按钮,如图 5-111 所示,在设计图中每一个孔的位置现在都有了一个螺钉。同时,在设计树上新增加一个组件,其中有新生成的 31 个螺钉零件,并在设计树最下方,新增中一个装配特征。

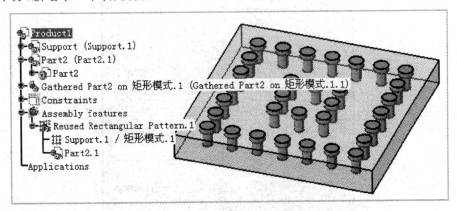

图 5-111 完成设置后的结果

⑧ 由于生成时选择了与阵列模式同步,下面在设计树上双击相应图标进入到零件设计状态。再次双击后打开 Rectangular Pattern Definition（矩形阵列定义）对话框,如图 5-112 所示,将第一方向和第二方向的实例数量都修改为"5"。单击 OK 按钮完成数量的修改。

⑨ 重新回到装配设计工作台,更新后如图 5-113 所示,可以看到孔和螺钉都已发生改变。

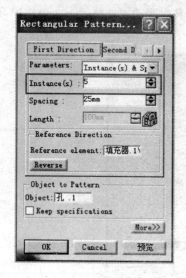

图 5-112 Rectangular Pattern Definition 对话框

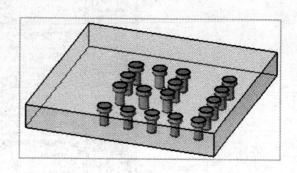

图 5-113 更新后的图形

⑩ 如果在 Instantiation on a pattern 对话框上方选择 generated constraints（生成约束）单选项,如图 5-114 所示,在右下角位置显示出可以应用的约束,可以将需要的约束添加上。

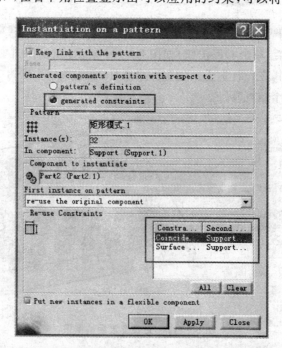

图 5-114 选择 generated constraints（生成约束）单选项

⑪ 在应用阵列模式时,可以将已有的约束添加上。如图 5‐115 所示,螺钉有相应的尺寸约束、相合约束和贴合约束。

⑫ 应用阵列模式后,如图 5‐116 所示,新增的两个螺钉同样拥有了相应的约束。

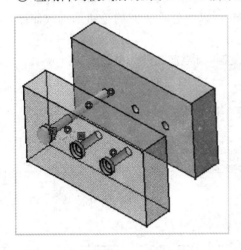
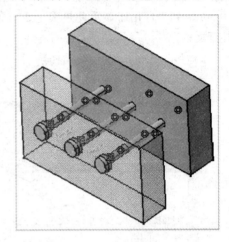

图 5‐115　添加约束　　　　　　　图 5‐116　应用阵列

综上可知,应用阵列是一种快速生成零件,并在零件之间建立相应关系的工具。在应用时要注意零件的起始位置与阵列的第一原始零件位置相同。

5.5　零件和装配模板

零件和装配模板是比较高级的造型应用。在实际设计中,在 PLM 的概念中,一直在强调知识重用。所谓知识重用,正是通过这样一个模板,将工厂的常用零件制作成相应的模板。简单地说,一个模板就是指定一个大致的形状,然后规定上面的一些图形(如手机键板的形状)、尺寸(如数字键之间的距离)为固定的或可变的参数,可以迅速地创建符合实际生产需要的形状。最后,所有的模板都放到相应的库里,以便快速调用。在设置完相应的参数后,即可快速生成合格的零件。

5.5.1　模板设计窗口介绍

模板的定义主要是通过模板设计窗口来完成的。下面介绍模板定义窗口。通过这个窗口,可以指定各个参数及相应的发布量等模板所需的属性。具体操作如下:

① 在下列模块中单击 Insert(插入)|"智能模板"|"文档模板"菜单项,即可进入模板设计窗口。

- Product Structure(产品结构工作台);
- Part Design(零件设计);
- Assembly Design(装配设计);
- Generative Shape Design(创成式曲面设计);
- Wireframe and Surface Design(线架曲面设计)。

② Document(文档)选项卡,如图 5-117 所示,显示制作模板的零件的完整路径及其当前状态。它有两种状态,分别是 New Document(新文档)和 Same Document(同一文档)。同时,转换按钮 Switch between New Document and Same Document 可以调整不同的操作方法。External documents 列表框用于显示此模板是否有外延文档,可以通过其下方的按钮添加或删除模板的外延文档。

- New Document(新文档)　将当前文档复制,与当前文件无链接。
- Same Document(同一文档)　使用当前文档,并与当前文档保持同步更新。

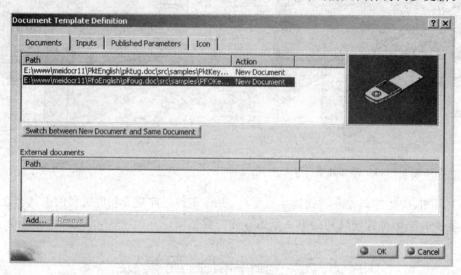

图 5-117　Document(文档)选项卡

③ Inputs(输入)选项卡如图 5-118 所示。在该选项卡中,可以将需要自定义和调整的参数输入进来。输入后,这些参数可以快速地进行相应的调整。Accept instantiation even if not all inputs are filled(不必完全输入后即可应用)复选框,表示是否需要将所有的输入参数都输入完成后方可进行下一步,在下面的练习中将会应用到。

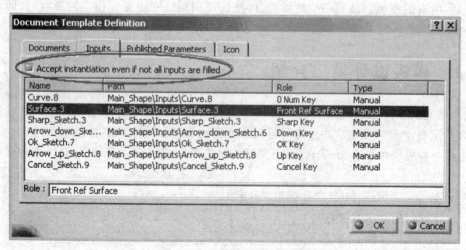

图 5-118　Inputs(输入)选项卡

④ 在 Published Parameters(发布参数)选项卡，如图 5-119 所示，可以定义哪些参数在将来调入时可以修改。通过这个选项卡，可以快速调整需要调整的参数。

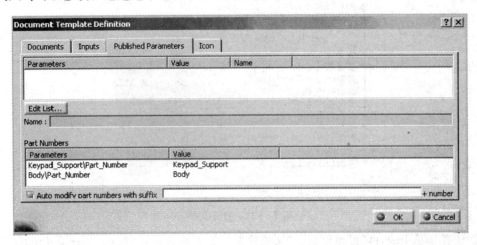

图 5-119　Published Parameters(发布参数)选项卡

⑤ Icon(图标)选项卡如图 5-120 所示。该选项卡可以自定义模板在设计树上所显示的标志。下面的两个按钮分别用于捕捉屏幕上的图片作为图标和删除已经捕捉的图片。

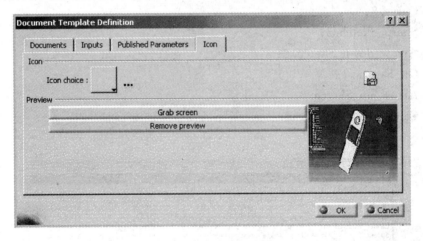

图 5-120　Icon(图标)选项卡

5.5.2　创建零件模板

5.5.1 节中介绍了模板创建对话框的各个选项卡的内容。本节将生成一个手机键板的零件设计模板。根据 Accept instantiation even if not all inputs are filled 复选框来生成两个模板，并最终将它们保存到相应的库文件中去。

创建零件模板的操作如下：

① 打开 PktMobilePhoneKeypad. CATPart 文件，如图 5-121 所示，是一个手机键板的零件设计，本实例即将它作为原始文件来生成手机模板。通过观察，左侧的设计树上有多个图形

集,用于输入的部分已经被单独放置在名为Inputs的几何图形集里面。

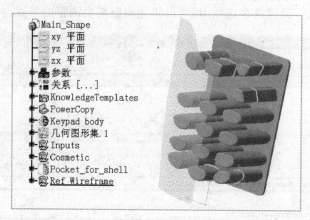

图 5-121　打开文件

② 选择菜单 Insert|"智能模板"|"文档模板",进入模板设计窗口。切换到 Inputs 选项卡后,在设计树上依次单击下列几何图形,如图 5-122 所示,注意不要复选上面的复选框。同时,在 Role 文本框中将相应的参数名称进行修改,以便于在下一步应用中更好地理解相应参数的意义:

- Curve.8;
- Sharp_Sketch.3;
- Arrow_down_Sketch.6;
- Ok_Sketch.7;
- Arrow_up_Sketch.8;
- Cancel_Sketch.9;
- Surface.3。

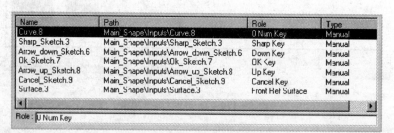

图 5-122　Inputs 选项卡

③ 切换到 Published Parameters 选项卡后,单击"编辑列表"按钮 Edit List... ,打开"选择要插入的参数"对话框,如图 5-123 所示,将 Button_Offset 和 Button_top_angle 两个参数添加到发布参数列表中。

④ 单击两次"确定"按钮,完成零件模板的生成,观察设计树可以发现新增了一个智能模板。右击后在快捷菜单中选择"属性"选项可以打开"属性"对话框,将"特征名称"修改为 Key-Pad1,最终结果如图 5-124 所示。

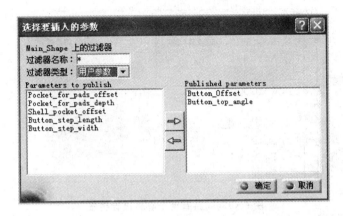

图 5-123 "选择要插入的参数"对话框

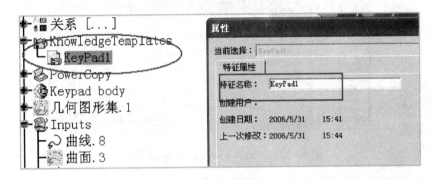

图 5-124 设计树

⑤ 再次生成一个模板,所选参数与上一个模板一模一样,唯一不同的是选择 Accept instantiation even if not all inputs are filled 复选框,如图 5-125 所示。

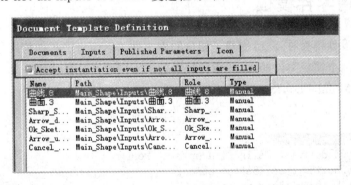

图 5-125 选择 Accept instantiation even if not all inputs are filled 复选框

⑥ 完成第二个模板的设计后,修改它的名称为 KeyPad2,最后的设计结果如图 5-126 所示,共有两个零件设计模板。

⑦ 下面保存零件设计模板到一个库里。单击"开始"|"智件"|Product Knowledge Template(产品智能模板)选项,切换到产品智能模板工作台中。

⑧ 单击 Save to Catalog(保存到库)工具按钮,如图 5-127 所示,弹出 Catalog save(库保存)对话框,可以修改相应的文件名称,也可以不修改。

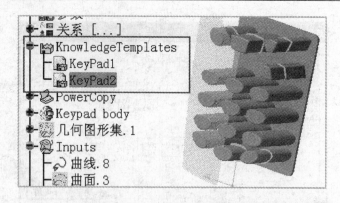

图 5-126　共有两个零件设计模板

图 5-127　Catalog save(库保存)对话框

⑨ 单击"确定"按钮完成库文件的保存,可以在库编辑工作台中打开保存的文件。在下面的学习中,将应用此库文件。

5.5.3　应用零件模板

当完成零件设计模板时,就已创建了相应的库文件。下面将展示如何应用不同的库文件。分别将刚生成的两个模板文件插入,注意比较它们的不同之处。具体操作如下:

① 打开 PktMobilePhoneSupport.CATProduct 文件,如图 5-128 所示,是一个尚未生成键盘的手机造型。

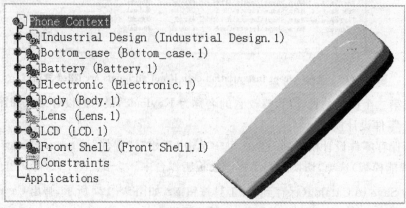

图 5-128　打开文件

② 单击 Open Catalog(打开库)工具按钮，选择刚保存的库文件，然后寻找到 KeyPad1 模板，双击后打开 Insert Object 对话框，如图 5-129 所示。此时尚未输入任何参数，注意下方的"确定"按钮是灰色的，表示此时不可以完成输入。

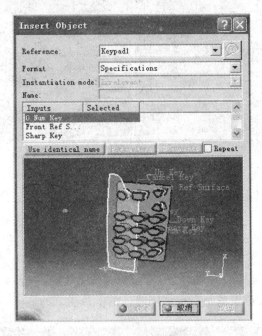

图 5-129　Insert Object 对话框

③ 在设计树上展开 Industrial Design，在"发布"中已经将所有需要定义的参数罗列出来，只要选择相同的名称即可。如图 5-130 所示，依次添加相应的参数。

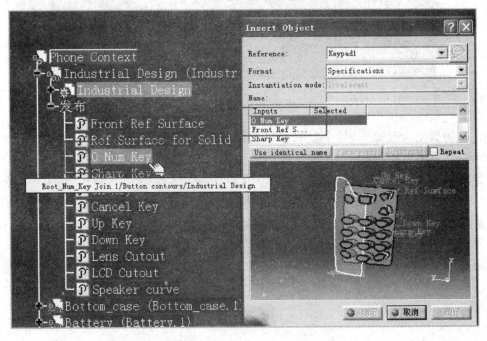

图 5-130　展开 Industrial Design

④ 当添加至 OK Key 时,如图 5-131 所示,弹出"替换查看器"对话框,需要手动指定相应的对应边的方向。在右侧窗口选择相应的对应边。

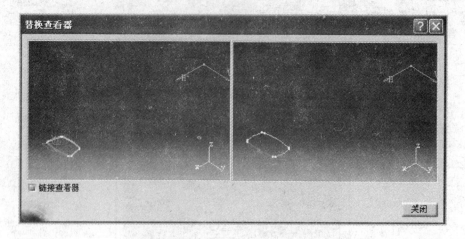

图 5-131 "替换查看器"对话框

⑤ 完成参数设计后,单击"确定"按钮。此时弹出警告对话框,依次将其关闭即可。

⑥ 最终生成的结果如图 5-132 所示,在设计树上新增了一个零件,同时,在设计环境中已将键板添加。其中的关键参数都是根据刚输入的参数生成的。

图 5-132 生成结果

⑦ 在键板生成过程中,每个参数都需要添加完成后方可进行下一步操作。下面添加 KeyPad2,注意不同之处。

⑧ 重新打开 PktMobilePhoneSupport.CATProduct 文件,单击 Open Catalog 工具按钮 ,选择刚保存的库文件,然后找到 KeyPad2 模板,双击后打开"插入"对话框。此时尚未输入任何参数,注意下方的"确定"按钮是可以选择的。因为在设计此模板时,已经选择了 Accept instantiation even if not all inputs are filled 复选框。

⑨ 单击"确定"按钮完成键板的添加,结果如图 5-133 所示,直接以原始参数完成零件的生成。

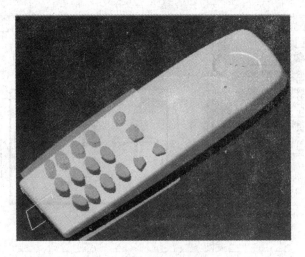

图 5-133 完成键板的添加

5.5.4 在智能模板上添加外延文件

作为一个模板文件,有时在工程图模块、分析模块和加工模块中有相互链接的文件,而这些文件是可以添加到智能模板中的。本节介绍将一个工程图文件添加到一个零件的智能模板中,并与零件同步改变。具体操作如下:

① 打开 PktPadtoInstantiate.CATPart 文件,如图 5-134 所示,为一个普通的零件。

② 进入工程图工作台,如图 5-135 所示,弹出"新绘图创建"对话框,选择生成所有视图。

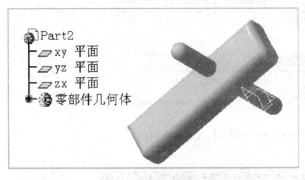

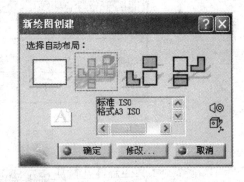

图 5-134 打开文件　　　　　　　　图 5-135 "新绘图创建"对话框

③ 单击"确定"按钮完成视图的创建,结果如图 5-136 所示,将此文件保存。

④ 下面开始创建智能模板。选择菜单 Insert|"智能模板"|"文档模板"选项,进入到模板设计窗口。在 Documents 选项卡下面的 External docubents(外延文件)列表框下方单击 Add 按钮,在文件夹中选择刚创建的文件,将此工程图文件与零件模板链接,如图 5-137 所示。

⑤ 单击切换到 Inputs 选项卡,用于定义输入参数,在设计树或设计环境中选择"草图 1"和"草图 2"选项,结果如图 5-138 所示。

上篇 装配设计

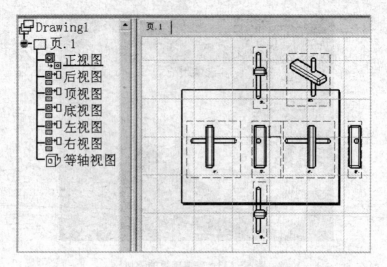

图 5-136 完成视图的创建

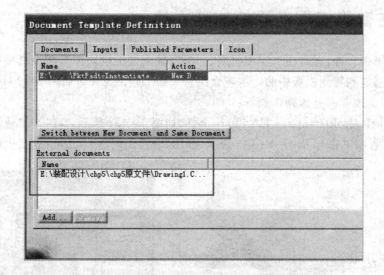

图 5-137 Documents 选项卡

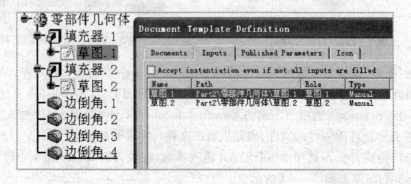

图 5-138 Inputs 选项卡

⑥ 切换到 Published Parameters 选项卡，添加两个参数"零部件几何体\填充器.1\长度"和"零部件几何体\填充器.2\长度"，如图 5-139 所示，将它们分别命名为 Pad_Length 和 Pad_Width。

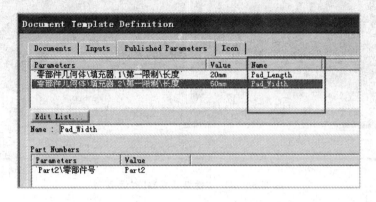

图 5-139　Published Parameters 选项卡

⑦ 单击"确定"按钮完成零件模板的生成，将零件保存。

⑧ 下面应用新创建的零件模板。打开 PktProduct.CATProduct 文件，只有一个零件。选择菜单"开始"|"智件"|Product Knowledge Template（产品智能模板）菜单项，切换到产品智能模板工作台中。

⑨ 单击 Instantiate From Document（从模板创建实例）工具按钮，从文件夹中选择刚生成的零件模板，弹出 Insert Object（插入对象）对话框，如图 5-140 所示。

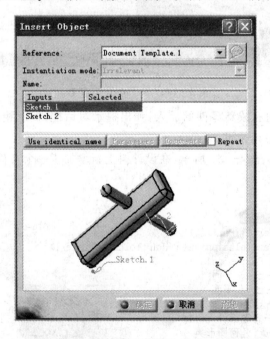

图 5-140　Insert Object（插入对象）对话框

⑩ 输入相对应的几何图形，选择"草图.1"，如图 5-141 所示，弹出"替换查看器"对话框。在右侧的草图上依次选择四条边完成替换的详细定义。

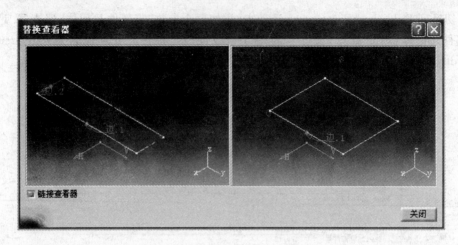

图 5-141 "替换查看器"对话框

⑪ 单击 Parameters(参数)工具按钮,弹出 Parameters(参数)对话框,如图 5-142 所示,在 Pad_Length 和 Pad_Width 列表框中分别填写"10mm"和"90mm"。关闭 Parameters 对话框。

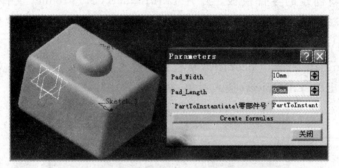

图 5-142 Parameters(参数)

⑫ 单击"确定"按钮完成新零件的插入,弹出提示对话框,提示相应的工程图文件也发生变化,单击"确定"按钮将其关闭。

⑬ 最终显示结果如图 5-143 所示,在设计树上新增加了一个文件,而且具有相应的参数和名称。

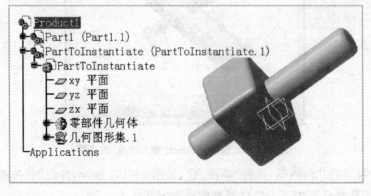

图 5-143 显示结果

⑭ 切换到刚生成的工程图文件中，在设计树上右击相应的图标弹出快捷菜单，选择"更新"选项，结果如图 5-144 所示。可以看到，相应的工程图发生了变化。

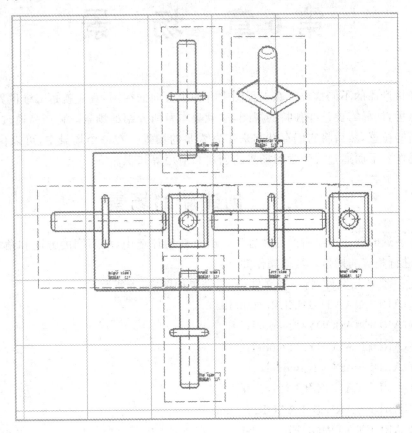

图 5-144　工程图

第6章 场　　景

场景是指产品的不同摆放。在工程图中有各个方向的视图，其实就是二维世界里的场景。在三维世界里，同样需要这些独特的视图，这就是本章所介绍的场景。将产品通过爆炸等手段摆放到恰当的位置，然后将它们存储起来作为需要的场景。在一个场景中，可以保存位置、视点等多种属性。下面通过实例学习场景的创建和应用等知识。

6.1　创建新的场景

一个新场景的创建可以将产品放置于一个全新的环境中，从不同的方向和角度来调整产品，对产品进行相应的操作。具体操作如下：

① 新建一个产品文件，将下列文件插入，结果如图6-1所示。

- GARDENAATOMIZER.model；
- GARDENABODY12.model；
- GARDENABODY22.model；
- GARDENALOCK.model；
- GARDENANOZZLE12.model；
- GARDENAREGULATOR.model；
- GARDENATRIGGER.model；
- GARDENAVALVE.model；
- GARDENA_NOZZLE22.model；
- GARDENA_REGULATION_COMMAND.model。

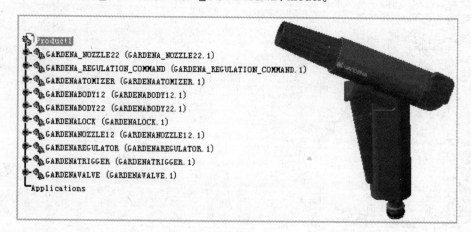

图6-1　插入文件

② 在创建场景之前,需要确认在新建的场景中哪些零件将出现。有以下三种确认方式:
- 不做选择　在不做任何选择的前提下,在新建的场景中将包含所有零件。
- 一个或多个产品的选择　在激活的根目录下的所有选择零件将出现在新建的场景中。
- 一个已经存在的场景　当选择一个现有的场景时,新建场景中将会拥有旧场景中的所有零件。

③ 在本实例中,不做任何选择,在左侧的"场景"工具栏中单击"增强场景"工具按钮 ![icon],弹出如图 6-2 所示的 Enhanced Scene(增强场景)对话框。该对话框上方的 Name 文本框用于定义场景的名称;如果需要自定义,则需要先将 Automatic naming(自动命名)复选框去除,否则系统将自动命名。下方的 Overload Mode(载入模式)用于定义场景创建载入的两种模式:
- Partial(局部模式)　在这个模式下,将载入与场景中直接相关的产品的属性及对场景有作用的各种编辑修改。在实际中,所做的修改直接作用于相应的产品。这样可以避免载入过多的属性,以致放慢了载入速度。在设计树上显示出相应的图标为 ![icon]。
- Full(全局模式)　将与场景相关的全部属性载入到场景中,这样生成的场景是相对独立的,所做的修改仅仅适用于场景内容。在设计树上显示的图标为 ![icon]。

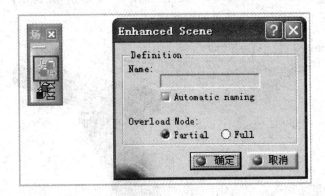

图 6-2　Enhanced Scene(增强场景)对话框

需要注意的是,当生成一个新的场景后,载入模式是无法修改和调整的。如果需要做调整,可以在旧有场景上新建一个全新的场景,在载入模式时修改即可。

④ 单击"确定"按钮,完成场景的创建,如图 6-3 所示,背景颜色根据选项中的设置发生改变。同时,弹出相应的"增强的场景"工具栏。

至此,完成了一个场景的创建,其他相应的操作将在下面介绍。

当完成一个场景的创建后,可以在设计树上找到它的位置,通过双击即可激活相应的场景。

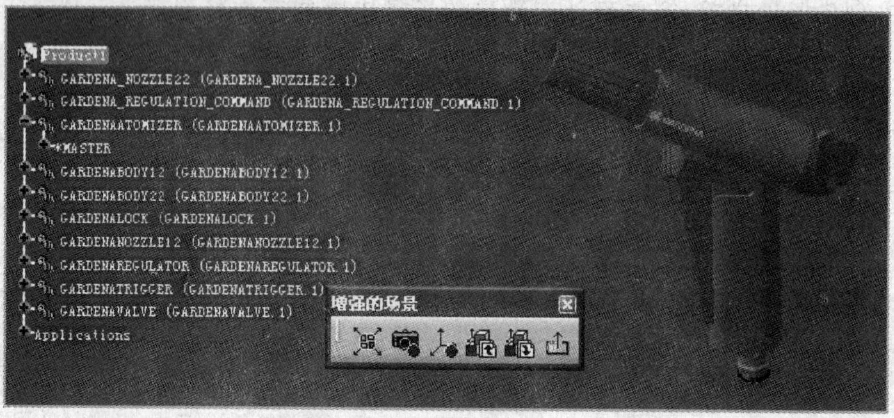

上篇 装配设计

图 6-3 场景的创建

6.2 从已有的场景中生成新的场景

在以前的操作中，往往建立了一些相应的场景，那么如何修改这些旧的场景，将它们调整到新的场景中来呢？在本例中介绍一种方法，即直接在原有场景中建立新的场景。具体操作如下：

① 打开 GardenaScene.CATProduct 文件，如图 6-4 所示，在这个产品中已经有一个场景信息，同时注意左下角也有一个场景的缩略图。

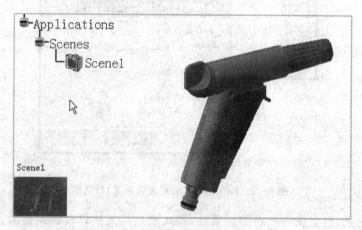

图 6-4 打开文件

② 在设计树上选择旧的场景。

③ 在右侧的场景工具栏中单击"增强场景"工具按钮 ，弹出 Enhanced Scene 对话框，不做任何修改，直接单击"确定"按钮完成新场景的生成，如图 6-5 所示。已经新建了一个增强场景。

④ 观察设计树，旧的场景仍然存在，两者是相互独立、互不干扰的。

⑤ 将此文件保存。

第6章 场　景

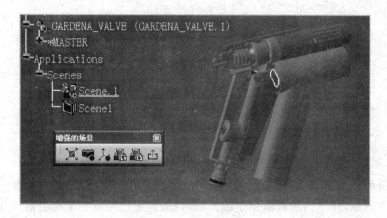

图 6-5　生成场景

6.3　利用场景浏览器观察增强场景

当所建场景比较多的时候，可以通过场景浏览器来观察场景。其主要任务如下：
- 双击相应的场景缩略图进入到新的场景中。
- 双击相应的场景缩略图将场景中的信息应用到产品中。

应用场景的具体操作如下：

① 继续应用上一文件，在图 6-2 中左侧的"场景"工具栏中单击"场景浏览器"工具按钮 ，弹出如图 6-6 所示的 Scenes Brower(场景浏览器)对话框。

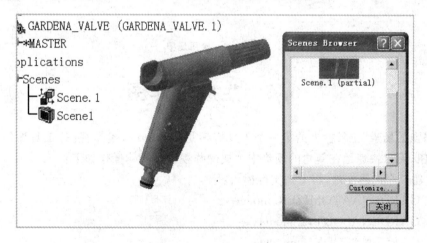

图 6-6　Scenes Brower(场景浏览器)对话框

② 在缩略图上双击后即可进入到相应的场景中。

③ 单击右下角的自定义按钮 Customize... ，即可弹出如图 6-7 所示 Scenes Browser Customization(布景浏览定制)对话框，用于选择双击缩略图后所起的效果。下面两个分别是将场景应用于产品装配中和应用用户自定义属性。

图 6-7 Scenes Browser Customization(布景浏览定制)对话框

④ 将选项调整为第二个"将场景应用于产品装配"单选项,然后退出场景后双击缩略图,结果如图 6-8 所示,场景已经被应用于装配,零件的位置已经发生了相应的改变。

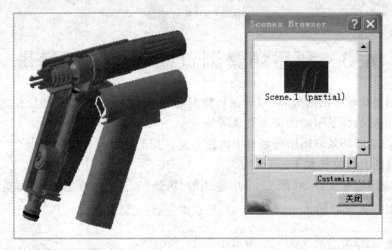

图 6-8 应用场景

6.4 生成爆炸图

在"增强的场景"工具栏上的第一个工具按钮是 Explorde(爆炸视图)工具按钮。利用此工具按钮,可以快速地在新建的场景中生成爆炸视图。具体操作如下:

① 新建一个产品文件,将下列文件插入:
- GARDENAATOMIZER. model;
- GARDENABODY12. model;
- GARDENABODY22. model;
- GARDENALOCK. model;
- GARDENANOZZLE12. model;
- GARDENAREGULATOR. model;
- GARDENATRIGGER. model;
- GARDENAVALVE. model;
- GARDENA_NOZZLE22. model;

- GARDENA_REGULATION_COMMAND.model。

② 单击 Explorde 工具按钮 ，如图 6-9 所示，弹出 Explode(爆炸视图)对话框。

图 6-9 Explode(爆炸视图)对话框

③ 直接单击"应用"选项即可生成如图 6-10 所示的三维爆炸图。

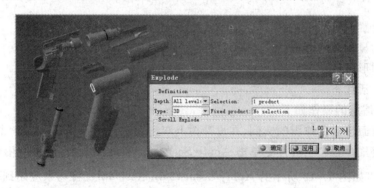

图 6-10 生成三维爆炸图

④ 对于单独的对象，可以利用罗盘单独移动其中的零件，如图 6-11 所示。

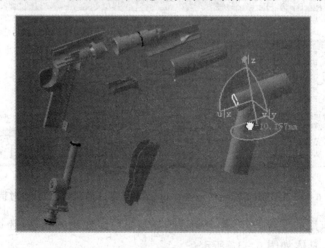

图 6-11 移动零件

⑤ 当完成所有的零件定位后，可以返回装配设计中，从而快速地生成一个爆炸视图。

6.5 保存视点

当进入增强场景中,往往是应用产品装配下的视角,如果需要修改调整视角,则可应用 Save Viewpoint(保存视角)工具按钮 。具体操作如下:

① 在增强场景中调整视角,可以通过罗盘或者视向工具。
② 在"增强的场景"工具栏上单击 Save Viewpoint 工具按钮 ,即可将当前视图保存起来。
③ 退出场景视图,再次进入时将会应用刚保存的视角,而不是装配环境中的视角。

6.6 在装配环境和场景之间相互应用位置信息

在场景中,可以将场景中的位置信息应用到装配设计环境中,也可以将装配设计环境中的位置信息应用到场景中,只需通过两个简单的工具按钮即可完成。在互相应用时可以调整下述信息:

- 零件位置;
- 零件的显示与隐藏;
- 零件图形属性;
- 零件激活状态。

应用位置信息的操作如下:
① 应用前面带有爆炸图的实例,在设计树上双击后进入增强场景。
② 在"增强的场景"工具栏上单击 Apply Scene on Assembly(将场景应用到装配设计)工具按钮 ,弹出如图 6-12 所示的 Apply Scene.2 on Assembly(将场景应用到装配设计)对话框。其左侧显示可以应用的零件列表。

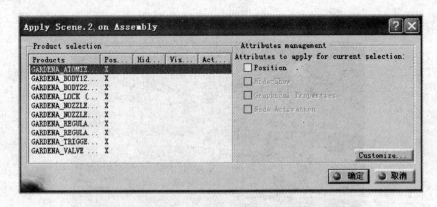

图 6-12 Apply Scene.2 on Assembly(将场景应用到装配设计)对话框

③ 选择需要应用的零件,在右侧会相应地显示出可以应用的属性,选择其中相应的属性,如 Position(位置),具体如图 6-13 所示。

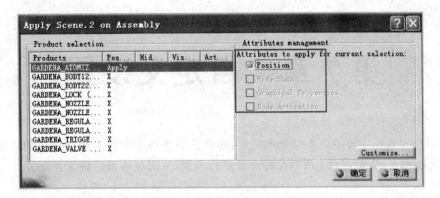

图 6-13 应用属性

④ 将装配设计环境的位置信息应用到场景中。在"增强的场景"工具栏上单击 Apply Assembly on Sence(将装配设计应用到场景)工具按钮,弹出如图 6-14 所示的对话框。注意对话框的名称,即可看到这两者之间的区别。

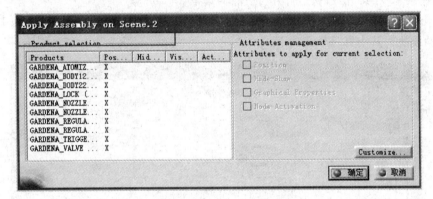

图 6-14 Apply Assembly on Scene.2(将装配设计应用到场景)对话框

⑤ 除了应用右侧的属性列表外,还可以在需要应用的零件上直接右击,在弹出的快捷菜单上直接选择需要的命令,具体菜单如图 6-15 所示。

⑥ 在右侧的属性列表中同样可以进行调整,单击右下角的自定义按钮 Customize...,即可弹出如图 6-16 所示的 Apply Customization(场景自定义)对话框,通过其中的复选框来确定显示哪些属性。

图 6-15 快捷菜单

图 6-16 Apply Customization(场景自定义)对话框

第 7 章 自定义设置

CATIA V5 系统一直提倡人性化的设置,而在它的选项中设置又是非常多的。根据实际工作中的需要和习惯,可以将 CATIA 的设置进行调整,从而获得最佳的工作环境。

7.1 与装配设计工作台相关的选项

装配设计工作台作为一个承上启下的工作台,与其相关的设置并不在一处,先来找到它们的位置。具体操作如下:

① 选择菜单"工具"|"选项",打开"选项"对话框。

② 单击项目树上"机械设计"中的"装配件设计"选项,弹出相应的界面如图 7-1 所示,这是最根本的设置。其中有三个选项卡。

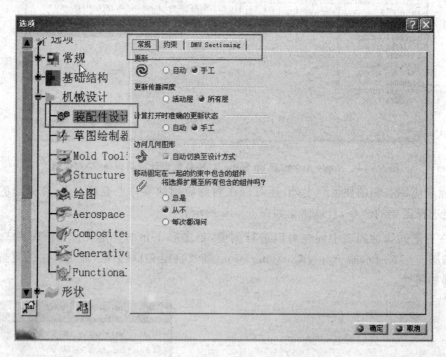

图 7-1 "选项"对话框中"装配件设计"界面

③ 在项目树上单击"常规"下的"参数和测量"选项,弹出相应的界面如图 7-2 所示,单击"符号"选项卡,可以定义装配中与约束检测相应的显示方式。

④ 单击项目树上"基础结构"中的"三维批注基础结构"选项,弹出相应的界面如图 7-3 所示,右侧共有五个选项卡,可以用于调整在装配设计文档中进行三维标注的结果。

第 7 章 自定义设置

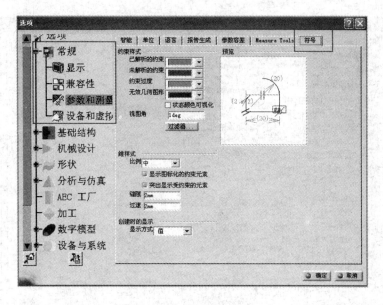

图 7-2 "符号"选项卡

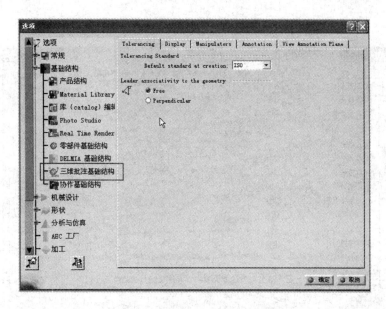

图 7-3 "三维批注基础结构"界面

⑤ 单击项目树上的"基础结构"下的"产品结构"选项,弹出相应的界面如图 7-4 所示,其中同样有两个选项卡与装配设计工作台相关。

⑥ 单击项目树上的"常规"选项,弹出相应的界面,如图 7-5 所示,即弹出"常规"选项卡。

现在,已经找到了所有与装配设计工作台相关的选项设置,下面依次介绍它们的意义和功能。

上篇 装配设计

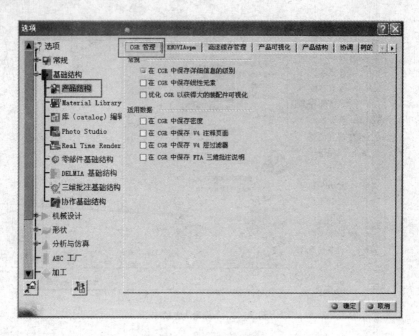

图 7-4 "产品结构"界面

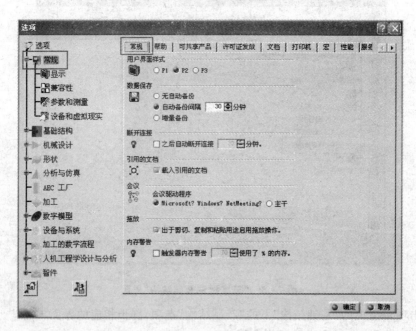

图 7-5 "常规"选项卡

7.2 装配件设计

在装配件设置工作台中,可以定义装配和约束等相关选项。其中有三个选项卡。

1. 常　规

"装配件设计"界面中的"常规"选项卡如图 7-6 所示,共有五个设置选项组。

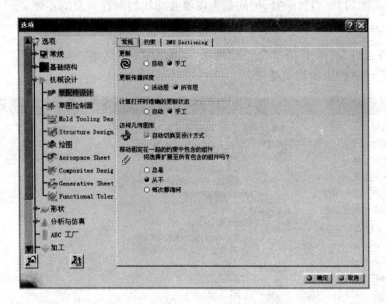

图 7-6　"常规"选项卡

(1) "更新"选项组

当装配文档有需要更新的元素添加时,如约束和焊接特征等,可采取以下方式进行更新:

- "自动"　每添加一个约束,即自动更新至相应的工作状态。
- "手工"　添加完所有的要素,最后手动单击"更新"工具按钮完成装配文档的更新。默认设置为手动。

(2) "更新传播深度"选项组

定义进行更新时的层次,可以仅更新当前激活的零件,也可以激活所有的零件。

- "活动层"　仅更新当前激活的零件。
- "全部层"　将装配文档中所有的零件都进行更新。此选项为默认选项。

(3) "计算打开时准确的更新状态"选项组

当插入或打开一个全新的文档时,进行相应调整的定义模式。此选项有一个配合选项。

- "自动"　在进行载入时,采用最少的数据量。
- "手工"　在零件上显示未知状态标志,可以根据需要进行相应的调整。此选项为默认选项。

(4) "访问几何图形"选项组

访问几何图形时是否自动切换到设计状态。与前一个设置一样,此选项需要在开启最小化系统时应用才有效。如果此选项被选中,则对未完全载入的零件进行添加约束等操作时将自动切换到设计状态。此选项默认设置为开启。

(5) "移动固定在一起的约束中包含的组件"选项组

设置在移动添加了约束成组的零件时,是否移动其中全部的零件。

- "总是" 总是将它们一起移动。
- "从不" 仅移动选择的零件,而不移动约束在一起的零件。此为默认选项。
- "每次都询问" 当移动时,询问是否需要移动相约束在一起的零件。

2. 约　束

在"装配件设计"界面中,单击"约束"选项卡,如图 7-7 所示。此选项卡共有三个设置选项组,可以用于设置约束的相关选项。

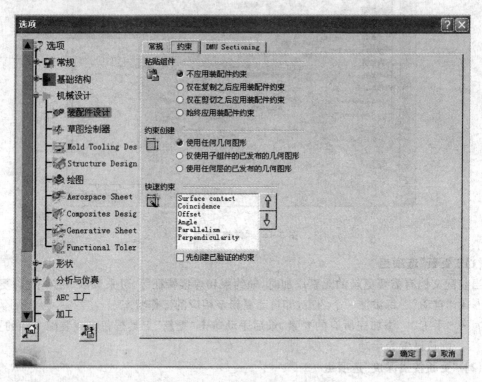

图 7-7　"约束"选项卡

(1)"粘贴组件"选项组

定义零件粘贴时对约束的处理方式。

- "不应用装配件约束" 在零件粘贴时,从不应用约束。此选项为默认设置。
- "仅在复制之后应用装配件约束" 只有应用"复制"命令后,才应用装配件的约束。
- "仅在剪切之后应用装配件约束" 只有应用"剪切"命令后,才应用装配件的约束。
- "始终应用装配件约束" 无论采取任何命令,只要是粘贴,就应用装配件约束的添加。

(2)"约束创建"选项组

定义哪些图形可以应用约束工具,共有三个选项:

- "使用任何几何图形",为默认选项。
- "仅使用子组件的已发布的几何图形"。
- "使用任何层的已发布的几何图形"。

(3)"快速约束"选项组

定义快速约束的顺序。在应用快速约束工具时,可以改变添加约束的先后顺序。默认的顺序如下：
- Surface contact(面接触)。
- Coincidence(相合)。
- Offset(偏移)。
- Angle(角度)。
- Parallelism(平行)。
- Perpendicularity(垂直)。

3. 电子样机截面

"装配件设计"界面中的 DMU Sectioning(电子样机截面)选项卡，如图 7-8 所示，共有三个选项组，其中的参数设置较多。

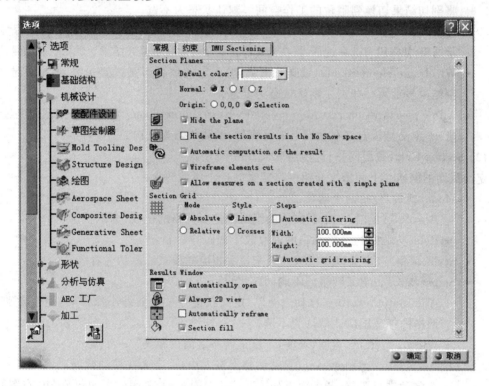

图 7-8　DMU Sectioning(电子样机截面)选项卡

除在装配件设计中可以找到此选项卡外，在其他三个地方同样可以找到此选项卡，如图 7-9 所示。在不同的位置进行修改，结果是互相影响的。

(1) Section Planes(截面)选项组

下面依次介绍每个选项的意义：
- Default color(默认颜色)　定义截面的默认颜色。默认设置为红色。
- Normal(垂直方向)　定义生成的截面沿着哪一个轴向。默认为 X 方向。
- Origin(原点)　用于选择截面的中心点，可以定义为"0,0,0"或者自己选择一个点。默认设置为"选择"。
- Hide the plane(隐藏平面)　定义是否隐藏截面。默认状态为复选。

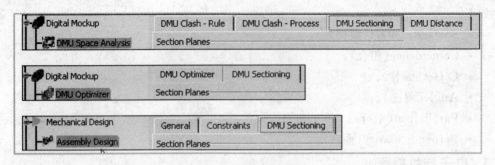

图 7-9 DMU Sectioning 选项卡的其他位置

- Hide the section results in the No Show space(隐藏截面到非显示空间)　定义是否将剖切结果切换到隐藏的工作空间。默认状态为不选。
- Automatic computation of the result(自动计算结果)　在对剖面进行移动时,是否实时显示结果,如果没有选择的话,将在光标停止移动时才显示最终结果。默认状态为复选。
- Wireframe elements cut(线架元素切割)　定义是否切割线架元素,如果复选,则切割结果显示为一些点。默认状态为复选。
- Allow measures on a section created with a simple plane(允许在一个截面上进行测量)　定义是否允许在截面上进行测量,默认状态为复选。

(2) Section Grid(截面网格)选项组

定义截面的网格。下面依次介绍网格定义的各个属性的含义:

- Mode(模式)包括两个选项:
  — Absolute(绝对)　根据文档的绝对轴进行网格的生成,为默认选项。
  — Relative(相对)　将网格的原点放于截面的中心。
- Style(风格)　定义以直线或曲线来显示相应的模式。默认为直线。
- Steps(步长)　定义网格的不同间距,包括:
  — Automatic filtering(自动过滤)　定义在进行放大或缩小操作时,是否自动调整网格的细节层次。默认为不选。
  — Width,Height(宽度,长度)　定义网格之间的距离。
  — Automatic grid resizing(自动调整网格大小)　定义在移动截面时网格的大小是否自动进行调整,开启效果如图 7-10 左图所示,关闭效果如图 7-10 右图所示。默认状态为开启。

(3) Results Window(截面结果显示窗口)选项组

- Automatically open(自动打开):定义在进行截面操作时是否自动打开结果显示窗口。默认状态为开启。
- Always 2D view(总是显示二维视图):定义在结果显示时总是显示二维窗口。默认状态为开启。如果不开启,则可以进行三维视图的操作。
- Automatically reframe(自动重组):在进行截面操作时,是否自动调整视图的大小以适应预览视图。默认状态为关闭。
- Section fill(自动填充):定义在截面中是否对相应的部位进行颜色的填充,默认状态为开启。

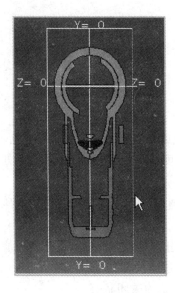 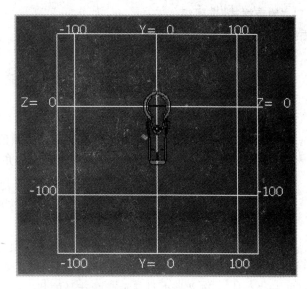

图 7-10　自动调整网格大小

7.3　参数和测量

在项目树上选择"常规"下的"参数和测量"选项,单击"符号"选项卡,其中有四个部分,分别定义约束的显示模式及相应的颜色,如图 7-11 所示。

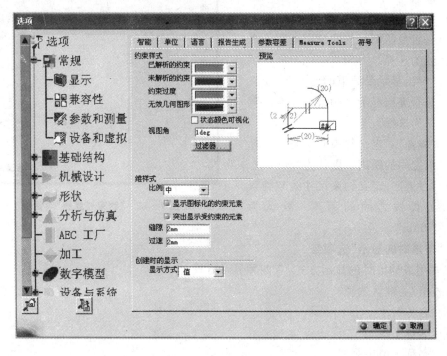

图 7-11　"符号"选项卡

(1) "约束样式"选项组

根据不同的结果显示不同的颜色:

- "已解析的约束" 默认为绿色。
- "未解析的约束" 默认为深绿色。
- "约束过度" 默认为紫色。
- "无效几何图形" 默认为暗红色。
- "状态颜色可视化" 定义按照默认状态显示颜色或者利用用户自定义的颜色。
- "视图角" 定义在旋转视图时,约束所显示的角度,即用于测量屏幕与约束方向间的角度。单击  按钮,弹出如图7-12所示的"约束过滤器"对话框。
  — "过滤器":有三个选项,定义常规的过滤选项,分别是"全部显示"、"条件过滤器"、"全部隐藏"。默认为"全部显示"。
  — "状态过滤器":用于状态过滤器的常规选项,分别是"不要过滤状态"、"过滤未验证的约束"、"过滤验证的约束"。默认为"不要过滤状态"。
  — "产品":定义是否只显示激活产品的状态。默认为关闭状态。
  — "按类型过滤":根据下面所列的类型进行过滤。默认为全选。

(2) "维样式"选项组

约束的显示状态:

- "比例" 定义显示约束标志的大小,有"大"、"中"、"小"三个状态。默认为"中"。
- "显示图标化的约束元素" 定义是否显示图标化的约束图素。默认为选择。
- "突出显示受约束的元素" 定义是否突出显示受约束的元素。默认为选择。
- "缝隙" 定义约束对象与约束标志之间的距离。默认为"2mm"。
- "过速" 定义约束尺寸线与约束处长线之间的距离。默认为"2mm"。

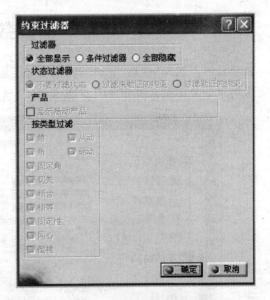

图7-12 "约束过滤器"对话框

(3) "创建时的显示"选项组

定义在生成约束时的显示方式,有四种显示方式:

- "值"为默认选项。
- "名称"。
- "名称+值"。
- "名称+值+公式"。

7.4 三维批注基础结构

在项目树上选择"基础结构"下的"三维批注基础结构"选项,如图 7-13 所示,右侧共有五个选项卡,可用于调整在装配设计文档中进行三维标注的结果。

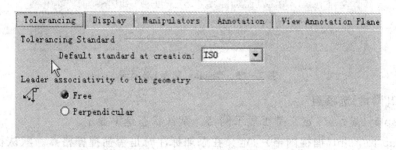

图 7-13 "三维批注基础结构"界面

1. 公 差

"三维批注基础结构"界面中的 Tolerancing(出差)选项卡如图 7-13 所示,其中有两个选项组。

(1) Tolerancing Standard(公差标准)选项组

定义公差的样式,在最上方定义采用的公差标准,如图 7-14 所示,有以下五种模式:
- ANSI 美国国家工业会标准;
- ASME 美国机械工会标准;
- ASME 3D 美国机械工会三维标准;
- ISO 国际标准协会标准,为默认选项;
- JIS 日本工业标准。

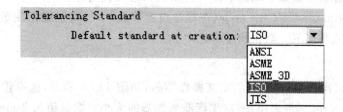

图 7-14 公差标准模式

(2) Leader associativity to the geometry(引导线与几何图形的关系)选项组

定义引导线与几何图形之间的几何位置关系有两个选项:
- Free(自由) 定义引导标注与几何图形之间的位置关系是自由的。此选项为默认选项。
- Perpendicular(垂直) 引导线与几何图形之间是垂直关系。

2. 显 示

Display(显示)选项卡如图 7-15 所示,可以定义网格和设计树等显示方式。

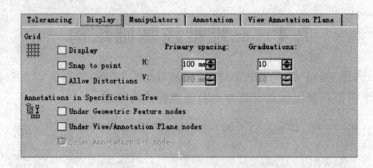

图 7-15　Display(显示)选项卡

(1) Grid(网格)选项组

- Display(显示)　定义是否显示网格。默认状态是不显示。
- Snap to point(捕捉网格)　定义在添加标注时是否捕捉栅格点。默认状态为关闭。
- Allow Distortions(允许失真)　定义 H 轴和 V 轴之间的比例是否可以改变。默认状态为不允许失真。
- H Primary spacing(H 轴长度值)　定义 H 轴的长度,默认值为 100 mm。
- H Graduations(H 轴步长值)　定义 H 轴的步长,默认值为 10。
- V Primary spacing(V 轴长度值)　定义 V 轴的长度,默认值为 100 mm。
- V Graduations(V 轴步长值)　定义 V 轴的步长,默认值 10。

(2) Annotations in Specification Tree(在设计树上的标注显示)选项组

该选项组包括以下选项:

- Under Geometric Feature nodes(在几何特征上的节点下)　定义三维标注在设计显示的位置,用于将三维标注放于几何特征的节点下。默认状态为关闭。
- Under View/Annotation Plane nodes(在观察平面节点下)　在设计树上,将三维标注的位置放在观察平面的节点下。默认状态为关闭。
- Under Annotations Set node(在标注设置节点下)　将三维标注显示在标注设置的设计树的节点下。默认状态为选中。

3. 操作器

Manipulators(操作器)选项卡是定义操作器的,如图 7-16 所示,选项较少:

- Reference size(参考大小)　定义标准操作器的大小。默认值为 2 mm。
- Zoomable(可缩放)　定义标准操作器是否可以缩放。默认设置为可以。

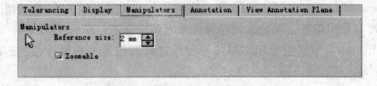

图 7-16　Manipulators(操作器)选项卡

4. 标　注

Annotation(标注)选项卡,如图 7-17 所示,只有一个选项:

- Annotation following the mouse (CTRL toggles)(是否用光标定义标注的位置) 当定义标注时,位置的确定需要利用光标来确定。默认状态为不选。

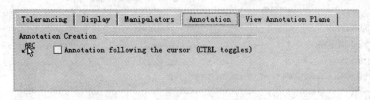

图 7 – 17　Annotation(标注)选项卡

5. 观察标注面

View Annotation Plane(观察标注面)选项卡用于定义观察和标注面的关系,如图 7 – 18 所示,其中包括两个选项组。

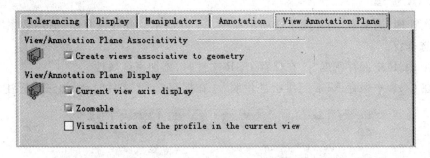

图 7 – 18　View Annotation Plane(观察标注面)选项卡

(1) View/Annotation Plane associativity(观察面与标注面之间的关系)选项组

只有一个选项:

- Create views associative to geometry(创建标注时与几何图形关联) 在创建标注时,与几何图形直接关联,因此当几何图形修改后,视图和标注可以自动更新。

(2) View/Annotation Plane Display(观察/标注面显示)选项组

定义观察面和标注面的显示属性:

- Current view axis display(当前视图轴显示) 定义是否显示当前视图的轴系统。默认状态为开启。
- Zoomable(可缩放) 定义标注平面的轴系统是否会自动缩放。默认状态为自动缩放。
- Visualization of the profile in the current view(当前视图的轮廓是否可见) 定义观察面和标注面上的零件或产品的轮廓是否可见。

7.5　产品结构

选择项目树上"基础结构"下的"产品结构"选项。该界面中有两个选项卡与装配设计工作台相关,分别是"CGR 管理"和"高速缓存管理",如图 7 – 19 所示。

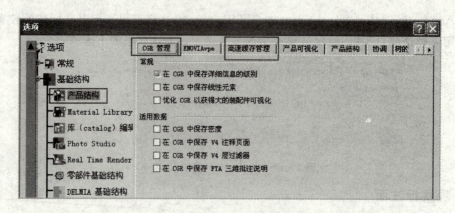

图 7-19 "产品结构"界面

1. CGR 管理

"CGR 管理"选项卡,共有两个选项组如图 7-20 所示。此处仅介绍"适用数据"选项组中的两个复选框:

- "在 CGR 中保存密度" 在保存 CGR 文件时,添加密度属性。
- "在 CGR 中保存 FTA 三维批注说明" 在保存 CGR 文件时,添加三维标注。

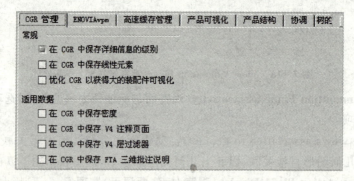

图 7-20 "CGR 管理"选项卡

2. 高速缓存管理

单击"高速缓存管理"选项卡,如图 7-21 所示,只有一个选项与装配设计相关:

- "使用高速缓存系统" 定义产品的工作状态。当此选项开启时,工作在高速缓存系统下,否则将工作在设计状态下。默认状态为关闭。

图 7-21 "高速缓存管理"选项卡

7.6 常 规

在设计树上单击"常规"选项,如图 7-22 所示,其界面中的"常规"选项卡中只有一个选项且与装配设计相关,即"引用的文档"选项组:
- Load referenced documents(载入引用的文档) 当打开产品文档时,同时载入引用的文档。默认状态为开启。

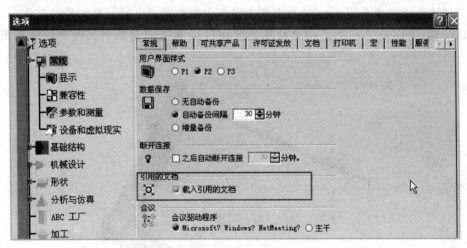

图 7-22 "引用的文档"选项组

第8章 操作实例

在设计时,通过草图设计工作台和零件设计工作台完成零件的设计。接下来,应该进入到装配设计工作台中完成产品的组装、检测等工作。在前几章中已经对装配设计工作台的基本作用有所了解,下面通过一个实例来快速地应用已经掌握的工具。完成的设计如图8-1所示。

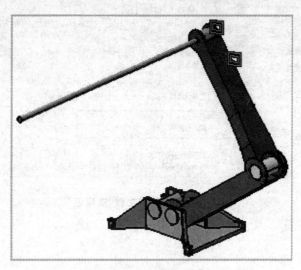

图8-1 最终结果

8.1 进入装配设计工作台

首先,需要进入到装配设计工作台中,并且打开相应的文档。操作步骤如下:

① 选择菜单"开始"|"机械设计"|"装配件设计"选项,即可进入到装配设计工作台。

② 在进入工作台前,需要定义工作台的一些选项,以便更加方便地进行设计。单击"工具"|"选项",打开"选项"对话框。

③ 在左侧的"基础结构"下的"产品结构"中,单击"高速缓存管理"选项卡,如图8-2所示,选中"使用高速缓存系统"选项。

④ 单击"产品结构"标签,打开如图8-3所示的选项卡,确认"零部件号"选项组中的"手工输入"复选框未被选择。

⑤ 单击项目树上"基础结构"中的"零部件基础结构"选项,如图8-4所示,在"常规"选项卡中的"外部引用"选项组中选中"保持与选定对象的链接"复选框。

图 8-2　开启"使用高速缓存系统"

图 8-3　"手工输入"复选框

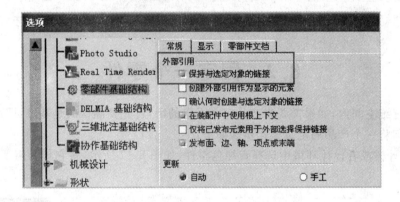

图 8-4　保持与选定对象的链接

⑥ 单击"确定"按钮完成选项的设置,如有需要可以重新启动计算机。

⑦ 打开 Assembly_01.CATProduct 文件,如图 8-5 所示,共有三个零件:
- CRIC_FRAME　青绿色零件;
- CRIC_BRANCH_3　蓝色零件;
- CRIC_BRANCH_1　红色零件。

⑧ 在此产品设计中已经添加了约束,并可以在设计树上显示出来,如图 8-6 所示,共有四个约束,分别是面贴合和面轴相合的约束。

上篇 装配设计

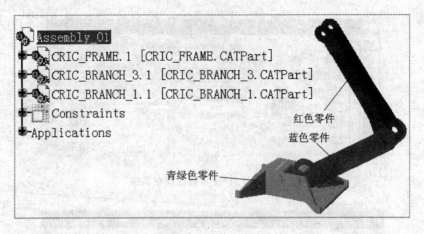

图 8-5 打开文件

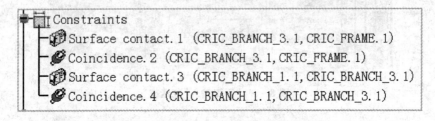

图 8-6 显示约束

8.2 固定一个零件

在一个三维空间内,如果需要将产品完全固定的话,首先要确认的是基准,即产品的底座。本节学习如何将一个产品固定。操作步骤如下:

① 在设计树或者设计环境中选择青绿色零件,如图 8-7 所示,将它作为需要固定的底座零件。

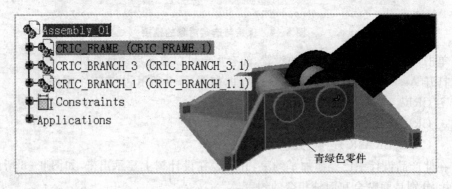

图 8-7 选择零件

② 在 Constraints(约束)工具栏中单击 Fix Component(固定组件)工具按钮,青绿色零件立即被固定住。

③ 此时观察设计树和设计环境。在设计环境中出现锚形标志,在设计树上约束节点下新增加了一个名为 Fix.6 的约束,如图 8-8 所示。

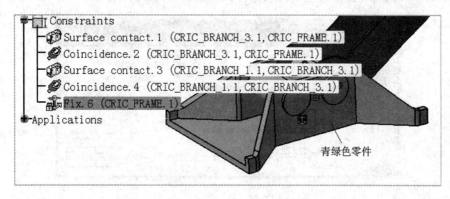

图 8-8　Fix.6 的约束

8.3　插入现有零件

在产品设计中,对刚刚设计完成的零件可以通过插入工具将其插入到产品中来。操作步骤如下:

① 在设计树上选择 Assemble.1。

② 在左侧单击"插入现有组件"工具按钮,弹出"文件选择"对话框,选择 Sub_Product1.CATProduct 选项,然后单击"打开"工具按钮。

③ 观察设计树和设计环境,如图 8-9 所示,在设计树上新增加了一个子装配,在设计环境中,同样新增加了一个零件。

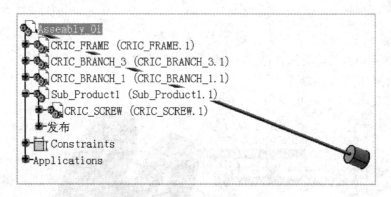

图 8-9　观察设计树和设计环境

至此,完成了一个现有零件的添加。

8.4　添加约束

在上面的操作中,相当于将一个零件拿到了生产车间,下面就开始将这个零件安装到它应该在的位置,即通过各种约束工具将它的位置唯一固定。操作步骤如下:

213

① 装配需要各种约束工具。单击"相合约束"工具按钮 ，如图 8-10 所示,将弹出一个 Assistant(助手)对话框,提示只能将约束添加到当前激活的零件下。

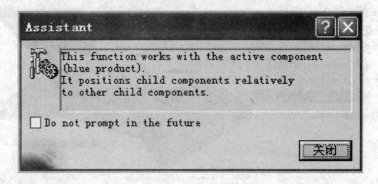

图 8-10　Assistant(助手)对话框

② 关闭"助手"对话框。

③ 在新增的零件中已经发布了一些用于装配的轴和面,在设计树上选择发布的 Axis 选项,如图 8-11 所示。

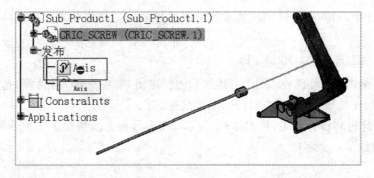

图 8-11　发布 Axis

④ 相合约束即两条轴的重合,另外一侧即在红色零件的未约束端,如图 8-12 所示,将光标移动到孔内侧,选择这条轴线。

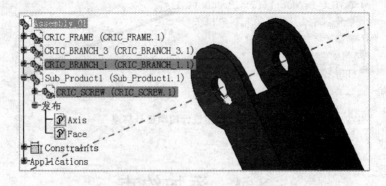

图 8-12　选择轴线

⑤ 由于是手动更新,所以在约束添加完成后设计环境并未发生变化。此时,单击"更新"工具按钮 ，如图 8-13 所示,即为更新后的结果。

图 8-13 更 新

⑥ 下面再添加一个面与面之间的贴合约束。在 Constraints(约束)工具栏中单击"联系约束"工具按钮 。

⑦ 所谓联系约束即两个面之间的贴合,如图 8-14 所示,可以先在设计树上选择插入青绿色零件的发布面。

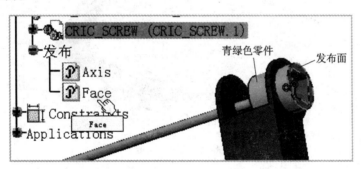

图 8-14 选择发布面

⑧ 约束的另外一个面为红色零件的内侧面,如图 8-15 所示,选择相应的约束表面。单击确认。

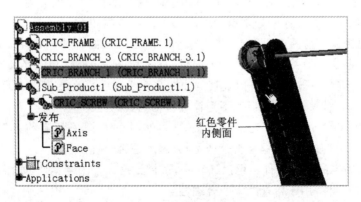

图 8-15 选择红色零件的内侧面

⑨ 单击"更新"工具按钮 ,如图 8-16 所示,即为更新后的结果。

⑩ 此时,通过两个约束,已经将新插入的零件安装到产品上,具体位置如图 8-17 所示。

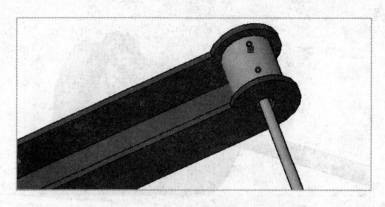

图 8-16 更 新

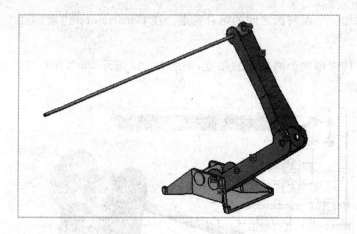

图 8-17 插入零件

8.5 利用罗盘移动约束零件

在机械设计中,完成约束之后,往往是一个机械机构,如何检查机构的运动是否符合设计意图。通过罗盘的移动是一个快速而有效的办法。操作步骤如下:

① 在左上角按住罗盘的中心红点,将它拖动到后来添加的青绿色零件上,如图 8-18 所示,零件处于选择状态,同时,罗盘也改变为绿色,表示罗盘已经捕捉到该青绿色零件。

② 此时,如果进行一般拖动,可以观察到如图 8-19 所示的效果,即青绿色零件脱离红色零件。它可以作为一种移动方式,但达不到检查机构的目的。

③ 此时,如果按住 Shift 键同时拖动罗盘,结果就不一样了,在所有约束都保持着的前提下,零件开始运动。可以观察机构是否合理,约束添加是否合理。

④ 除了开始固定的底座零件不可以移动外,选择红色或者蓝色零件,如图 8-20 所示,同样可以移动相应的零件,用于检查约束的合理性。

⑤ 完成检查后,先释放鼠标,然后松开 Shift 键。最后拖动罗盘中心红点将它移回到原始位置。

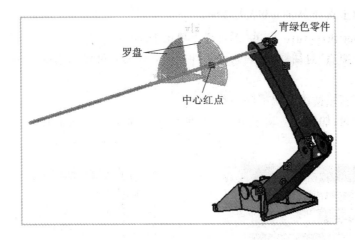

图 8-18　移动罗盘

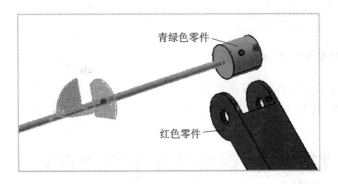

图 8-19　移动零件

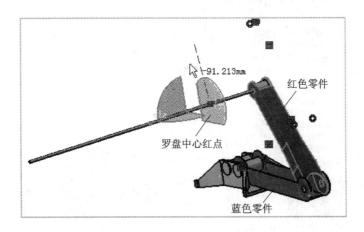

图 8-20　检查约束的合理性

8.6　添加一个新零件

在产品设计时,有时需要新增一个零件。此零件并未在零件设计环境中进行设计,此时,可以直接在装配设计环境中添加并修改它的属性。具体操作如下:

① 在设计树上选择 Assemble.1 选项。

② 在 Product Structure Tools 工具栏上单击 Part(零部件)工具按钮，弹出如图 8-21 所示"新零部件：原点"对话框，询问新增零件的原点位置：可以与装配零件本身重合，也可以自定义一个原点。

③ 单击"否"按钮使用装配零件的默认原点。

④ 观察设计树，如图 8-22 所示，已经新增了一个零件。展开后可以看到并没有几何图素。

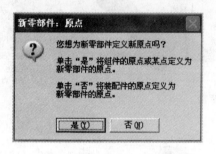

图 8-21 "新零部件：原点"对话框

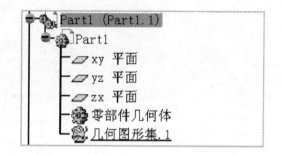

图 8-22 设计树

⑤ 下面编辑此零件的名称，在设计树上右击图 8-22 所示的加亮显示的零件名，在弹出的快捷菜单上选择"属性"选项。如图 8-23 所示，弹出"属性"对话框，修改"零部件号"为Cric_Join。

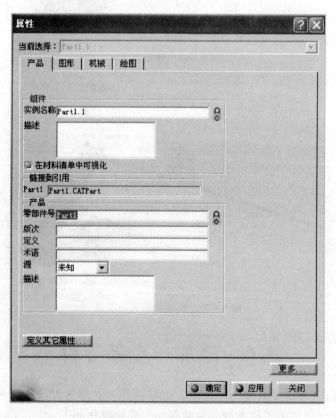

图 8-23 "属性"对话框

⑥ 单击"确定"按钮完成零件属性的修改。观察设计树,即为修改后的零件名称。

到此,已经完成了一个新零件的添加,并重新命名了它的名称。

8.7 在装配设计工作台中设计零件

在产品设计中,对一些零件的设计,特别是在尺寸方面与产品有关系的零件的设计,如果在装配工作台中进行设计,则效率和速度都会有所提高。下面来完成在 8.6 节中所添加的零件的具体设计。操作步骤如下:

① 在设计树上双击 Cric_Join 选项,即进入到零件设计工作台,开始零件的设计。

② 由于做的是一个连接件,所以先绘制一个草图。选择蓝色零件的侧面用于草图平面的定义。如图 8-24 所示,然后单击"草图绘制器"工具按钮,进入草图设计工作台。

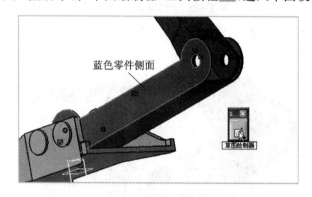

图 8-24 定义草图平面

③ 由于草图平面的颠倒性,需要单击"法向视图"工具按钮,切换草图平面。

④ 在与蓝色零件孔相近的位置单击"圆"工具按钮后绘制一个圆,如图 8-25 所示。

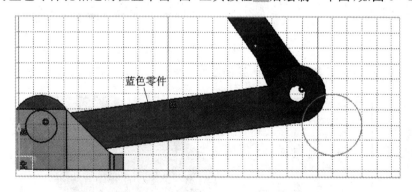

图 8-25 绘制圆

⑤ 圆位置的确认通过与蓝色零件的约束来完成。先选择圆和蓝色零件的孔,然后单击"在对话框中定义约束"工具按钮,弹出如图 8-26 所示的"约束定义"对话框。在对话框中选择"相合"的复选项。单击"确定"按钮完成草图的绘制。

⑥ 退出草图设计工作台。

⑦ 单击"拉伸"工具按钮,弹出如图 8-27 所示的拉伸定义对话框,在 First Limit 选项

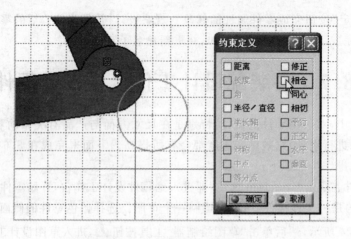

图 8-26 "约束定义"对话框

组中的 Type 下拉列表框中选择 Up to Plane(拉伸到平面)选项,然后选择蓝色零件的外表面作为拉伸终点面。

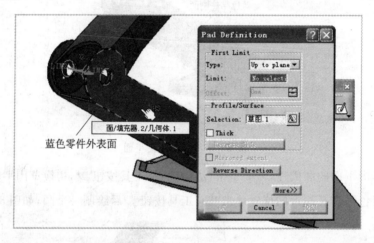

图 8-27 选择拉伸终点面

⑧ 单击 OK 按钮完成拉伸造型,结果如图 8-28 所示,生成了一个圆柱体连接件。

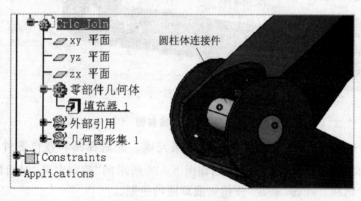

图 8-28 拉伸完成

8.8 编辑参数

在产品装配中,发现零件设计的参数有些不合适,如何进行修改呢?相关的参数是否同时改变呢?下面对设计参数进行编辑,具体操作如下:

① 在设计树上双击 CRIC_BRANCH.3 选项,如图 8-29 所示,修改蓝色零件的孔直径。首先进入零件设计工作台。

② 在设计树上找到蓝色零件与红色零件相结合处孔的草图,如图 8-30 所示,进入草图设计工作台,将直径修改为"20mm"。

③ 单击"确定"按钮完成直径的修改,同时退出草图设计环境,可以观察到孔的大小改变了。

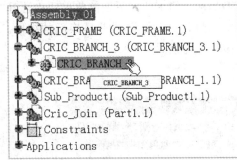

图 8-29 设计树

④ 切换回装配设计工作台,进行更新后,可以看到如图 8-31 所示的状况。在 8.7 节所添加的新零件的直径同样也发生了改变。

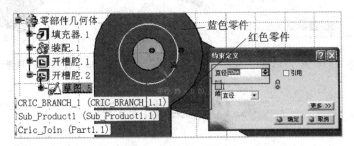

图 8-30 修改直径

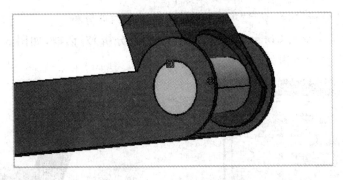

图 8-31 装配设计工作台

8.9 替换零件

在进行产品设计时,有时需要将现有零件进行替换实验。替换零件的具体操作如下:

① 在本例中,将 Sub_Product.1 替换为 Sub_Product.2。首先在设计树上选择 Sub_Product.1 选项。

② 在 Product Structure Tools(产品结构工具)工具栏上单击 Replace Component(替换组件)工具按钮，弹出文件选择对话框，在对话框中选择 Sub_Product.2 选项。单击"确定"按钮完成零件的替换。

③ 如图 8-32 所示，在设计环境中弹出"对替换的影响"对话框，显示在替换过程中受到影响的两个约束。在下面的单选项中选择"是"，单击"确定"按钮完成零件的替换。

如图 8-33 所示，即是替换后的结果。在此结果中，约束已经受到破坏，下面学习如何修复破坏的约束。

图 8-32 "对替换的影响"对话框

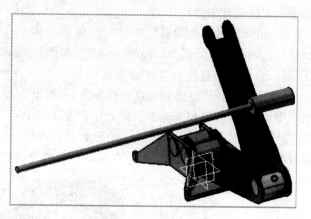

图 8-33 替换后的结果

8.10 分析约束

在进行产品设计时，可以对产品所添加的约束进行检查修改，以观察当前约束的数量、状态及产品的自由度等相关信息。具体操作如下：

① 选择菜单"分析"|"约束"选项，开始对产品进行约束分析。

② 在设计环境中弹出 Constraints Analysis(约束分析)对话框，如图 8-34 所示，其中显示出约束的数量及其他各相关的信息。

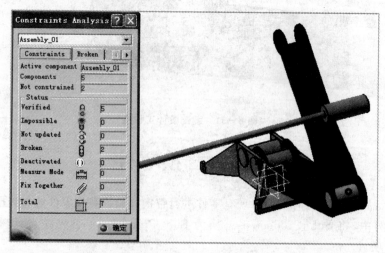

图 8-34 Constraints Analysis(约束分析)对话框

③ 单击 Broken(已损坏)选项卡,显示出在产品中有哪些损坏的约束,如图 8-35 所示,现在有两个已损坏的约束。

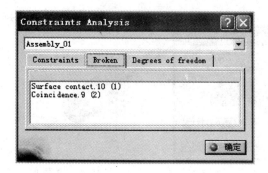

图 8-35　Broken(已损坏)选项卡

④ 在对话框中选择已损坏的约束,在设计树上相应的约束加亮显示。
⑤ 单击"确定"按钮完成约束的检查,在下一节开始约束的修复。

8.11　修复已损坏的约束

在 8.10 节中,已经检查出两个已损坏的约束,下面对它们进行修复。具体操作如下:

① 如图 8-36 所示,在设计树上找到最下面两个约束,在约束标志上分别有黄色的感叹号作为标志。双击其中的相合约束。在设计环境中弹出"约束定义"对话框,如图 8-37 所示。

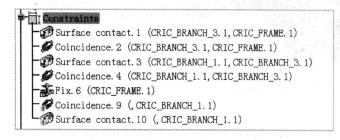

图 8-36　设计树

图 8-37　"约束定义"对话框

② 单击 更多>> 按钮,如图 8-38 所示,在右侧展开对话框,显示约束的类型和状态。

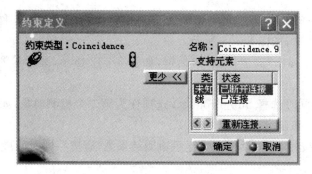

图 8-38　展开对话框

③ 在状态栏下单击"已断开连接"选项,然后单击  按钮,在设计环境中选择新插入的零件的轴线,如图 8-39 所示,完成约束的修复。

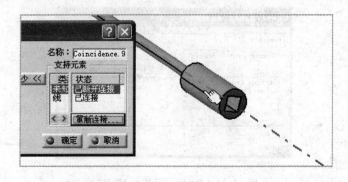

图 8-39 选择轴线

④ 对于另外一个贴合约束进行相同的操作,然后更新。图 8-40 所示为完成约束修复后的零件。

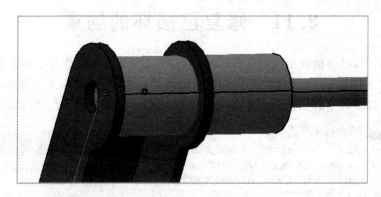

图 8-40 更 新

8.12 干涉检测

在产品装配中,需要检查各个零件之间的干涉与碰撞。本节分析本产品是否有碰撞存在。具体操作如下:

① 在设计树上选择 CRIC_BRANCH_1 选项作为检测的第一个零件,然后选择菜单"分析"|"计算碰撞"菜单项,如图 8-41 所示。

② 在设计环境中弹出"碰撞检测"对话框,如图 8-42 所示,显示检测类型及第一个检测对象。

③ 按住 Ctrl 键同时选择 Sub_Product1 选项作为第二个检测对象,如图 8-43 所示,在设计环境中和对话框中都显示出来。

④ 单击"应用"按钮,在对话框下方显示检测结果为"碰撞",同时碰撞部分也加亮显示,如图 8-43 所示。

⑤ 单击"取消"按钮完成碰撞检测,在下一节中修改零件。

图8-41 选择检测零件

图8-42 "碰撞检测"对话框

图8-43 碰撞部分显示

8.13 编辑零件

在8.12节中检测到了零件的碰撞,本节对其进行编辑。具体操作如下:

① 在设计树上双击CRIC_SCREW_2选项进入零件设计工作台,如图8-44所示,CRIC_SCREW_2加亮显示,作为当前工作对象。

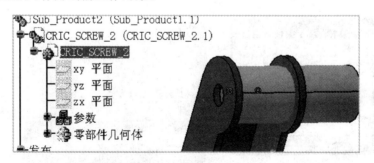

图8-44 进入零件设计工作台

② 将设计树继续展开,选择"填充器.1"如图8-45所示,双击打开Pad Definition(拉伸定义)对话框,将Length(长度)修改为"20mm"。

③ 单击OK按钮完成零件造型的编辑,结果如图8-46所示。

④ 双击Asemble.1选项返回到装配设计工作台。

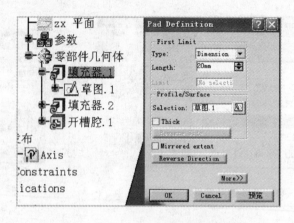

图 8-45 Pad Definition(拉伸定义)对话框

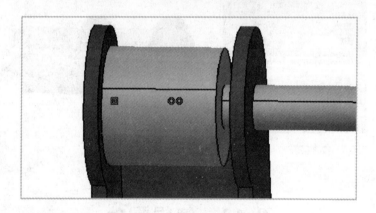

图 8-46 完成零件造型编辑

⑤ 在设计树上选择 CRIC_BRANCH_1 选项作为检测的第一个零件,选择菜单"分析"|"计算碰撞"菜单项,然后按住 Ctrl 键同时选择 Sub_Product1 选项作为第二个检测对象,单击"应用"按钮显示检查结果,如图 8-47 所示。此次结果为"接触",碰撞已经修复。

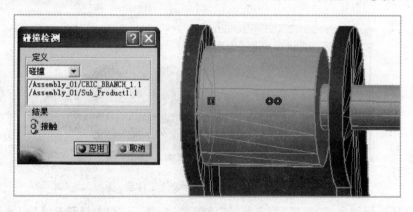

图 8-47 碰撞修复

8.14 显示 BOM 表

对于一个装配设计,BOM 表是一个非常重要的检查工具。应用 BOM 表的具体操作如下:
① 在菜单中单击"分析"|"材料清单"菜单项,进入 BOM 表中。
② 在设计环境中弹出 BOM 表,上面列出了所有零件与子装配及其相关属性,如图 8-48 所示。根据需要可以进行保存等操作。

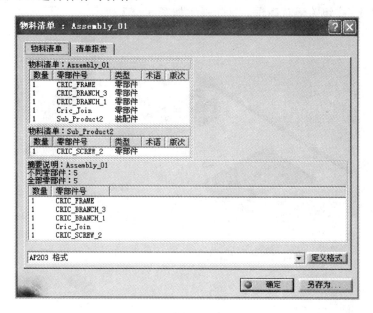

图 8-48 BOM 表

8.15 爆炸视图

在进行产品设计时,需要生成产品爆炸视图,以便观察和调整。生成爆炸视图的具体操作如下:
① 确认 Asemble.1 已经被选择。
② 单击"爆炸视图"工具按钮 ,如图 8-49 所示,弹出 Explode(爆炸视图)对话框,其中的属性均采用默认值,不作修改。

图 8-49 Explode(爆炸视图)对话框

③ 单击"应用"按钮，如图 8-50 所示，弹出提示对话框，提示可以利用罗盘对零件进行移动。

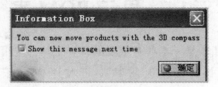

图 8-50　提示对话框

④ 单击"确定"按钮关闭对话框。爆炸视图如图 8-51 所示。

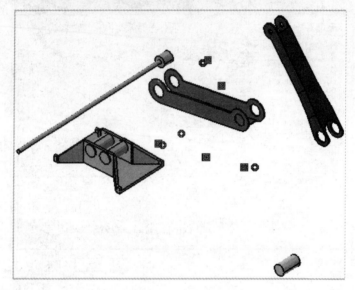

图 8-51　爆炸视图

⑤ 单击"确定"按钮生成爆炸视图，同时弹出警告对话框，提示已经将零件位置修改。

⑥ 单击"是"按钮确认零件位置的修改，可以看到约束图标都呈暗色显示。

⑦ 此时可以快速地恢复零件的位置，因为这是一个完整约束的产品。单击"更新"按钮，结果如图 8-52 所示，所有零件已经恢复到原位。

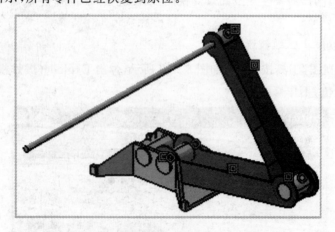

图 8-52　更　新

下 篇
实时渲染

第 9 章　图片工作室简介

第 10 章　环境设置

第 11 章　光源管理

第 12 章　视角管理

第 13 章　材质、纹理和贴图编辑

第 14 章　动画管理

第 15 章　照片管理

第 16 章　高级功能

第 17 章　手机渲染实例

下 篇

实验技术

第 9 章 图片工作室简介

图片工作室可以将渲染成功的产品模型非常精致地输出成图片和录像,如图 9-1 所示,用于内部与外部的沟通协调。在这个工作台的渲染中拥有强大的光线跟踪功能。

图 9-1 图片工作室

9.1 图片工作室工作台简介

图片工作室的操作对象是产品文件,通过"开始"菜单,可以进入到图片工作室工作台。选择菜单 Start(开始)|Infrastructure(基础结构)|Photo Studio(图片工作室)菜单项,进入该工作台,如图 9-2 所示。

该工作台中包含了 Animation(动画)、Render(渲染)、Scene Editor(现场编辑)、Light Commands(光线命令)、Camera Commands(视向命令)等工具栏,如图 9-3 所示。

下篇　实时渲染

图 9-2　进入工作台

图 9-3　工具栏

9.2　工作台设置

图片工作台同样有其独有的选项设置。选择菜单"工具"|"选项",弹出"选项"对话框,在右侧的目录中选择 Infrastructure 下的 Photo Studio 选项,弹出相应的界面,如图 9-4 所示。进入选项设置后,可以观察到有五个选项卡,其中 General(一般)、Display(显示)、Sticker(贴图)三个选项卡与实时渲染中的设置基本相同。

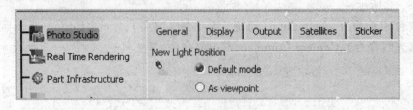

图 9-4　选项设置

- General(一般)选项卡定义光源的一般设置。
- Display(显示)选项卡定义渲染显示效果。
- Output(输出)选项卡定义图片和视频的输出。
- Satellites(卫星)选项卡定义共同渲染时的设置。
- Sticker(贴图)选项卡定义贴图的默认图片。

1. 一般设置

General(一般设置)选项卡主要用于定义光源的创建位置等基础设置。这一部分内容如图9-5所示。

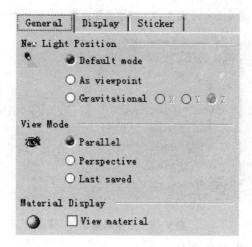

图9-5 一般设置

(1) New Light Position(新建灯光设置)选项组

① 选择Default mode(默认设置)选项,创建一个新的灯光,如图9-6所示,光源位于零件的正上方。

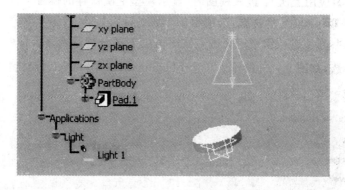

图9-6 光源的默认设置

② 选择As viewpoint(视点)选项,如图9-7所示,在创建一个新的光源时,灯光在视点位置。

③ 选择Gravitational(沿坐标轴向)选项,然后在后面选择一个坐标轴,选择Z轴,生成一个新的光源时位置如图9-8所示。

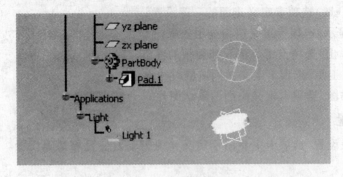

图9-7 视点光源位置

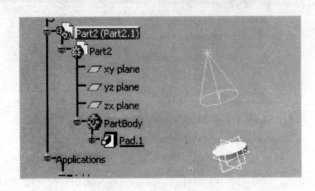

图9-8 沿坐标轴定向

(2) View Mode(视向模式)选项组

View Mode用于选择进入实时渲染模块时视点的位置,如图9-9所示。

① Parallel(平行):进入视图时与原文件平行。
② Perspective(透视):进入视图时从透视角度观察。
③ Last saved(应用上次):进入视图时,显示模型上次保存的位置。

(3) Material Display(显示材质)选项组

在Material Display选项组中定义进入实时渲染工作台时是否显示材料,复选后显示出材料,默认情况为不选,如图9-10所示。单击Shading with Material(带材料渲染)工具按钮 可以显示出材料。

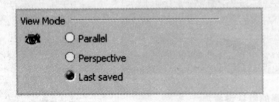

图9-9 视向模式

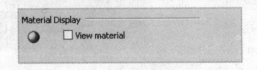

图9-10 显示材质位置

2. 显 示

单击Display(显示)选项卡,如图9-11所示。该选项卡主要是用来设置光源的显示模式。

(1) Active Lights(光源的显示状态)选项组

Active Lights 选项组,默认设置一般为 Wireframe display(线架显示),在设计环境中如图 9-12 所示,选择一个光源后显示出相应的线架模型。

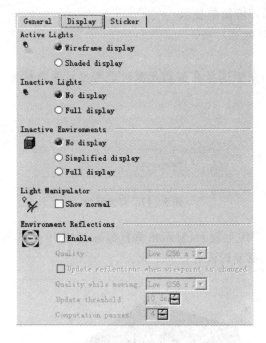

图 9-11 光源显示状态

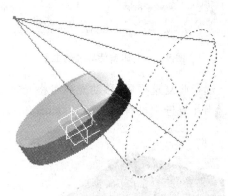

图 9-12 线架显示

当选择 Shaded display(阴影显示)选项时,再次激活一个光源,如图 9-13 所示,光源显示带有阴影。当设计环境中有三维零件存在时,同样在阴影显示模式下,如图 9-14 所示,光源内外两侧的显示是不同的。

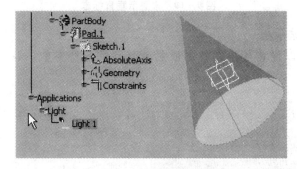

图 9-13 阴影显示

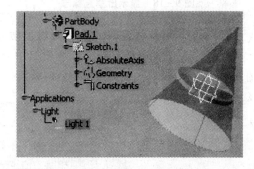

图 9-14 三维零件存在的显示

(2) Inactive Lights(非激活光源)选项组

Inactive Lights 选项组的默认设置为 No display(不显示),如图 9-15 所示,选择 Full display(完全显示)选项,可以观察到所有的非激活光源。

图 9-15 非激活光源的显示

(3) Inactive Environments(非激活环境)选项组

Inactive Environments 选项组中可以选择关于非激活环境的显示模式,如图 9-16 所示。

① No display(不显示):非激活环境不显示。
② Simplified display(简单显示):将非激活环境简单显示。
③ Full display(完全显示):完全显示非激活状态环境。

(4) Light Manipulator(灯光移动)选项组

在 Light Manipulator(灯光移动)复选框中,用于选择在移动光源时是否显示垂直标志,如图 9-17 所示。

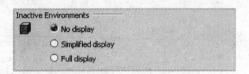

图 9-16 非激活环境的显示

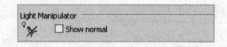

图 9-17 灯光移动

选择此复选框后,移动光源时将光标移动至零件上表面,显示出垂直标志,如图 9-18 所示。当此复选项没有被选择时,如图 9-19 所示,移动时没有任何变化。

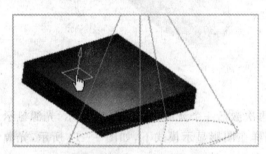

图 9-18 显示出垂直标志

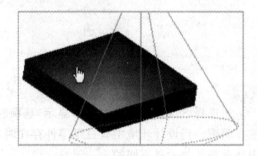

图 9-19 未显示垂直标志

(5) Environment Reflections(环境反射)选项组

在 Environment Reflections 选项组中可以设置环境图片的质量及其他的一些参数,如图 9-20所示。

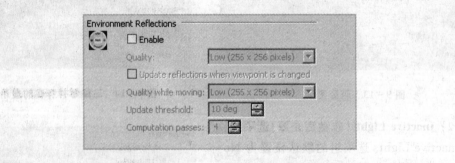

图 9-20 Environment Reflections(环境反射)

3. 输 出

单击 Output(输出)选项卡,其中只有两个选项组即 Quick Render(快速渲染)和 Save(保存)。

(1) Quick Render(快速渲染)选项组

该选项组主要是用来设置快速渲染时输出的图片大小和输出位置,如图 9-21 所示。

图 9-21 输 出

① Image Size(图片大小)中有两个选项:
- From active viewpoint(捕捉视向) 根据当前的视角生成图片。
- Fixed(固定) 根据指定的大小生成图片。

② Output(输出)中有两个选项:
- On screen(输出到屏幕) 在屏幕上直接显示。
- On disk(输出到磁盘) 在文件选择栏中填入文件存储的位置,快速渲染时将图片存储到相应位置。

(2) Save(保存)选项组

如图 9-22 所示,Save 选项组用于定义存储时的文件名。此选项如果复选,表示文件名称依次按照数字添加,如:CATIARENDER_01,CATIARENDER_0 2,CATIARENDER_03 等。默认状态下为未选。

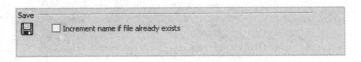

图 9-22 存储时文件名的确定

4. 贴 图

Sticker(贴图)选项卡,如图 9-23 所示。在 Default Image(默认图片)选项组中显示了图片的默认位置,单击右侧的按钮 ,可以重新确定图片的位置。

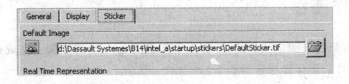

图 9-23 图片的默认位置

Real Time Representation(实时渲染)选项组中有一个 Activate real time representation (激活实时渲染)复选框,默认状态为已选。当此选项被选中时,添加的贴图立即显示出来,如图 9-24 所示。

如果此复选项未选,如图 9-25 所示,虽然已经添加了贴图,但在设计环境中并未显示。

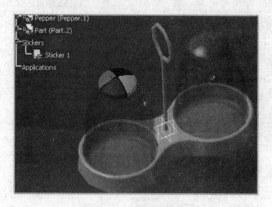

图 9-24 显示贴图

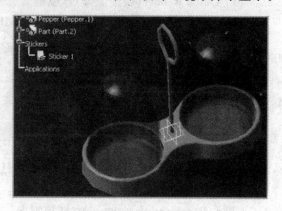

图 9-25 未显示贴图

5. 卫星

Satellites(卫星)选项卡如图 9-26 所示。在共同渲染工作状态下,通过此选项卡控制共同渲染的机器,进行增添、删除和定义主机等设置。

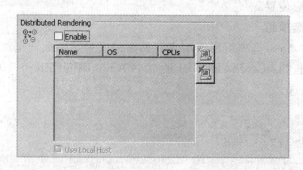

图 9-26 Satellites(卫星)选项卡

9.3 入门实例

9.3.1 工作流程

一般来说,渲染是有固定流程的,下面六个步骤即为一般的步骤。完成这六步曲,即可拥有一张漂亮的图片。具体操作步骤如下:

① 打开一个产品模型,单击"图片工作室"工具按钮 ,进入图片工作室工作台。

② 利用"环境"工具条 创建一个合适的环境。
③ 单击"创建视向"工具按钮 创建一个合适的观察角度。
④ 利用"贴图"工具按钮 和"应用材质"工具按钮 ，在设计环境和产品上应用合适的材质和图片，模拟真实效果。
⑤ 利用"创建镜头"工具按钮 设置需要渲染的参数。
⑥ 利用"镜头渲染"工具按钮 生成最终的图片效果。

9.3.2 载入产品模型

进入图片工作室工作台，选择菜单 Insert(插入)|Existing Component(已有零件)菜单项，如图 9-27 所示。

图 9-27 载入产品模型

打开 Ch1 文件夹中的 Lamp.CATProduct 文件，插入后如图 9-28 所示，仅为一个简单的日光灯。

图 9-28 Lamp.CATProduct

9.3.3 快速渲染

单击 Quick Render(快速渲染)工具按钮 ，如图 9-29 所示，在设计环境中打开 Rendering Output(渲染输出)对话框,一个简单的渲染图片即生成。

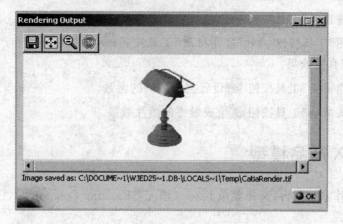

图 9-29 快速渲染

第 10 章 环境设置

在渲染设计中,系统有三个标准环境,分别是长方体、球形和圆柱形环境。利用系统提供的三个标准环境,可以创建一些现实中的情形。如利用长方体和圆柱体环境可以设置展厅,不过这个展厅没有窗户,通过图片可以设置墙壁、地板和天花板;再如展示一辆汽车时,可以摆放多个霓虹灯。同样,利用球形环境可以创建非常精确的天地环境,通过在上下添加图片模仿真实环境。

10.1 创建环境

环境即现实生活中产品的周边景色,如对于读者而言,在屋内时四周墙壁即为环境,在外面时上天下地即为环境。创建环境,即创建一个可以粘贴图片的墙壁,它可以是平面,也可以是曲面和球面。

10.1.1 创建一个标准的环境

以台灯为实例,单击 Create Box Environment(创建一个长方体环境)工具按钮,如图 10-1 所示,在设计树上双击展开环境的六个面,同时在设计环境中也出现了矩形的包围盒。

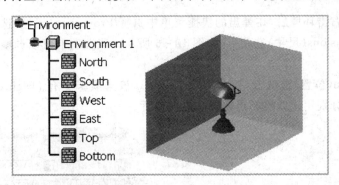

图 10-1 创建一个长方体环境

单击 Create Sphere Environment(创建球形环境)工具按钮,如图 10-2 所示,设计树的"环境"显示"顶部"和"底部",同时设计环境中显示球形环境。

单击 Create Cylinder Environment(创建圆柱形环境)工具环境,如图 10-3 所示,设计树上有四个墙面,同时设计环境中显示圆柱形。

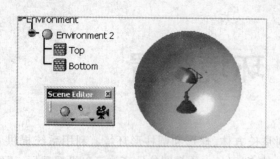

图 10-2 创建球形环境

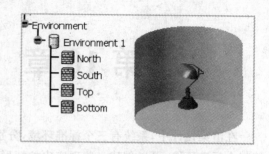

图 10-3 创建圆柱形环境

生成一个环境后,再次单击生成一个新的环境,如图 10-4 所示,原有环境即被解除,在设计树上呈现灰色,而新建的设计环境被激活。

将光标移至环境上,可以看到显示出一个绿色的双向箭头。拖动光标可以直观地调整环境的大小,如图 10-5 所示。

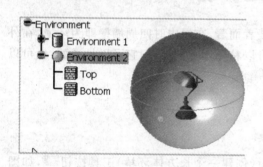

图 10-4 新增设计环境

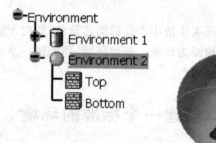

图 10-5 调整环境的大小

在设计树上右击环境后,在弹出的快捷菜单中选择 Properties(属性)选项,打开"属性"对话框,单击 Dimensions(尺寸)选项卡,如图 10-6 所示。该选项卡可以调整长、宽和高三个尺寸属性。

单击 Position(位置)选项卡,如图 10-7 所示。该选项卡中有 Origin(起点)和 Axis(轴向)两个选项组,分别用于调整起点位置和轴向位置。

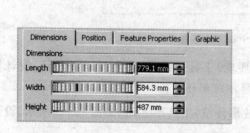

图 10-6 Dimensions(尺寸)选项卡

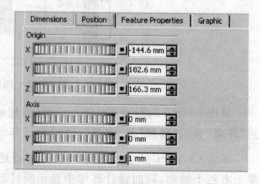

图 10-7 Position(位置)选项卡

10.1.2 创建单面环境

在球形环境中,可以设置成一个单面环境。单击 Create Sphere Environment(创建球形环境)工具按钮 ◯,展开设计树,如图 10-8 所示,环境中有两个默认墙壁。右击后选择 Properties(属性)选项。

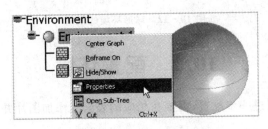

图 10-8 Properties(属性)选项

在"属性"对话框中单击 Dimensions(尺寸)选项卡,在 Geometry(几何图形)选项组中选择 1 Face(一个面)选项,如图 10-9 所示,单击 OK 按钮完成环境属性的调整。在设计树上只有一个面,如图 10-10 所示。

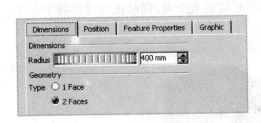

图 10-9 Dimensions(尺寸)选项卡

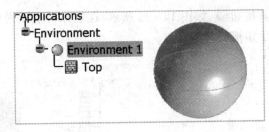

图 10-10 设计树上的一个面

右击打开墙壁的属性,切换到 Texture(纹理)选项卡,在最上方选择投影壁纸,如图 10-11 所示。

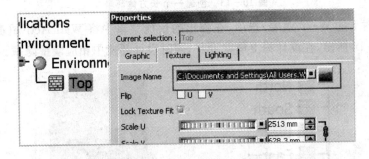

图 10-11 Texture(纹理)选项卡

在设计环境中观察球形环境的效果,如图 10-12 所示,图片已经投影到球形环境中。

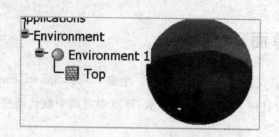

图 10-12 球形环境的效果

10.2 配置环境

环境添加以后,需要进一步配置,需要在相应的表面上添加图片并设置反射等。

10.2.1 配置环境围墙

在每个标准环境中都有其特有墙壁,对墙壁的管理是环境配置中非常重要的一部分。

打开 Lamp. CATProduct 文件,单击 Create Box Environment(创建一个长方体环境)工具按钮,如图 10-13 所示,在设计树上双击展开环境的六个面,同时在设计环境中也出现了矩形的包围盒。

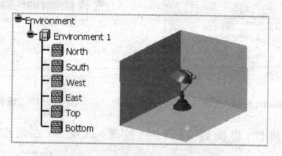

图 10-13 创建一个长方体环境

右击设计树上的 West(西墙)选项,在弹出的快捷菜单中将 Wall Active(激活墙壁)选项去除,如图 10-14 所示,在设计树上墙壁变灰,同时设计环境中相应墙壁隐藏。

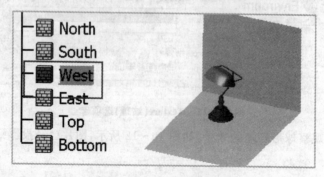

图 10-14 相应墙壁隐藏

10.2.2 设置墙纸

在不同的墙壁上可以生成不同的墙纸,用于模拟现实的环境。

依然以台灯作为应用实例,选择北面墙壁,如图 10-15 所示,单击 Apply Material(应用材质)工具按钮 。

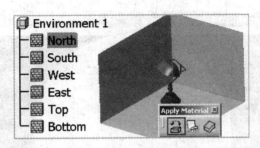

图 10-15 应用材质

在"材质"对话框中的 Other 选项卡中选择 Summer sky 选项,如图 10-16 所示。

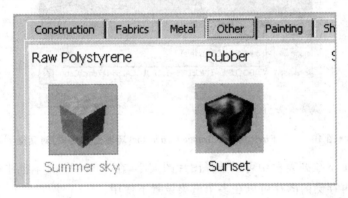

图 10-16 Summer sky

在侧面墙壁应用相同的材质。在地面应用 Wood Floor,最终完成的环境如图 10-17 所示。

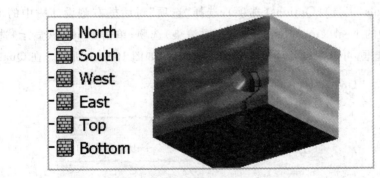

图 10-17 应用 Wood Floor

10.2.3 生成反射图片

继续利用上一个实例,在已有环境生成一个标准的反射图像。

右击设计树上的"环境",在弹出的快捷菜单上选择 Generate Reflection(生成反射图像)选项,如图 10-18 所示,打开 Environment Image Generator(环境图片生成)对话框。

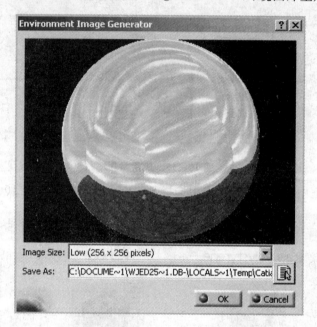

图 10-18　Environment Image Generator(环境图片生成)对话框

在 Image Size 下拉列表框中可以选择图片的大小,在 Save As 文本框中可以定义图片的存储位置。经过再存储的图片可以在多个渲染设置下使用。

10.2.4 显示环境反射

选择菜单 Tools(工具)|Options(选项),选择"选项"对话框右侧设计树中的 Infrastructure(基础结构)中的 Real Time Rendering(实时渲染)选项,单击 Display(显示)选项卡中的 Enable(应用)复选框,可以在设计环境中显示反射图像,如图 10-19 所示。在 Quality 下拉列

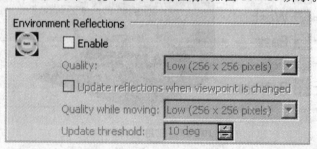

图 10-19　设置环境反射

表框中定义反射图像的质量,而在 Quality while moving 下拉列表框中选择移动时图片的质量。

10.3 读入环境

单击 Import an Environment(读入环境)工具按钮 ,弹出"文件选择"对话框,在其中选择一个环境文件,单击 OK 按钮完成环境文件的读入,如图 10-20 所示,环境文件在设计环境中展示出来。

图 10-20 环境文件

10.4 场景库

在 CATIA 中已经储存了一些场景,作为一个场景库存在。直接应用已经生成的场景可以加速产品的渲染。

单击 Catalog Browser(标准件目录)工具按钮 ,如图 10-21 所示,打开"标准件目录"对话框,找到"环境"选项。

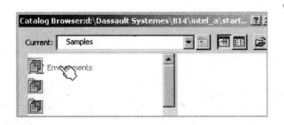

图 10-21 "标准件目录"对话框

双击展开"环境"一栏,如图 10-22 所示,选择 Deskroom(办公室)选项,单击后在右侧显示预览图形。通过其下侧的两个工具按钮 ,可以查找需要的特定环境。

单击 OK 按钮完成环境的应用,在设计树和设计环境中显示出相应的设计环境,如图 10-23所示。

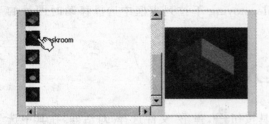 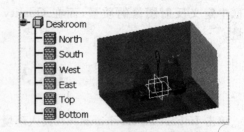

图 10-22 Deskroom(办公室)选项　　　　图 10-23 相应的设计环境

第 11 章 光源管理

在现实生活中,每一时刻都离不开光,没有光,一切物体都陷入黑暗。添加光源因此成为是图片工作室中非常重要的一步。对于一张图片,光源部分非常重要。正是通过对光源的正确添加和设置,一张图片才能鲜活起来。

11.1 光源的创建与管理

光源的创建与管理是进行光源设置的第一步,在图片工作室工作台和实时渲染工作台中将现实中多种多样的光源简化为有限的几种,即聚光源、点光源和平行光源。这些在实时渲染工作台中已经详细介绍,但是相比于实时渲染工作台,图片工作室工作台新增了区域光源。

11.1.1 创建区域光源

在图片工作室中,有一些特定的区域光源。区域光源用于模拟现实中的光源,创造更加柔和、更加真实的光源。同样,这些区域光源也有相应的参数。

1. 矩形区域光源

在 Lamp.CATProduct 实例中,单击 Create Rectangle Area Light(创建矩形区域光源)工具按钮,如图 11-1 所示,在设计环境中显示出矩形光源的线框效果。具体来说,矩形区域光源是一个矩形的聚光源。

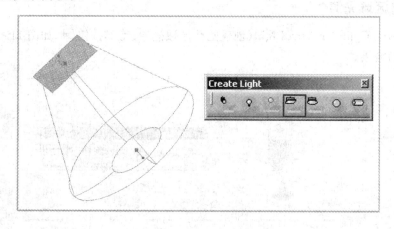

图 11-1 创建矩形区域光源

2. 盘形区域光源

单击 Create Disk Area Light(创建盘形区域光源)工具按钮,如图 11-2 所示。此种光源在照亮单个物体时非常有益。

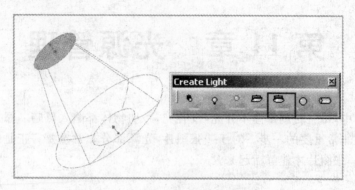

图 11-2　创建盘形区域光源

3. 球形区域光源

单击 Create Sphere Area Light(创建球形区域光源)工具按钮，如图 11-3 所示，用于模拟电灯泡，与点光源相比，球形区域光源的光线更加柔和和真实。

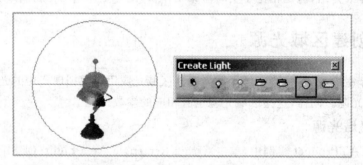

图 11-3　创建球形光源

4. 圆筒区域光源

单击 Create Cylinder Area Light(创建圆筒区域光源)工具按钮，如图 11-4 所示，用于模拟日光灯的效果。

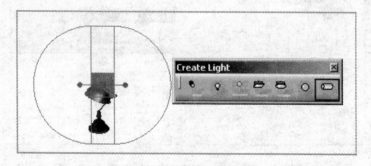

图 11-4　创建圆筒光源

在设计环境中的任意空白处单击，光源将显示为其他标志，如图 11-5 所示，从左至右依次是四种光源的标志。

第 11 章 光源管理

图 11-5 四种光源的标志

11.1.2 光源属性编辑

一个光源有位置、方向、亮度和颜色等多个属性,可以通过属性对话框和快捷菜单等多种方式调整。针对调整的不同结果,即可设置五光十色的缤纷世界。使用上面的实例,在光源上双击打开"属性"对话框,如图 11-6 所示。

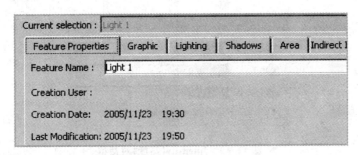

图 11-6 "属性"对话框

切换到 Lighting(光源)选项卡,上面是光源的 Type(类型)下拉列表框,在这里默认是聚光灯,如图 11-7 所示。

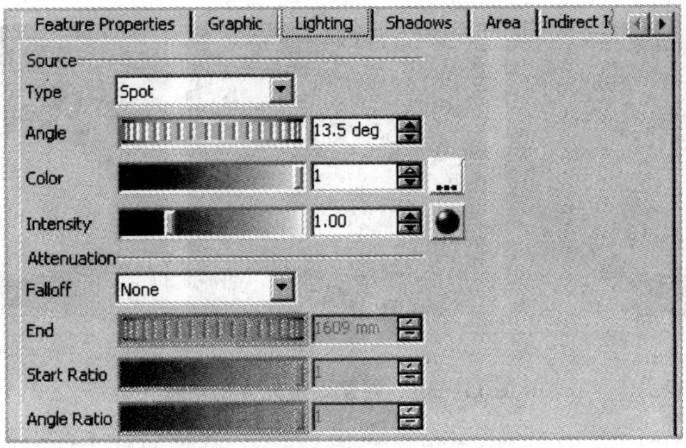

图 11-7 类　型

下面的属性是 Angle(角度)列表框,用于调整聚光灯发散的角度。不同的发散角度如图 11-8 所示。

在 Color 和 Intensity 列表框中可以调整灯光的颜色和亮度。在 Color(颜色)列表中调整颜色的强度,单击右侧的按钮可以细致地调整灯光的颜色。

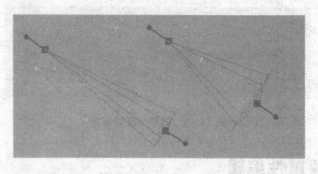

图 11-8　Angle(角度)

在 Intensity(亮度)列表中调整光源的环境光强度、漫反射强度和镜面反射强度。单击右侧的按钮 可以精确地定义这些属性。与上面的"颜色"选项相配合，用于定义颜色的最终效果，如图 11-9 所示。

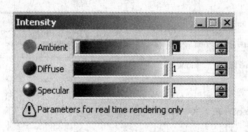

图 11-9　Intensity(亮度)对话框

如图 11-10 所示，调整三个光源的属性，观察最终效果。首先将颜色调整为"R,G,B = 10,100,10"。将 Intensity 分别调整为"0.5,1,3"。通过调整亮度，三种颜色分别显示为"R, G,B = 5,50,5"、"R,G,B = 10,100,10"、"R,G,B = 30,255,30"。

图 11-10　调整三个光源的属性

再次调整颜色为"R,G,B = 40,255,40"，Intensity 分别调整为"0.5,1,3"，最终三种结果为"R,G,B = 20,128,20"、"R,G,B = 40,255,40"和"R,G,B = 120,255,120"。如图 11-11 所示，当数值超越 255 时将不再增大。

利用按钮 调整亮度的三种属性，最终效果如图 11-12 所示。第一种是仅有环境光的效果，第二种是仅有漫反射的效果，第三种是仅有镜向反射的效果。主要区分为光源的过渡、高亮的不同。

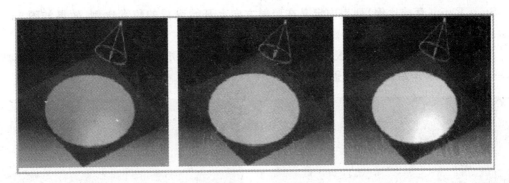

图 11-11 调整颜色

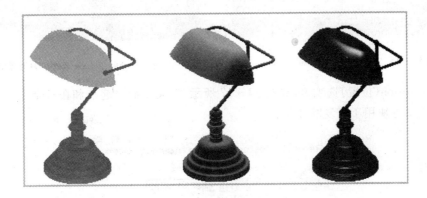

图 11-12 最终效果

如图 11-13 所示,在最下面是 Attenuation(衰减)选项组,定义光源强度的衰减方式。

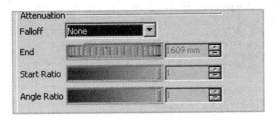

图 11-13 Attenuation(衰减)选项组

End(终点)列表框定义光源发散的终点位置,如图 11-14 所示,即为一近一远两种设置。

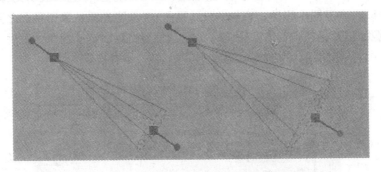

图 11-14 光源发散的终点位置

Start Ratio(衰减比例)列表中定义在照射方向上开始衰减的位置比例,效果如图 11-15 所示。

Angle Ratio(角度衰减)列表中定义在发散角度位置上开始衰减的比例,如图 11-16 所示,图中虚线表示开始衰减的位置。

图 11-15　Start Ratio(衰减比例)　　　　图 11-16　Angle Ratio(角度衰减)

单击 Position(位置)选项卡,如图 11-17 所示,定义光源的起点和在三个方向上的位置。中间的黑色小方块用于恢复默认位置。

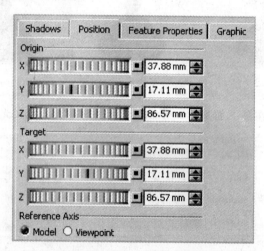

图 11-17　Position(位置)选项卡

在最下方是 Reference Axis(参考轴)选项组,Model(模型)单选项表示光源与模型同步相关,移动设计环境,光源同步移动。Viewpoint(视点)表示将光源粘着于视点之上,移动时仅仅移动模型,光源的位置保持不变。如图 11-18 所示,当光源固定于视角之上时,设计树上的标志发生变化,在右下角多了一个锚形标志。

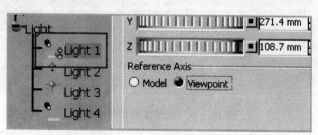

图 11-18　光源参考位置

11.1.3 快捷菜单

在设计树上右击光源标志可以弹出快捷菜单,通过快捷菜单可以对光源进行相应的位置、状态调整。

1. 光源打开

Light On(光源打开) 选项默认为是激活的,如图 11-19 所示。此选项用于调整光源的开与关。

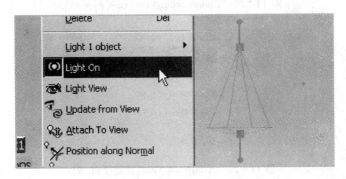

图 11-19　Light On(光源打开)

2. 光源视向

Light View(光源视向) 选项用于调整光源的观察角度。激活此命令后如图 11-20 所示,以光源为视向起点。

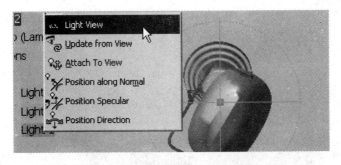

图 11-20　Light View(光源视向)

3. 以视向更新

当对现有环境进行调整后,通过单击快捷菜单上的 Update from View(以视向更新)工具按钮,可以将光源调整到当前视向的位置,如图 11-21 所示,即为更新后的光源位置。

4. 固定于视向

Attach To View(固定于视向) 选项可以将光源附着于视向位置,如图 11-22 所示。激活此命令后光源的位置不随零件的改变而改变。

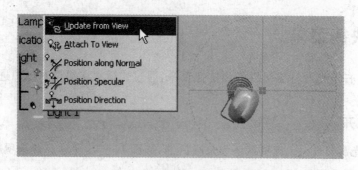

图 11-21　Update from View(以视向更新)

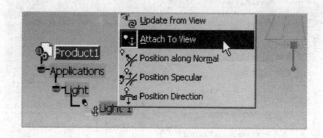

图 11-22　Attach To View(固定于视向)

5. 垂直定位

单击 Position along Normal(垂直定位)工具按钮，如图 11-23 所示，在目标零件上移动光标，将会有一个黄色的正方形和箭头出现，用于调整光源的位置。当到达合适位置时可以单击观察，如不合适继续选择，直至满意为止。退出此命令可以单击其他工具按钮，也可以按 Esc 键退出。

图 11-23　Position along Normal(垂直定位)

6. 镜像定位

单击 Position Specula(镜像定位)工具按钮，如图 11-24 所示，在目标零件上移动光标，将会有一个黄色的正方形和箭头出现，用于调整光源的位置。这个标志与"垂直定位"的标志一样，二者的区别在于定位方式不同。在"垂直定位"命令中是与显示平面垂直，而在此命令中是以镜像反射的关系定位。当拖动光标到达合适位置时可以单击观察，如不合适继续选择，直至满意为止。退出此命令可以单击其他工具按钮，也可以按 Esc 键退出。

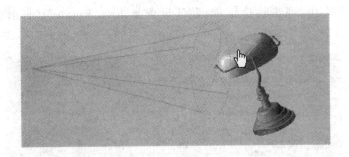

图 11-24　Position Specula(镜像定位)

7. 方向定位

快捷菜单上最后一个命令是 Position Direction(方向定位)。右击此命令后,如图 11-25 所示,光源标志发生变化,由两个绿色弧形双向箭头和一个红色单向箭头组成。

将光标移动到绿色箭头的箭头位置上,如图 11-26 所示,显示出虚线圆,拖动时光源以红色箭头所代表的轴旋转。

图 11-25　Position Direction(方向定位)

图 11-26　虚线圆

将光标移动到绿色箭头的中间位置,如图 11-27 所示,显示出较大的虚线圆,用于调整光源在四个方向上的位置。按住 Ctrl 键同时移动光标可以一步一步地精确移动。

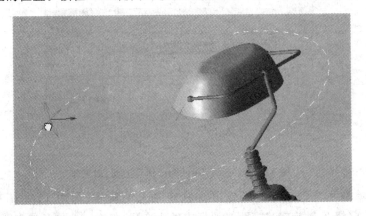

图 11-27　较大的虚线圆

在定位标志上右击,弹出快捷菜单,默认设置是 Free Rotation(自由旋转)被选择,如图 11-28 所示。

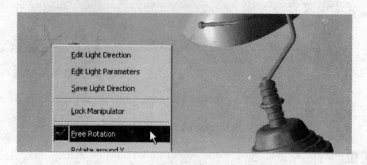

图 11-28　Free Rotation(自由旋转)

在快捷菜单上选择 Edit Light Direction(编辑光源方向)选项,如图 11-29 所示,打开 Direction(方向)对话框。利用此对话框可以快速、准确地定位光源的位置。

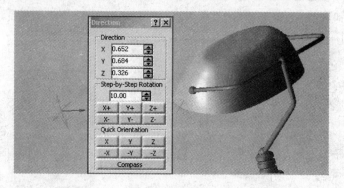

图 11-29　Edit Light Direction(编辑光源方向)

在快捷菜单上选择 Save Direction(保存方向)选项可以将当前的位置储存下来。如图 11-30 所示,在上面的文本框中可以填入保存的方向名称,在下面的文本框中显示已经存储的方向,双击可以将已经存储的方向重新调出。

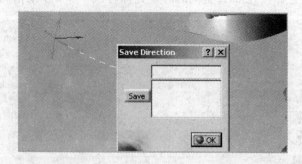

图 11-30　Save Direction(保存方向)对话框

在快捷菜单最下方的三个选项定义在指定轴上的旋转,如图 11-31 所示,即为选择 Rotate around X(绕 X 轴旋转)选项,光源标志发生变化,仅有一个红色单向箭头。

在调整时可以通过快捷菜单中的 Lock Manipulator(锁定操作器)复选项将其中一个方向的绿色双向箭头锁定。如图 11-32 所示,即为将一个方向的绿色双向箭头锁定。

第 11 章 光源管理

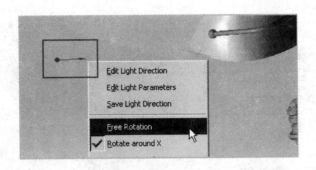

图 11-31 Rotate around X(绕 X 轴旋转)选项

将一个方向的绿色双向箭头锁定后,如图 11-33 所示,光标发生变化。此时,按住光标上下拖动即可调整在其他方向的旋转。如果需要重新显示被锁定的操作箭头,则按空格键即可。

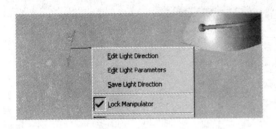

图 11-32 Lock Manipulator(锁定操作器)选项

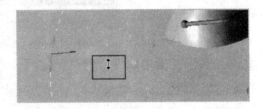

图 11-33 将一个方向的绿色双向箭头锁定

当完成光源的方向定位后,按 Esc 键即可退出光源方向定位命令。

11.1.4 光源命令工具栏

生成光源后,在工作台中将自动弹出光源命令工具栏,如图 11-34 所示。此工具栏上所有的命令与快捷菜单中的命令一致,具体操作不再重述。

图 11-34 光源命令工具栏

11.1.5 环境阴影

在实际生活中,物体总是有影子的,针对环境的阴影,需要特别设置。

打开 Lamp.CATProduct 文件,如图 11-35 所示,生成一个平行光源和一个长方体环境。注意,只有平行光源才可以生成环境阴影。

右击环境中的 Bottom(地面)选项,打开"属性"对话框,如图 11-36 所示,单击 Lighting (光源)选项卡,选择阴影的 On 复选项。

图 11-35 Lamp. CATProduct

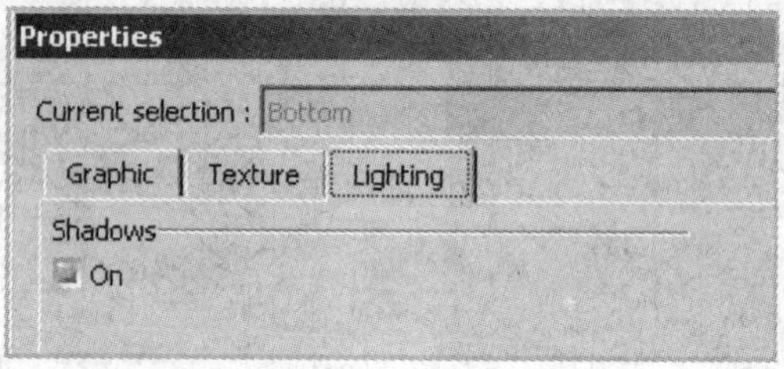

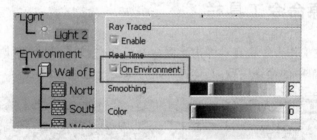

图 11-36 On 复选框

打开光源的属性表,如图 11-37 所示,选择 Shadows(阴影)选项卡下的 On Environment(环境投影)复选项。

图 11-37 On Environment(环境投影)复选项

下面的三个选项用于调整环境阴影:
- Smoothing(平滑度) 定义阴影边缘的光滑程度。数值较大时,表明阴影的边缘过渡愈加模糊;数值是 0 时,没有阴影过渡,显示为整齐的边缘。
- Color(颜色) 定义阴影的颜色,在右侧的工具按钮用于精确调整阴影的颜色。
- Transparency(透明度) 定义阴影的透明性,数值愈大,表示阴影的透明性愈大。

灯光定义完成后,如图 11-38 所示,在设计环境中台灯的阴影已经投映到地面和墙壁上。

图 11-38 阴影投映到地面和墙壁上

11.1.6 物体之间的阴影

在设计环境中,各个物体之间的阴影同样是通过光源的照射生成的。

打开 FindMaterials1.CATProduct 文件,在设计环境中新建一个聚光灯。在物体之间的阴影只能通过聚光灯实现,打开聚光灯的"属性"对话框,如图 11-39 所示,切换到 Shading(阴影)选项卡后,选择 On Objects(在物体之间)复选项。

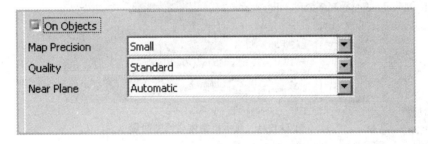

图 11-39 On Objects(在物体之间)复选项

1. 映射精度

Map Precision(映射精度)下拉列表框定义指定光源的照明点,跟踪光源的照明路线。此值设置愈高,阴影的位置就愈加准确,同时内存和运算的资源占有愈大。

2. 质 量

Quality(质量)下拉列表框定义在旋转、移动物体时阴影的质量。Standard(标准)状态下阴影的投射并不是每次都计算;在 Good(优质)状态下,每次都重新计算,生成精确的阴影。

在生成阴影时,一般先选择低质量和低映射精度,当光源的位置和参数确定后,再调整到高质量和高映射精度。

3. 靠近平面

Near Plane(靠近平面)下拉列表框定义灯光到开始计算阴影的距离。在 Automation(自动)选项中将自动定义这个距离;而 Mannual(手动)选项中则在光源上显示一个平面,用拖动显示距离,如图 11-40 所示。

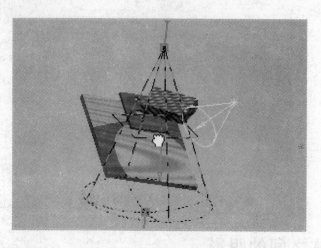

图 11-40 拖动显示距离

调整完成光源的阴影显示设置后,如图 11-41 所示,在下面物体上已经显示出上面物体的阴影。

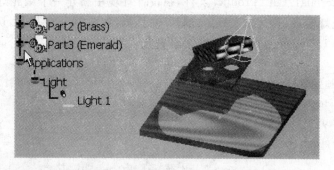

图 11-41 显示出物体之间的阴影

再次生成一个聚光灯,如图 11-42 所示,设计环境中的阴影自动消失。

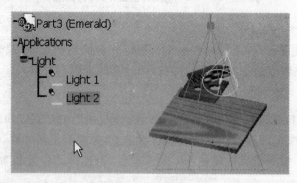

图 11-42 阴影自动消失

在新建光源中选择 On Objects 复选项,如图 11-43 所示,设计环境中的阴影由新建光源生成。同时,设计树上的光源 1 在左下角出现特殊标志,表示现在已经有两个光源用于阴影的生成。在设计环境中,每次只可以有一个光源用于生成阴影。

当生成光源后,在工作台中将自动弹出"光源命令"工具条(如图 11-34 所示)。此工具条

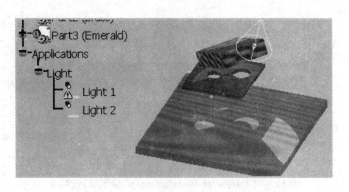

图 11-43　光源 1 的特殊标志

上所有的命令已经在实时渲染工作台中讲述,具体操作不再赘述。

11.2　光源高级设置

通过简单的属性设置,可以获得一些基本光源。而在现实中,真实的光源是非常复杂的。因此,在图片工作室中,有一些比较独特的设置,可以在尽量减少系统资源的同时,获得最佳的效果。

11.2.1　创建全局照明

全局照明定义渲染时间接照明的效果。间接照明指经过物体反射、折射的光照效果。如图 11-44 所示,即经过全局渲染的最终效果。

图 11-44　全局渲染的最终效果

全局照明,需要在光源设置及渲染设置两个方面进行调整。下面通过实例来学习如何使用全局照明。打开 CornellBox.CATProduct 文件,这是一个已经过设置的环境。打开光源的属性,如图 11-45 所示,切换到 Indirect Illumination(间接照明)选项卡。

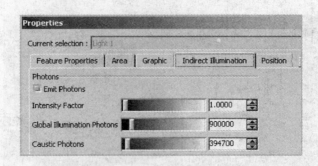

图 11-45 Indirect Illumination(间接照明)选项卡

1. 粒子传播

在"间接照明"选项卡中,最上面是 Emit Photons(粒子传播)复选项。光粒子指光线行走路线的一种形象模拟,光源发射的粒子经过物体表面的反射、折射和吸收而最终到达终点。简单地说,就是光走的路线。

如图 11-46 所示为光线的传播路线,第一个光粒子照射到墙壁上的 A 点,然后反射到 B 点,在 A 点处有漫反射,而在 B 点处则被吸收。第二个光粒子照射到墙壁上的 C 点,然后经过反射通过 D、E 两点,最终通过球体折射,到达 G 点被吸收。

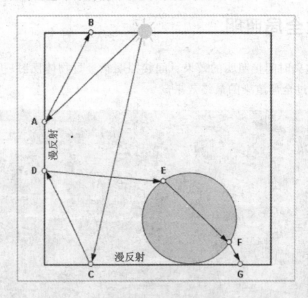

图 11-46 光线的传播路线

2. 强度因子

Intensity Factor(强度因子)定义间接光照的光亮度倍增系数。一般而言,直接光照和间接光照具有相同的强度,参数接近于 1。如果需要黑暗等特殊效果,则需要调整此参数。

3. 全局照明粒子

Global Illumination Photons(全局照明粒子)定义在渲染时粒子的最大数目。同样,数目愈大,渲染效果愈逼真,同时也需要更多的资源和更长的渲染时间。

完成光源参数设置后,单击 Create Shooting(创建镜头)工具按钮,打开 Shooting Definition(镜头定义)对话框,单击 Indirect Illumination 选项卡,如图 11-47 所示。

在 Global Illumination 选项组中选择 Active(激活)复选项,如图 11-48 所示。

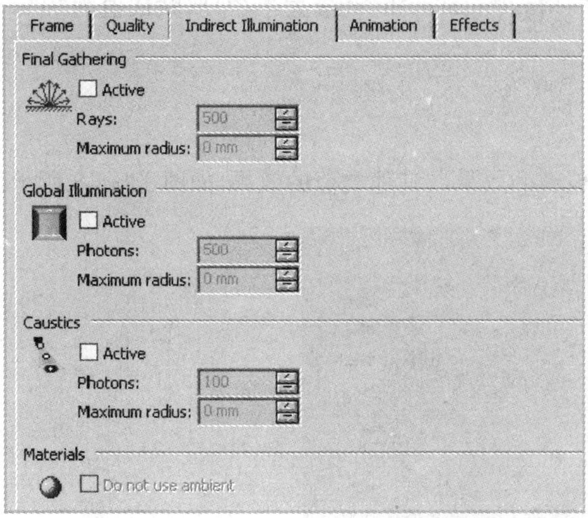

图 11-47 Indirect Illumination 选项卡 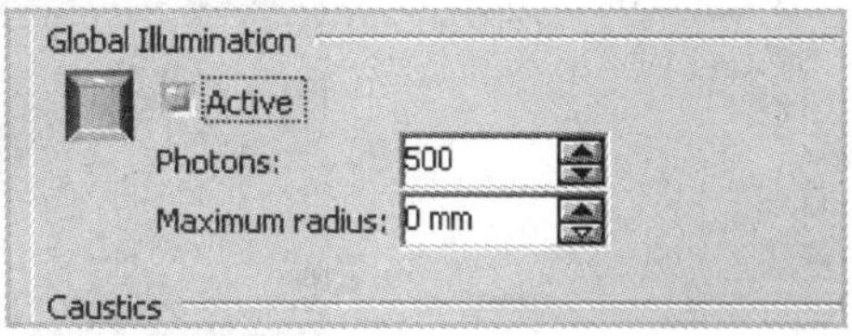　　　图 11-48 Active(激活)复选项

在该选项组中的 Photons(光子)列表框中定义指定区域内的粒子数目,在 Maximum radius(最大半径)列表框中定义间接照射时搜索的最大区域,默认为"0",表示在场景中全局寻找,单击 OK 按钮完成镜头的设置。不同的设置所得到的效果不同,如图 11-49 所示。

图 11-49 不同设置所获得的效果

图中的四幅图片是不同设置所获得的效果,设置 Intensity Factor(强度因子)、Global Illumination Photons(全局照明光子)、Photons(光子)依次为"10,100000,2000"、"3,100000,2000"、"1,450000,2000"、"0.2,450000,8000",Maximum radius(最大半径)取默认值为"0"。

11.2.2　创建焦距线

焦距线是一种特殊的光线参数,用于模拟玻璃的效果或其他类似的效果,如图 11-50 所示。

图 11-50　焦距线的效果

焦距线同样有其相关的属性设置。打开 CornellBox.CATProduct 文件,打开光源的"属性"对话框,单击 Indirect Illumination 选项卡,在下方有一个 Caustic Photons(焦距线光子)列表框,如图 11-51 所示。焦距线指在局部区域通过光线的反复映射从而在局部形成阳光照射水池的效果。该选项主要定义焦距线光粒子的存储数目。

单击 Create Shooting(创建镜头)工具按钮生成镜头。在"镜头定义"对话框中切换到 Caustics(焦距线)选项组,如图 11-52 所示。在 Photons 列表框中定义指定区域内的粒子数目,在 Maximum radius 列表框中定义间接照射时搜索的最大区域,默认为"0",表示在场景中全局寻找。

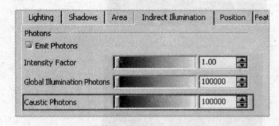
图 11-51　焦距线光粒子

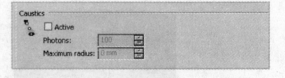
图 11-52　焦距线

图 11-53 中的四幅图片是不同设置所获得的效果,设置 Intensity Factor(强度因子),Caustics Photons(焦距线光子),Photons(光子)依次为"10,60000,100"、"3,60000,100"、"3,200000,500"、"1,200000,500",Maximum radius(最大半径)取默认值为"0",Global Illumination Photons(全局照明光子)取默认值为"100000"。

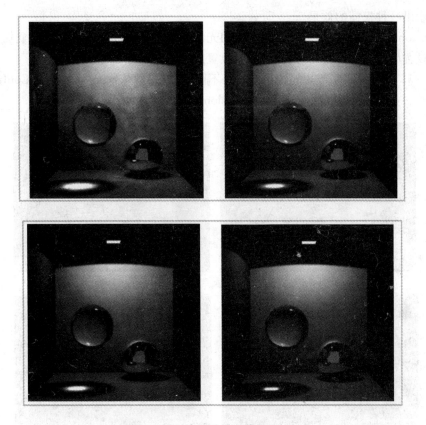

图 11-53　不同设置所获得的效果

11.2.3　场景深度

场景深度定义焦点之外的物体形象模糊的状态,体现了场景的深度。一般也可以理解成场景雾化的位置。

打开 SceneEffects.CATProduct 文件,单击 Create Shooting 工具按钮生成镜头。切换到 Effects(效果)选项卡,如图 11-54 所示,最上方表示场景的深度。

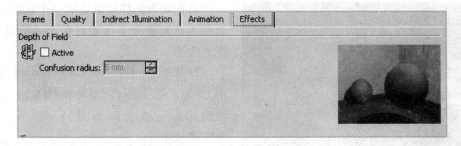

图 11-54　Effects(效果)选项卡

选择 Active 复选项,自动激活 Confusion radius(混合半径)列表框。

在普通渲染中通过一条光线照射进而反射出颜色,而在深度效果中则通过四条光线的混合效果显示出一种模糊的效果。

Confusion radius 列表框定义视向起点的光源投射半径,数值愈小,则边缘愈加清晰。

完成设置后单击 OK 按钮,镜头的渲染设置成功。

图 11-55 所示的四张照片的渲染效果是不同的,其参数依次是"无深度"、Confusion radius=1.5mm、Confusion radius=3mm、Confusion radius=5mm。

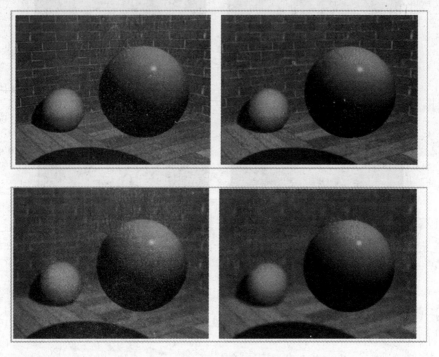

图 11-55 四张照片的效果

11.2.4 高 光

发光效果是在物体上生成一个高光的区域,模拟现实中的光晕,如图 11-56 所示,即产生一个高光区域,同时将周围的颜色弱化。

图 11-56 发光效果

高光效果同样是渲染时一个选项的设置。下面通过实例来学习如何在产品渲染中应用高光效果。

打开 SceneEffects. CATProduct 文件,单击 Create Shooting 工具按钮生成镜头。切换到 Effects 选项卡,如图 11-57 所示部分定义发光效果。

选择 Active 复选项,光源效果如图 11-58所示。

针对高光效果,同样有如下不同的选项可以设置,用于调整不同状态下的高光效果。

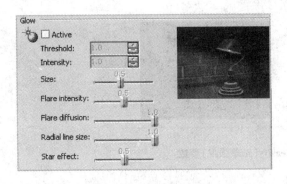

图 11-57　Effects 选项卡　　　　　　　图 11-58　光源效果

(1) Threshold(阈值)

定义像素亮度程度被应用于发光效果。当像素的亮度大于或等于阈值,则将影响发光效果。

(2) Intensity(亮度)

定义发光效果的亮度,如图 11-59 所示,左侧为亮度较低的情况,右侧为亮度较高的情况。

(3) Size(尺寸)

定义发光效果的范围,如图 11-60 所示为发光效果尺寸的对比。

图 11-59　Intensity(亮度)参数

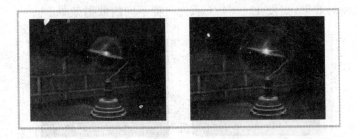

图 11-60　Size(尺寸)参数

(4) Flare Intensity(光晕强度)

定义周围光晕的强度,如图 11-61 所示为强度的对比。

图 11-61　Flare Intensity(光晕强度)参数

(5) Flare Diffusion(光晕散射)

定义光晕的发散程度,如图 11-62 所示为两种发散程度的对比。

图 11-62　Flare Diffusion(光晕散射)参数

(6) Radial line size(放射光线尺寸)

用于调整中心放射光线尺寸的大小,如图 11-63 所示为不同尺寸的放射光线。

图 11-63　Radial line size(放射光线尺寸)参数

(7) Star Effect(放射星形线效果)

定义放射光线的效果,如图 11-64 所示为两种不同的放射效果。

图 11-64　Star Effect(放射星形线效果)参数

将参数设置完成后,单击 OK 按钮完成发光效果的设置。如图 11-65 所示,即为不同效果的图片。

图 11-65　不同效果的图片

11.2.5　创建卡通渲染

在生成渲染图片时,可以利用设置生成一个描绘图形边缘的卡通式的图片,如图 11-66 所示,即为真实图片(左图)与卡通图片(右图)的对比。

图 11-66　真实图片与卡通图片的对比

卡通效果同样可在渲染设置中调整。打开 Cat.CATProduct 文件,单击 Create Shooting 工具按钮 生成镜头。切换到 Effects 选项卡,如图 11-67 所示,最下部的 Cartoon(卡通)选项组定义卡通效果。

选择 Active 复选项,下面有两种效果可以选择。第一种效果是 Contours only(仅轮廓),同时可以在 Contour thickness(边缘厚度)定义边缘的宽度,如图 11-68 所示,即为两种不同边缘宽度的效果,左右两图的边缘厚度比例依次为"5%"和"10%"。

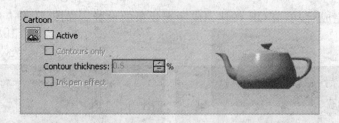

图 11-67　Effects 选项卡的 cortoon 选项组

图 11-68　边缘厚度

第二种效果是 Ink pen effect（水笔效果），通过水笔效果可以调整图形边缘的效果，如图 11-69 所示，即为两种不同的水笔效果，左右图边缘厚度比例依次为"5%"和"10%"。

图 11-69　Ink pen effect（水笔效果）

在进行渲染的时候，需要注意的是以一个完整的模型进行渲染模拟。如图 11-70 所示，即生成的最终边缘效果图，Contours only（仅轮廓）和 Ink pen effect（水笔效果）两种效果都被选择，左右图边缘厚度比例依次为"5%"和"10%"。可以看到，边线是根据三维实体进行提取的。

图 11-70　最终边缘效果图

如果模型的材质渲染是多种色块构成的,可以看到不同的卡通效果。如图 11-71 所示模型由多个色块构成表面。

图 11-71　多个色块构成表面

如果上述色块由多个材质组成,渲染后结果如图 11-72 左图所示,在各个色块之间都形成相应的边缘。如果所有色块由一种材质渲染,则将不给予区分,如图 11-72 右图所示。

图 11-72　色块多少的渲染效果

第 12 章 视角管理

12.1 创建视向

视向用于指定特定的观察方向,可以通过调整它的位置保存特有的视角,如图 12-1 所示。

图 12-1 视 向

打开 Lamp.CATProduct 文件,在设计环境中将产品调整到恰当的位置,如图 12-2 所示。

图 12-2 打开 Lamp.CATProduct 文件

单击 Create Camera(创建视向)工具按钮,将当前视角作为一个视向保存起来,如图 12-3 所示。

通过调整视图环境,可以看到当前的视向,由两个绿色手柄和一个观测面组成,如图 12-4 所示。

在属性中可以调整视向的编辑状况,如图 12-5 所示是透视的视向。在左侧围绕着观察对象旋转视向手柄 1,并旋转右侧的手柄 2 调整观测对象的位置。

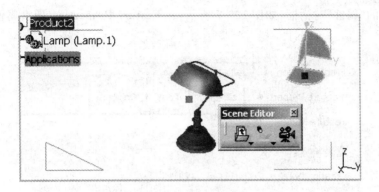

图 12-3　创建视向

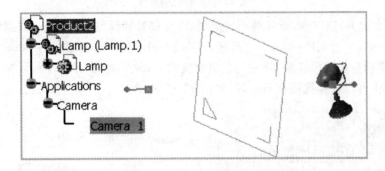

图 12-4　调整视图

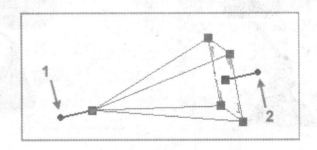

图 12-5　利用手柄调整视向

如图 12-6 所示为平行视向,即平视视向。图中左侧围绕着观察对象旋转视向手柄 1,并旋转右侧的手柄 2 调整观测对象的位置。

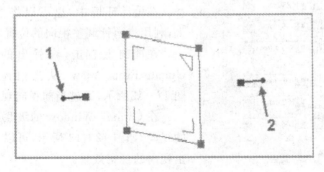

图 12-6　平行视向

打开视向的"属性"对话框,如图 12-7 所示,在 Feature Properties(图素属性)选项卡中显示视向的名称。

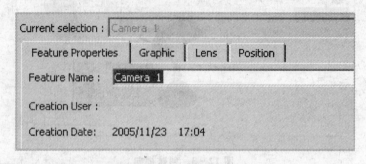

图 12-7 视向的属性

单击 Lens(镜头)选项卡,设置视向的类型、焦点位置和预览。在 Type 选项组中选择镜头的属性即 Parallel(平行)、Perspective(透视)。在 Focal(焦点)选项组中的 Focal Length(焦距长度)文本框中调整焦距的长度,将它的数值设置较大,效果如图 12-8 所示,视角变近。

在预览框中可以直接拖动视角旋转,如图 12-9 所示。

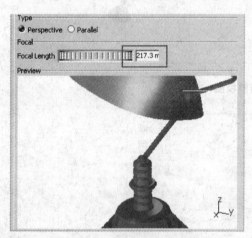

图 12-8 调整焦距长度

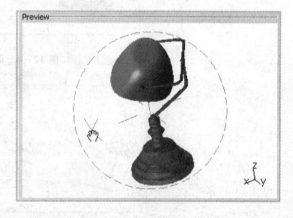

图 12-9 拖动视角旋转

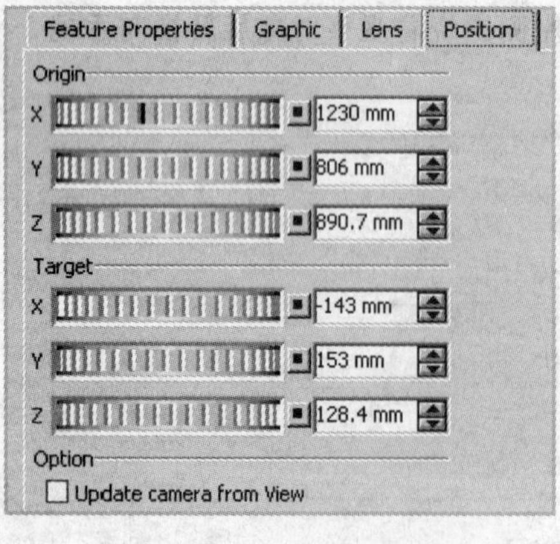

单击 Position 选项卡,如图 12-10 所示。其作用前面已经介绍,这里不再赘述。

在设计环境中,也可以将指南针拖动到手柄上,利用指南针调整视向的位置,如图 12-11 所示。

在视向上右击,在弹出的快捷菜单中选择 Update From View(从当前视向观察)选项,如图 12-12 所示,通过当前视向观察设计环境。

在 Camera Window 的级联菜单中选择所生成的视向,如图 12-13 所示,可以在设计环境中显示出视向的观察效果。

图 12-10 Position 选项卡

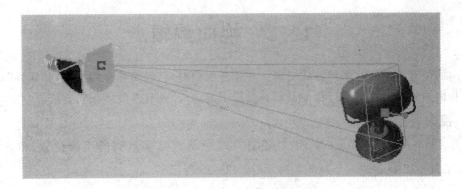

图 12-11 利用指南针调整视向

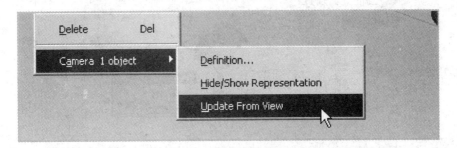

图 12-12 从当前视向观察

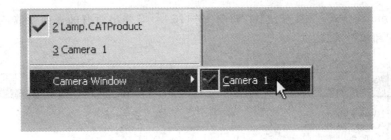

图 12-13 选择所生成的视向

如图 12-14 所示,左侧为当前视向观察的效果,而右侧则为对视向的观察和调整。

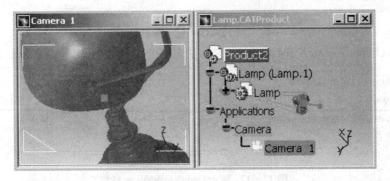

图 12-14 视向的观察

12.2 视向编辑

视向的位置可以通过多种方式编辑。在创建视向时,已经简单介绍了利用"属性"对话框、指南针和快捷菜单对视向进行简单调整。除以上方法外,还有参数等编辑方法。

1. 视向参数编辑

打开 Lamp.CATProduct 文件,在设计环境中将产品调整到恰当的位置,单击 Create Camera 工具按钮 创建一个新的视向,如图 12-15 所示。

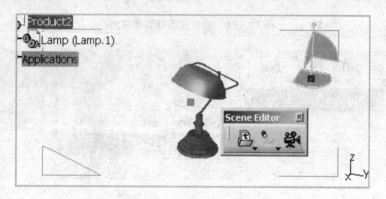

图 12-15 创建一个新的视向

单击 Formula(公式)工具按钮 ,如图 12-16 所示,弹出所有的视向参数,定义视向的类型、位置、角度和焦距等。

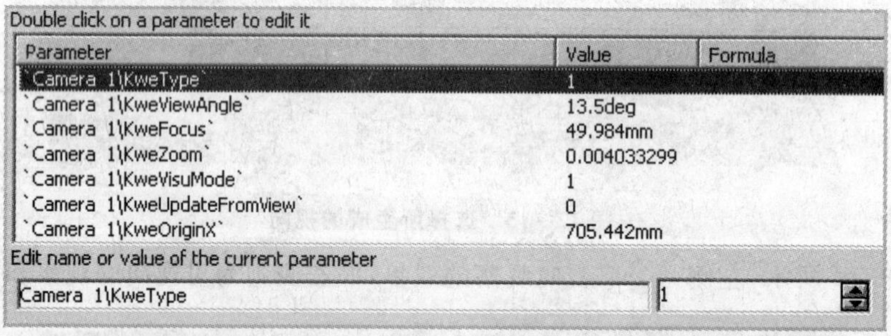

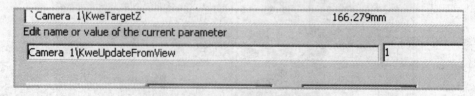

图 12-16 视向参数

选择 KweUpdateFromView 参数,将它的值调整为"1",如图 12-17 所示。

图 12-17 KweUpdateFromView 参数

修改参数后应用修改,设计环境中视向发生了变化,如图 12-18 所示。

图 12-18 应用修改

2. 视向命令工具栏

打开 Lamp.CATProduct 文件,在设计环境中将产品调整到恰当的位置,新建一个视向,如图 12-19 所示,将显示出 Camera Commands(视向命令)工具栏。

图 12-19 Camera Commands(视向命令)工具栏

在左侧的下拉列表框中可以选择视向,由于现在只有一个,所以只能选择"视向一"。右侧第一个是 Camera Window(视向窗口)工具按钮,单击后将显示当前视向的显示窗口,如图 12-20 所示,将两个窗口的位置调整平行。

图 12-20 显示当前视向

右侧的第二个是 Update from View(更新视向)工具按钮，单击后在设计窗口中调整视向的位置,在视向窗口上将自动更新,如图 12-21 所示。

图 12-21　更新视图

第三个是 Manipulate Focal(调整焦点)工具按钮。对于透视视向,用于调整焦点的位置。如图 12-22 所示,单击此工具按钮显示出焦距调整球。

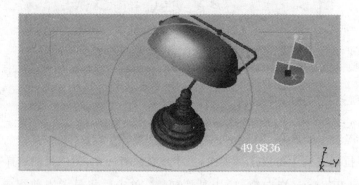

图 12-22　调整焦点

拖动显示焦距的数字可以调整焦距的长度,如图 12-23 所示。顺时针旋转为增大焦距的长度,逆时针旋转则减小。

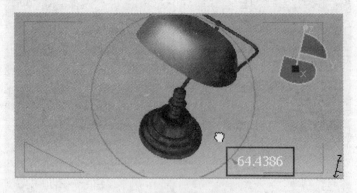

图 12-23　调整焦距的长度

12.3 观测物体

在观察一个物体时,都有观测距离、观察角度和视点焦点等多个参数。在本例中,简单介绍如何编辑观测角度。

打开 Chess.CATProduct 文件,单击 View(视图)|Commands List(命令列表)选项。设计环境中弹出命令列表,选择 View Angle(观测角度)选项。单击 OK 按钮后打开 View Render Style(观测渲染模式)对话框,如图 12-24 所示,选择 Perspective(透视)单选项。

图 12-24 View Render Style(观测渲染模式)对话框

在设计环境中调整观测角度,如图 12-25 所示,不可超过 90°。

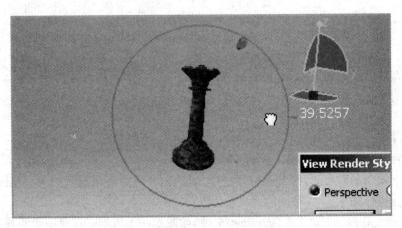

图 12-25 调整观测角度

在观测物体时可以选择多窗口视图,单击 Multi-Windows(多窗口)工具按钮,结果如图 12-26 所示。

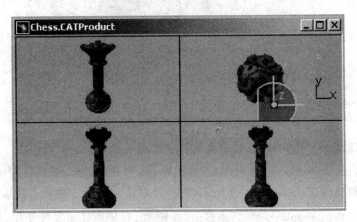

图 12-26 多窗口视图

第 13 章 材质、纹理和贴图编辑

大千世界，万物万色，每一个物体都有其独有的视觉效果。平时谈到的榆木的、不锈钢的等，都是通过物体的材质来判断的。每一个物体都有其相应的材质。本章学习如何添加材质并对材质进行相应的调整。

13.1 材 质

13.1.1 应用材质

产品造型时并没有指定材质，通过独有的工具可以给不同的对象添加材质。下面是材质可以应用的对象：
- 零件、表面、几何图素集合；
- 产品；
- V4 的存储格式 *.model、*.cgr 等。

通过以下实例的练习，即可知道材质的应用过程，并可对所用材质的大小和位置进行相应的调整。具体操作如下：

① 打开 ApplyMaterial.CATProduct 文件，如图 13-1 所示。这是一个铝质茶壶。

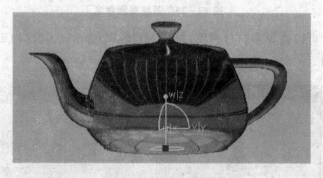

图 13-1 铝质茶壶

② 通过框选或者复选方式，选择需要添加材质的图素。

③ 单击 Apply Material(应用材质)工具按钮 ，打开材质库，选择需要的材质。

④ 默认的材质库显示如图 13-2 所示，每一个材质用一个方形标志显示。

⑤ 单击右上角的 Display list(列表显示)按钮 ，材质库显示发生变化，如图 13-3 所示。材质用一个列表显示出来，单击选择后在左上角显示出相应的材质预览。

⑥ 单击 Open a material library(打开材质库)按钮 ，可以打开自定义的材质库文件。

第13章 材质、纹理和贴图编辑

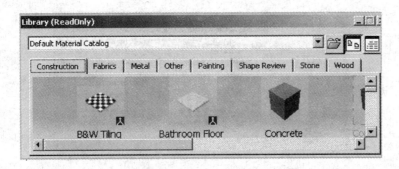

图13-2 材质库

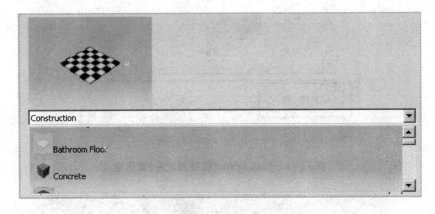

图13-3 列表显示

⑦ 在材质库上任意选择一个简单的材质,可以利用左键直接将材质拖放到产品上,如图13-4所示。

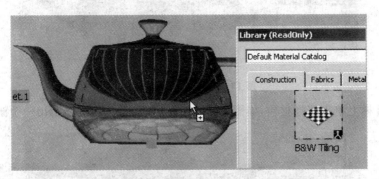

图13-4 利用左键直接将材质拖放到产品

⑧ 在材质上双击可以打开 Properties(材质属性)对话框,如图13-5所示。

⑨ 如图13-6所示,左下角的 Link to file(链接到文件)复选项用于设置是否将应用材质链接到文件,一个已经链接的材质在设计树上显示图标■,左下角有一个小小的白色箭头;没有复选的材质独立存在,不与材质库发生联系,标志■的左下角没有白色箭头。

⑩ 在材质库中选择 No Skid 选项,单击 OK 按钮后完成材质的应用和替换,结果如图13-7所示,在设计树和茶壶上都发生变化。

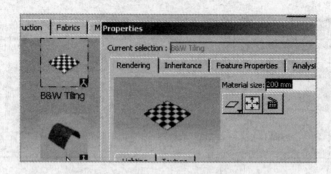

图13-5 Properties(材质属性)对话框

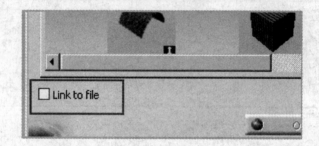

图13-6 Link to file(链接到文件)复选项

图13-7 完成材质的应用

⑪ 在设计树上单击选择材质,如图13-8所示,在设计环境中显示出一个激活的指南针。

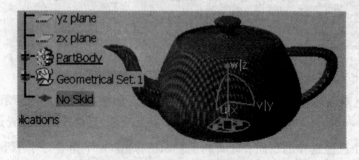

图13-8 激活的指南针

⑫ 利用指南针调整材质纹理的方向,如图13-9所示。

⑬ 在指南针底面有一个平面,定义材质的大小,拖拉它的边框如图13-10所示,可以看

到材质的大小发生了变化。

图 13 - 9　调整材质的方向

图 13 - 10　定义材质的大小

⑭ 选择菜单 Edit|Links 选项，打开如图 13 - 11 所示的链接对话框，显示出材质链接的位置。

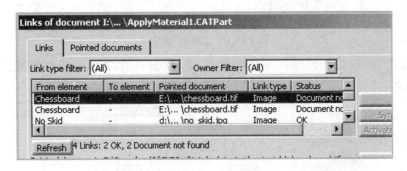

图 13 - 11　链接对话框

13.1.2　材质光亮度

材质的第一个属性就是光亮度，通过调整光亮度可以获得各种各样的材质效果。其中有反射、折射及粗糙度等多种属性。

打开 Chess.CATProduct 文件，如图 13 - 12 所示，在棋子上有已经定义好的材质 Italian Marble（意大利大理石）。

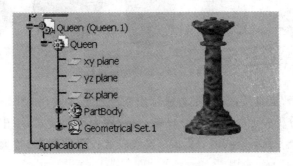

图 13 - 12　打开 Chess.CATProduct 文件

在设计树上右击材质后，在弹出的快捷菜单中单击 Properties 工具按钮，可以进入 Properties（材质属性）对话框，或者直接在设计环境中右击材质后，单击 Edit Material（编辑材质）选项，同样可以进入该对话框。

如图 13-13 所示，在 Rendering（渲染）选项卡最上方的 Material size（材质尺寸）列表框用于调整材质投影的尺寸，下面的三个工具按钮分别用于调整投影方式、显示全部和应用光源效果。

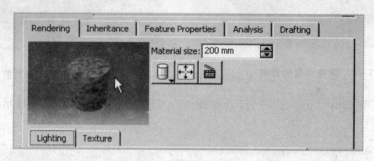

图 13-13 "渲染"选项卡

"投影方式"按钮用于调整纹理的投影方式，单击后可以看到共有五种投影方式，如图 13-14 所示。

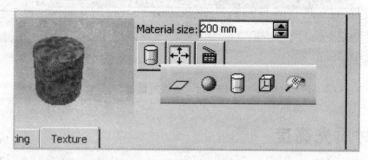

图 13-14 投影方式

在不同的投影方式之间切换，如图 13-15 所示，可以看到不同的纹理效果。

图 13-15 不同的纹理效果

单击"自适应投影"工具按钮，下方显示出两种投影方式，如图 13-16 所示：一种为自动投影，即系统自动分析表面的情况进行投影；另一种为手动模式，用于调整整合曲面时曲面的边界条件宽松程度。手动模式时，较小的数值表示较严的标准，较大的数值表示较宽松的标准。

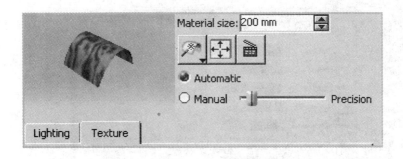

图 13-16 自适应投影

在预览栏中可以通过光标进行旋转、平移和缩放的操作,如图 13-17 所示。另外,单击工具按钮 可以恢复原有的预览大小。

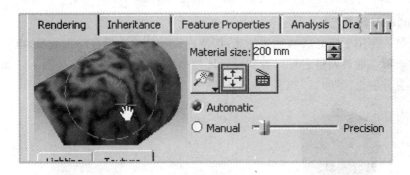

图 13-17 恢复原有的预览大小

下方的 Lighting(光亮度)标签用于调整光亮度的七个属性,如图 13-18 所示。

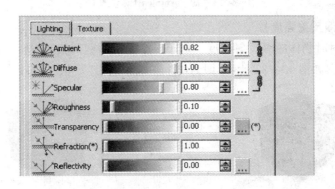

图 13-18 Lighting(光亮度)选项卡

对于 Ambient(环境光)、Diffuse(漫反射)、Specula(反射光)和 Transparency(透明度),分别可以调整它们的颜色,如图 13-19 所示,单击按钮 可以打开"颜色"对话框,用于调整颜色的属性。在左下角有颜色的预览,可以直接单击颜色选择,也可以在数值框中直接根据色标值输入颜色。

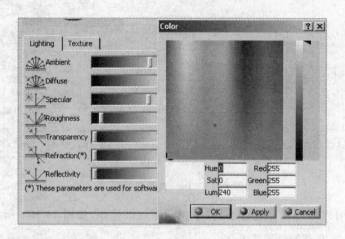

图 13-19 "颜色"对话框

(1) Ambient(环境光)

环境光是一种用于照亮所有物体的光,即使在设计环境中没有添加光源,也需要设置一种观察物体的光源。通过调整它可以看到设计环境中的产品表面亮度。如图 13-20 所示,左侧和右侧是设置分别为"0"和"1"的两个不同的效果。

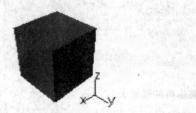 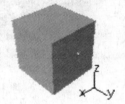

图 13-20　Ambient(环境光)

(2) Diffuse(漫反射强度)

调整光源照射时物体的漫反射亮度。对于一个光滑的金属板,约等于 0,而对于一个普通纸板,则接近于 1。如图 13-21 所示,即为两个参数分别为"0"和"1"的物体效果。

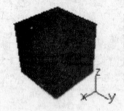 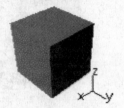

图 13-21　Diffuse(漫反射强度)

(3) Specula(光亮强度)

调整有特定光源照射时物体光亮区域的效果。此参数设置较大时,则产生一个明确的亮点;而设置较低时,则产生大面积的模糊阴暗效果。一个光滑的物体表面拥有较高的数值;而一个粗糙的表面则拥有较低的数值。如图 13-22 所示,即将参数分别调到 0 和 1 的效果。

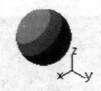

图 13-22 Specula(光亮强度)

(4) Roughness(粗糙度)

调整物体表面传播光亮的程度。对于一个光滑平面,数值较低,生成一种高亮效果;而对于一个粗糙表面,则数值较高,生成一种大面积光亮效果。如图 13-23 所示,即分别为设置成 0 和 1 的效果图。

图 13-23 Roughness(粗糙度)

(5) Transparency(透明度)

调整物体透过光线的能力即显示的光线颜色。透明颜色对光线进行过滤,调整光源的透射效果。一般与物体漫反射光线一致,如果不一样,则以此为主。一个蓝色的物体调整为红色的透射效果,则显示出红色的阴影。而数值则调整物体的透射程度。如图 13-24 所示,即为 0 和 0.75 的效果。

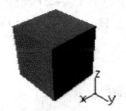 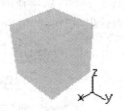

图 13-24 Transparency(透明度)

(6) Refraction(折射率)

调整光线通过物体时倾斜的角度。它的数值在 1 和 2 之间。水的折射率为 1.2,即光线通过水时发生轻微变形。如图 13-25 所示是参数分别为 1 和 2 的效果。

(7) Reflectivity(反射强度)

调整一个物体反射光线的强度。当此参数设置较大时,物体将反射周围的环境。当为材质设置了图片时,注意不要设置此参数的值大于 0.2,否则将无法观察到设置的图片。如图 13-26 所示,即为设置 0 和 1 的两种反射效果。

通过调整以上参数可以获得材质的效果图。单击 OK 按钮即可完成材质光亮度的设置。

图 13-25　Refraction(折射率)

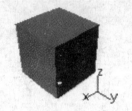 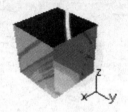

图 13-26　Reflectivity(反射强度)

13.1.3　调整材质纹理

1. 设置"渲染"选项卡

在"渲染"选项卡下可以调整的还有材质的纹理图片。打开 Chess.CATProduct 文件,进入 Properties 对话框,切换到"渲染"选项卡中的 Texture(纹理)选项卡,如图 13-27 所示。

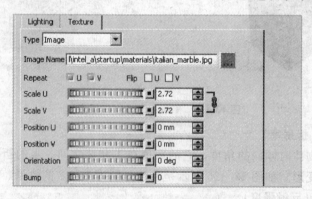

图 13-27　Texture(纹理)选项卡

在 Image Name(文件名称)文本框中选择纹理的原始文件。下列格式的文件可以选用: tif、rgb、bmp、jpg、pic、psd、png、tga。

单击右侧按钮 ,可以进入 File Selection(文件选择)对话框,如图 13-28 所示。

下面的参数用于调整纹理的投影方式,如图 13-29 所示。

图 13-28　File Selection(文件选择)对话框

- Flip(翻转)：调整材质在 U、V 两个方向上的翻转。
- Repeat(重复)：表示在 U、V 两个方向上无限次重复。
- Scale U,V(比例)：定义在 U、V 两个方向上图片投影的大小比例。
- Position U,V(位置)：定义在 U、V 两个方向上图片投影的位置。默认为中心。
- Orientation(方向)：定义图片在物体表面的旋转方向。
- Bump(起伏度)：定义图片起伏程度。

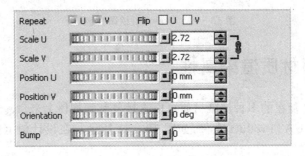

图 13-29　调整纹理的投影方式

2. 设置"分析"选项卡

单击 Analysis 选项卡，调整材料的密度等物理属性，如图 13-30 所示为用于分析时的参数。

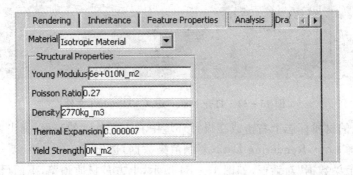

图 13-30　Analysis 选项卡

3. 设置"绘图"选项卡

单击 Drawing(绘图)选项卡,如图 13-31 所示,可以调整图片的样式,用于局部显示时的效果。

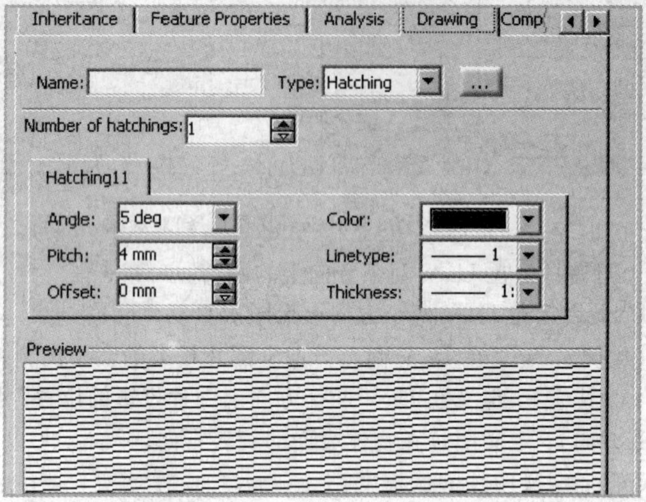

图 13-31 Drawing(绘图)选项卡

13.1.4 复制材质渲染属性

在设计库中已经存在的多种渲染材质可以直接复制到物体上来。

打开 Materials. CATProduct 文件,如图 13-32 所示。在设计树上展开 Part2(零件 2),选择 Gold 材质。

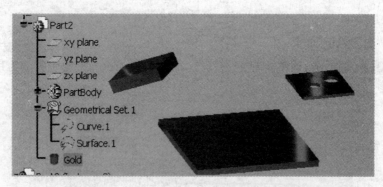

图 13-32 打开 Materials. CATProduct 文件

在设计树上的材质标志上右击或在设计环境中右击零件 2 的表面,弹出如图 13-33 所示的快捷菜单,选择 Copy Rendering Data(复制渲染数据)选项。

打开"复制渲染数据"对话框,如图 13-34 所示,上方是材质预览,下面可以选择材质库中所有的材质。

在这里选择一种 Italian Marble(意大利大理石)的材质,单击 OK 按钮完成应用后如

第13章　材质、纹理和贴图编辑

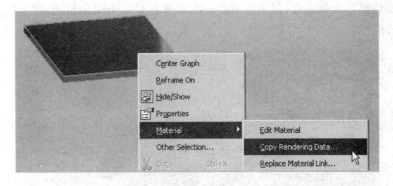

图 13-33　Copy Rendering Data(复制渲染数据)选项

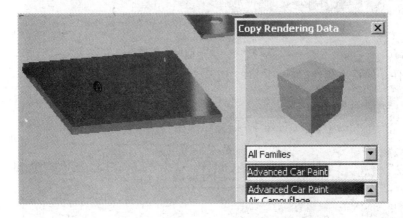

图 13-34　"复制渲染数据"对话框

图 13-35 所示,在设计树上可以看到材质标志发生了变化,且属性也发生了变化,但名称并未改变。

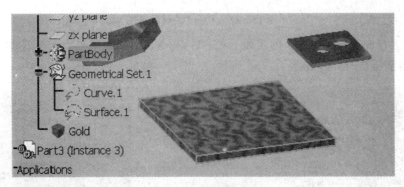

图 13-35　应用新的材质

13.1.5　替换材质链接

在进行材质应用时可以选择材质链接,链接的材质是可以进行编辑修改的。

打开 Materials.CATProduct 文件,如图 13-36 所示。在设计树上展开零件 2 和零件 3,

293

观察到两种虽然都是金的渲染,但左下角的标志表明它们并不完全相同,即零件 2 没有链接,而零件 3 已经链接。

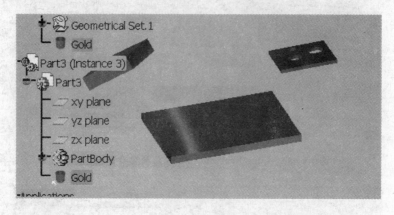

图 13-36　不同的设计树标志

打开零件 3 的材质属性,如图 13-37 所示。

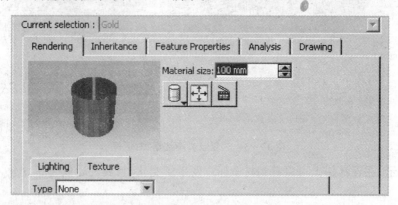

图 13-37　零件 3 的材质属性

在材质上右击或者在零件 1 的表面上右击后,在弹出的快捷菜单中选择 Replace Material Lind(替换材质链接)选项,如图 13-38 所示。

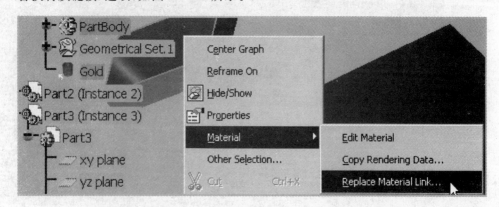

图 13-38　Replace Material Lind(替换材质链接)选项

打开"材质选择"对话框，在 Construction(建筑)下拉列表框中选择 Floor(地板)选项，如图 13-39 所示。

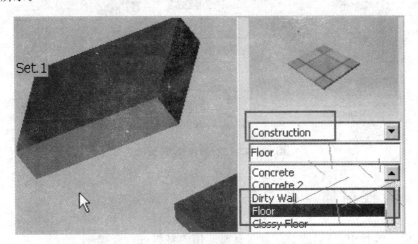

图 13-39　Construction(建筑)下拉列表框中选择 Floor(地板)选项

单击 OK 按钮后打开如图 13-40 所示的"问题"对话框，用于选择是否将材质应用到所有的链接文件上，在这里选择"是"。

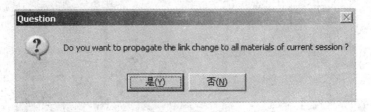

图 13-40　"问题"对话框

如图 13-41 所示，零件 1 和零件 3 都已经应用了地板的材质，在设计树上材质的符号和名称也已经改变。

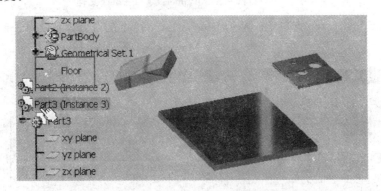

图 13-41　应用了地板的材质

此时，再次打开"材质属性"对话框，如图 13-42 所示，预览的图片已经与原来的不一样了。

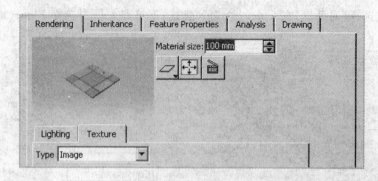

图 13-42 "材质属性"对话框

13.1.6 查找材质

在产品设计过程中,可以通过搜索工具对应用的材料进行查找。

打开 SaltnPepper.CATProduct 文件,如图 13-43 所示,在产品中已经应用了多种材质。

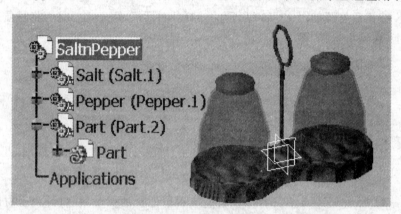

图 13-43 打开 SaltnPepper.CATProduct 文件

选择菜单 Edit|Search 选项,在 Workbench(工作台)下的 Type 下拉列表框中选择 Rendering 选项,在 Type 下的下拉列表框中选择 Material 选项,如图 13-44 所示。

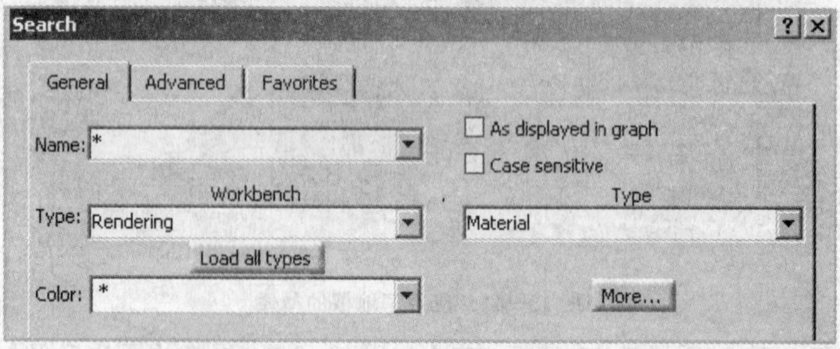

图 13-44 Search 对话框

单击 Search 工具按钮 ,在最下面显示出所有的材质,如图 13-45 所示。

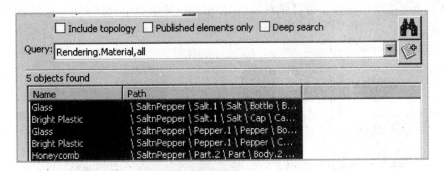

图 13 – 45 Search 工具按钮

13.1.7 特殊粘贴

利用特殊粘贴可以为产品或零件添加一个链接的材质,来源如下:
- 材质库;
- 在同一文档内的不同零件之间;
- 在不同文档的不同零件之间。

打开 EditMaterial1.CATMaterial 文件,如图 13 – 46 所示。这是一个材质库文件。

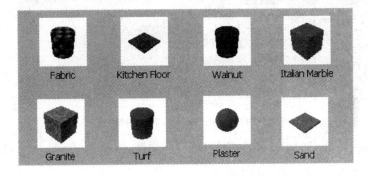

图 13 – 46 打开 EditMaterial1.CATMaterial 文件

打开 Paste.CATProduct 文件,如图 13 – 47 所示,在零件 2 上已经应用了一种材质。

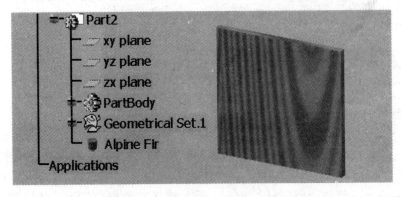

图 13 – 47 打开 Paste.CATProduct 文件

在第一个零件库中任选一种材质右击,在弹出的快捷菜单中选择 Copy 选项,如图 13-48 所示。

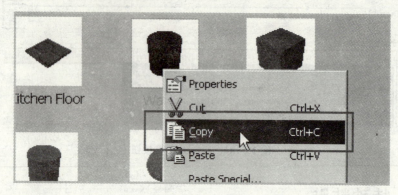

图 13-48 复 制

切换到零件 2 中,在设计树上右击后,在快捷菜单中选择 Paste Special(特殊粘贴)选项,如图 13-49 所示,开始进行材质的特殊粘贴。

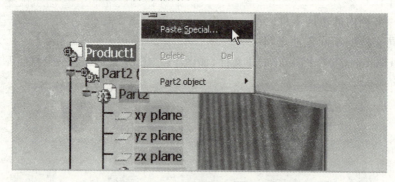

图 13-49 Paste Special(特殊粘贴)选项

在设计环境中打开 Paste Special(特殊粘贴)对话框,选择 Material Link(材质链接)选项,如图 13-50 所示。

图 13-50 Material Link(材质链接)选项

单击 OK 按钮完成材质的特殊粘贴,如图 13-51 所示,设计树和设计环境中都已发生相应的改变。

单击 Edit|Links 选项,打开如图 13-52 所示链接对话框,在 Status(状态)一栏中显示为 OK。

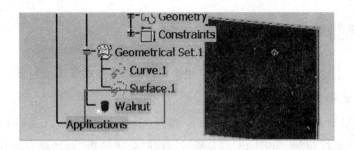

图 13-51　设计环境与设计树上的变化

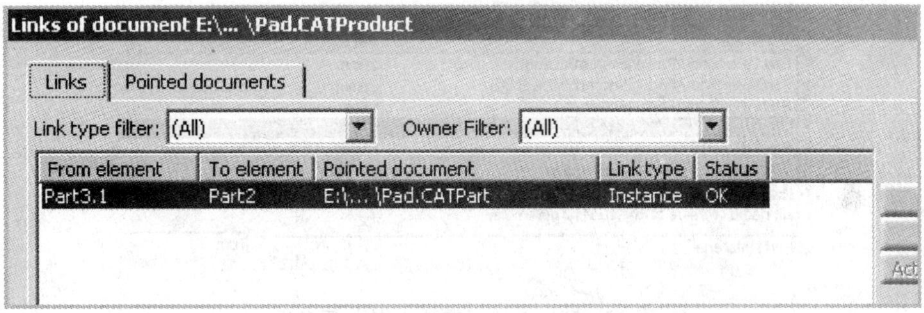

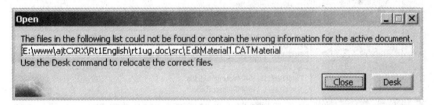

图 13-52　链接对话框

此时将两个文件关闭，将 EditMaterial1.CATMaterial 移动位置。再次打开 Paste.CAT-Product 文件，如图 13-53 所示，打开 Open 对话框，表示不能查找到材质的位置。

图 13-53　Open 对话框

单击 Close 按钮关闭对话框，再次单击 Edit|Links 选项，如图 13-54 所示，此时"状态"一栏显示为 Document not found（文件不能找到）。

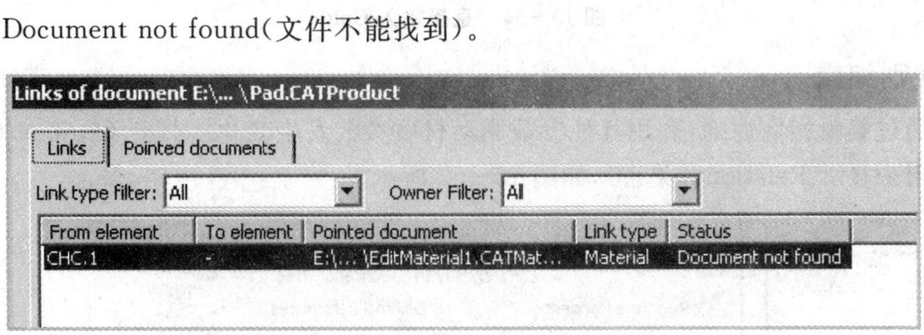

图 13-54　Document not found（文件不能找到）

选择正确的位置后，零件的材质将重新正确显示。

13.1.8　智能专家

材质同样是一个参数,在智能专家的应用中,可以利用公式等调整材质。

1. 利用公式参数调整材质

材料规格可以通过指定参数进行修改。打开 ChangeMaterial. CATProduct 文件,单击 Formula(公式)工具按钮 f(x),如图 13-55 所示,打开"公式编辑"对话框。选择 Part 1(零件 1)的材质参数。

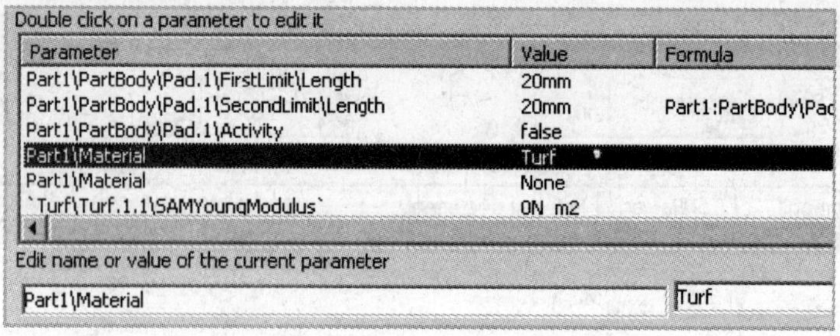

图 13-55　Part 1(零件 1)的材质参数

在如图 13-56 所示下方的文本框中直接输入 Gold,应用后设计树、设计环境和参数值都发生变化。

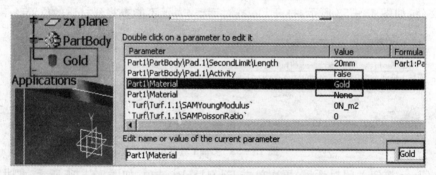

图 13-56　直接输入 Gold

2. 规则编辑

可以通过编辑相应规则,利用其他参数驱动材质参数发生变化。打开 Options 对话框,确保在设计树中显示 Relations(关系),如图 13-57 所示。

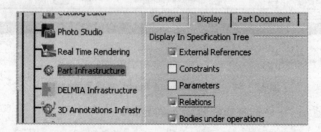

图 13-57　在设计树中显示 Relations(关系)

打开 WriteARule.CATProduct 文件,切换到知识顾问工作台,如图 13-58 所示。单击 Rule(规则)工具按钮,如图 13-59 所示,打开"规则编辑"对话框。

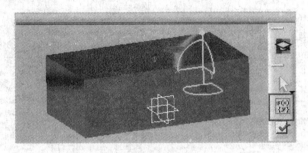

图 13-58　知识顾问工作台

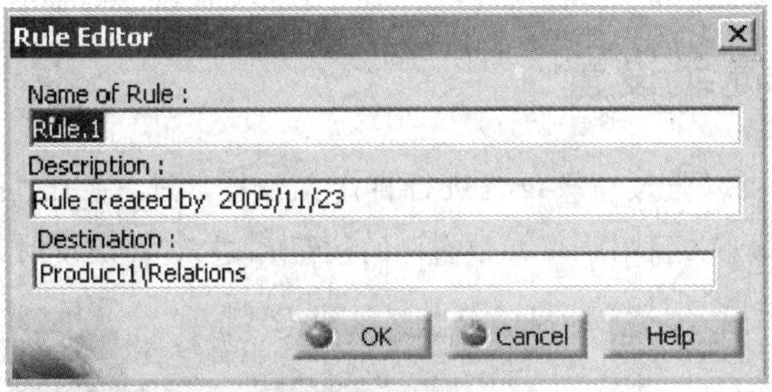

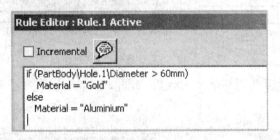

图 13-59　"规则编辑"对话框

单击 OK 按钮确认规则的名称,在规则输入文本框中输入图 13-60 所示的字符串。

图 13-60　输入字符串

切换到零件设计环境,如图 13-61 所示,规则和材质在设计树上都有显示。

图 13-61　规则和材质在设计树上

修改孔直径为"70",设计环境中零件材质发生变化,如图13-62所示,设计树上同样也发生改变。

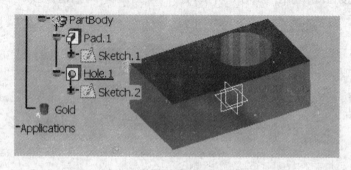

图13-62 修改孔直径为"70"

13.1.9 反射高级设置

材质的反射图像可以通过高级设置进行自定义设置。进入铝的"材质属性"对话框,如图13-63所示,单击最下方反射强度参数右侧的按钮 进入"高级反射设置"对话框。

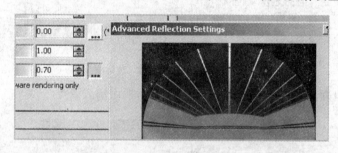

图13-63 "高级反射设置"对话框

在对话框最上方是系统默认的反射效果,如图13-64所示,在茶壶造型上的反射效果形状略有变化。

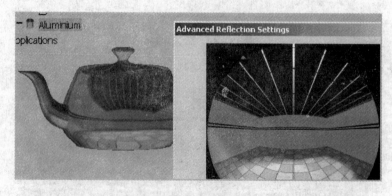

图13-64 默认的反射效果

如图13-65所示,单击环境文件右侧第二个按钮,可以选择反射图片,任意选择一幅图片作为反射图片,如图13-66所示,即为一辆透明车的反射。

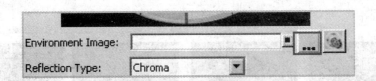

图 13-65 选择反射图片

图 13-66 一辆透明车的反射

右侧第一个按钮为恢复系统默认设置所用。第三个按钮是自行设置环境图片。单击后打开 Environment Image Generator(环境图片编辑)对话框,在相应位置依次添加所需图片,如图 13-67 所示,在下方显示出反射效果。

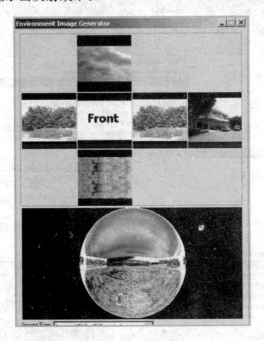

图 13-67 反射效果

在 Reflection Type 下拉列表框中可以选择反射类型,依次为 Chroma(亮度反射)、Paint(涂料反射)、Matte Metal(暗金属反射)、Bright Plastic(塑料反射)和 Custom(自定义反射)。前四种效果如图 13-68 所示。当选择 Custom 类型时,下面弹出的数值框,定义透明区域的大小。

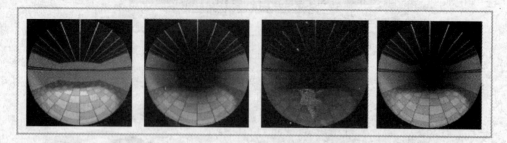

图 13-68　四种效果

13.1.10　激活/解除材质反射设置

在工具按钮中有一个用于"激活/解除材质反射"的工具按钮,将它调整到工具栏上并应用。打开 ApplyMaterial.CATProduct 文件,进入"自定义设置"对话框。切换到 Commands(命令)选项卡中,选择 Activate/Deactivate Reflections(激活/解除材质反射)选项,如图 13-69 所示。将它的工具按钮 拖放到如图 13-70 所示的 Apply Material(应用材质)工具栏中。

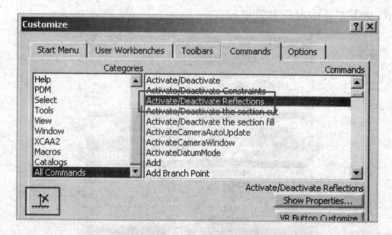

图 13-69　Activate/Deactivate Reflections(激活/解除材质反射)选项

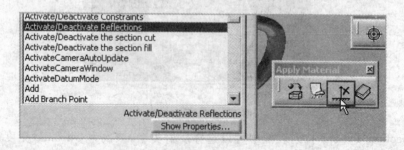

图 13-70　拖放到"应用材质"工具栏中

单击"激活/解除材质反射"工具按钮 即可将材质反射隐藏,如图 13-71 所示。

图 13-71 将材质反射隐藏

13.1.11 设置零件和产品优先权

在设计产品时,产品有不同层次的对象。根据不同层次的定义,可以控制材质的显示方式。

打开 PriorityProduct1.CATProduct 文件,如图 13-72 所示,展开设计树。其中有产品、组件和零件三个层次。针对三个不同的层次分别有三个不同的材质。在本实例中显示的是产品的材质 Alpine Fir(阿尔卑斯杉木)。

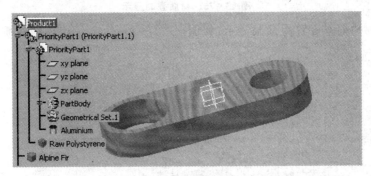

图 13-72 PriorityProduct1.CATProduct 文件

打开产品材质 Alpine Fir 的属性,切换到 Inheritance(继承)选项卡,如图 13-73 所示,显示出三种不同的继承方式。三种方式如下:

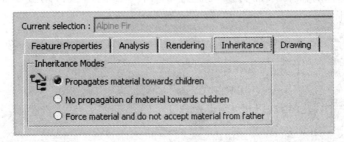

图 13-73 继承方式

- 传递给低层次,设计树显示标志为 Alpine Fir 。
- 不继承关系,设计树显示标志为 Alpine Fir (如图 13－74 所示)。
- 强制显示,不继承上层材质,设计树显示标志为 Alpine Fir (如图 13－75 所示)。

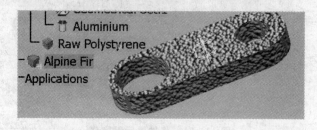

图 13－74 不继承关系

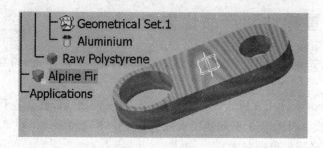

图 13－75 材质强制显示

将组件的材质同样设置为强制显示,如图 13－76 所示,显示组件的材质不继承产品的材质。

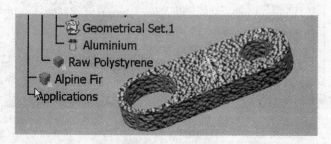

图 13－76 强制显示

将组件的材质删除,将产品材质调整为第二种不继承关系,则显示出零件的材质,如图 13－77 所示。

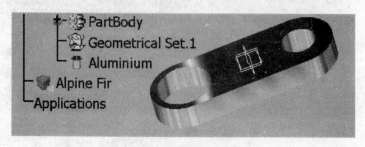

图 13－77 显示零件的材质

13.1.12 汽车表面材质

在汽车渲染中，表面的金属特性需要特殊设置；同时对机器也有要求，需要下载 OpenGL Shader™ 开发包，在 Windows 下的联系方式需要登录到以下网址：

http://www.sgi.com/industries/manufacturing/partners/catia/

打开 Hood.CATProduct 文件，进入"选项设置"对话框，单击 General|Display|Performances(性能)选项，如图 13-78 所示，选择 Enable QpenGL Shader(使用 OpenGL 渲染)复选项。

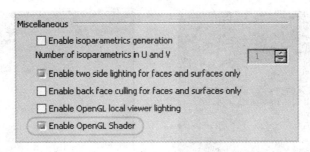

图 13-78 Enable QpenGL Shader(使用 OpenGL 渲染)复选项

进入 Properties 对话框，如图 13-79 所示，在 Rendering 选项卡中的 Texture(纹理)选项卡的 Type 下拉列表框中选择 Car Paint(汽车材质)选项。

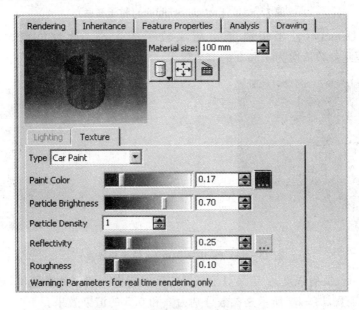

图 13-79 Car Paint(汽车材质)选项

应用到设计环境中，效果如图 13-80 所示。

① Particle Brightness(粒子亮度)：用于设置在漫反射时材质的粒子亮度。图 13-81 所示是此参数为 0 和 1 时的两种效果。

图 13-80 应用效果

 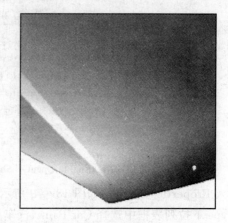

图 13-81　Particle Brightness(粒子亮度)

② Particle Density(粒子粗糙度)：定义粒子的大小。此数值愈大，粒子则愈小。图 13-82 所示是此参数依次为 1 和 3 的渲染效果。

图 13-82　Particle Density(粒子粗糙度)

③ Reflectivity(反射强度)：定义对于环境的反射能力。调整此参数值，可以看到对周围环境的反射状态。图 13-83 所示是参数分别为 0 和 0.5 的渲染效果。

④ Roughness(粗糙度)：定义亮点的大小。图 13-84 所示为参数分别是 0.2 和 0.4 的效果。

图 13-83　Reflectivity(反射强度)

图 13-84　Roughness(粗糙度)

13.2　材质库管理

材质库是通过一个特定的模块来管理的,通过特定模块来编辑、增加或删除材质,如图 13-85 所示。

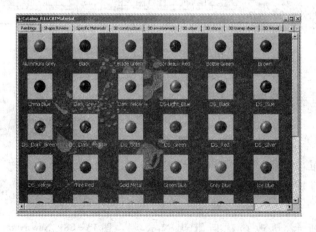

图 13-85　材质库

13.2.1 打开材质库编辑工作台

单击 Start|Infrastructure|Material Library(材质库)选项,如图 13-86 所示,进入材质库工作台。

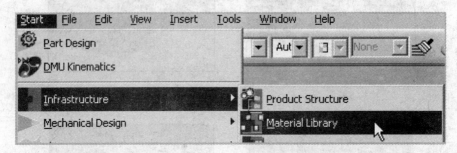

图 13-86 材质库工作台

材质库工作台如图 13-87 所示,默认新建一个 New Family(材质族)和一个 New Material(材质)。

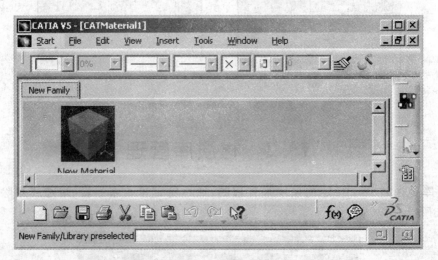

图 13-87 材质库工作台

13.2.2 创建新的材质库

进入工作台后,单击 Rename Family(重命名族名称)工具按钮,如图 13-88 所示,打开 New Name(新名称)对话框,填入 Wood 作为新的名称。

如图 13-89 所示,更改名称后默认 New Family(新建族)已经被重新命名为 wood。

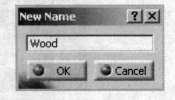

图 13-88 New Name(新名称)对话框

图 13-89　更改名称

单击 New Family(新建族)工具按钮■，如图 13-90 所示，在已有 wood 选项卡边增加了一个"新建族"选项卡。

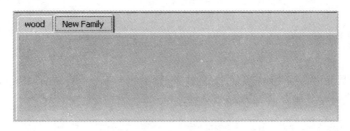

图 13-90　一个新建族

重复利用 New Family 工具按钮■和 Rename Family 工具按钮■，如图 13-91 所示，继续新建 Metal、Stone 和 Cloth 三个材质族。

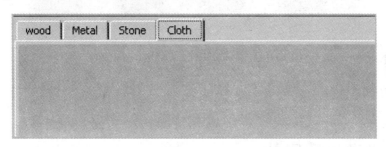

图 13-91　新建 Metal、Stone 和 Cloth 三个材质族

切换到第一个族 wood，单击 Rename Material(重命名材质)工具按钮■，将它重命名为 Bark。再次单击 New Material(新建材质)工具按钮■新建若干材质，将它们分别重命名为 Beech、Cork 和 Wild Cherry，结果如图 13-92 所示。

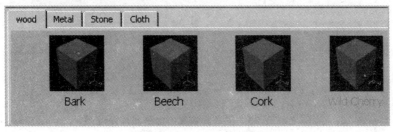

图 13-92　新建若干材质

选择不再需要的材质,单击 Remove Material(s)(移除材质)工具按钮,如图 13-93 所示,最后一种材质已经被删除。

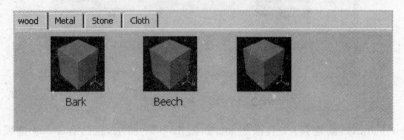

图 13-93　移除材质

13.2.3　材质分类

在一个材质族中可以通过相关的工具进行分类排序。打开 SortMaterial. CATMaterial 文件,如图 13-94 所示,共有四种材质。

图 13-94　SortMaterial. CATMaterial 文件

Sort Materials (A->Z)(按字母升序排列材质)工具按钮 与 Sort Materials (Z->A)(按字母降序排列材质)工具按钮 ,用于材质的顺序排列。

13.2.4　发送材质图片

选择菜单 File|Send To(发送至)|Mail(电子邮件)选项,如图 13-95 所示。此命令用于将材质图片发送到相应的电子邮件地址。

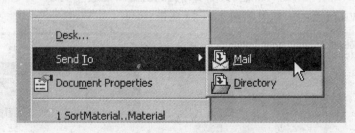

图 13-95　发送到相应的电子邮件地址

打开 Send to Mail(发送到邮件)对话框,如图 13-96 所示,在上列表框中列出所有的材质图片。

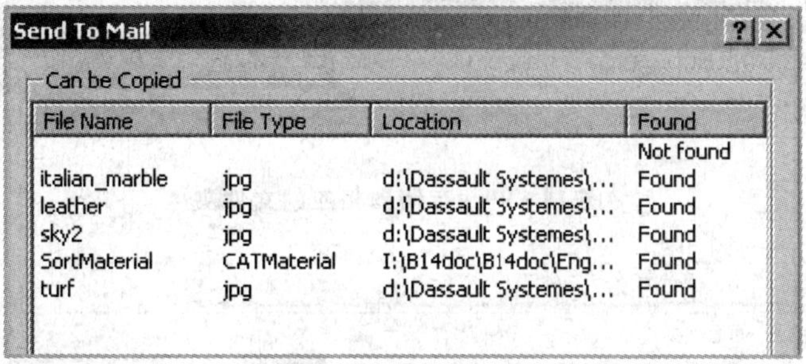

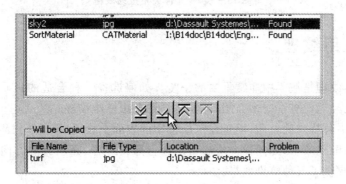

图 13-96　Send to mail(发送到邮件)对话框

单击"向下添加"工具按钮 ，可以将需要的材质图片添加到发送栏中,如图 13-97 所示,在上列表框中选择图片后,通过添加工具可以将它添加到发送栏中。

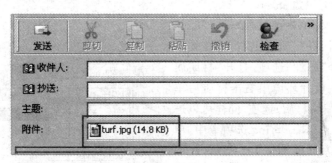

图 13-97　添加到发送栏

单击 OK 按钮完成发送设置后,如图 13-98 所示,弹出电子邮件对话框,在"附件"中显示出已经选择的图片。

图 13-98　电子邮件对话框

选择菜单 File|Send To|Directory(文件夹)选项,如图 13-99 所示。此命令用于将材质图片存储到相应的文件夹。

打开"发送"对话框,在下部有一个文件夹下拉列表框,用于设置存储的文件位置,如图 13-100 所示。

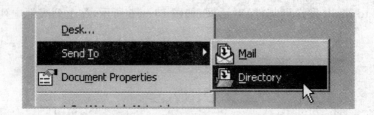

图 13-99　存储到相应的文件夹

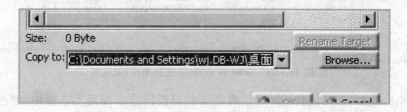

图 13-100　文件夹下拉列表框

13.2.5　应用纹理

现实生活中，纹理是渲染中非常重要的一步。如何选择一种合适的材质，是非常重要的。在实时渲染中，已经对此有了很多介绍，下面将详细介绍三维纹理。

三维纹理指一种特殊的材质，用于在三维模型的表面上投影，不同于二维的指定方向和轮廓投影；用于模拟雕刻效果，如同在一块岩石上进行雕刻一样，在所有的方向都呈现出同一种效果。在系统中提供了五种渲染效果：

- Marble（大理石）；
- Vein（纹理）；
- Rock（岩石）；
- Chessboard（棋盘格）；
- Alternate Vein（变换纹理）。

将零件树展开，在材质项上右击，在弹出的快捷菜单中选择"属性"选项，打开"材质属性"对话框，直接在设计环境中右击材质后单击 Edit Material（编辑材质）选项，同样可以进入"属性"对话框。在 Rendering 选项卡中，单击 Texture 选项卡，如图 13-101 所示，在下拉列表中可以选择相应的三维纹理投影。

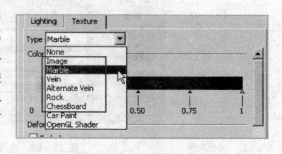

图 13-101　三维纹理投影

在"渲染"选项卡中，上方的列表框用于调整材质投影的大小，下面的三个按钮分别用于调整投影方式、显示全部和应用光源效果。

在预览区域的右侧单击"投影"按钮，可以看到有五种投影方式可以选择，如图 13-102 所示。

- Planar Mapping(平面投影)：最简单的投影,如同在墙壁上挂一幅画,可以在平面模型上应用。
- Spherical Mapping(球面投影)：如同在一个球体上绘画,可以在一个没有特定平坦方向的模型上应用。
- Cylindrical Mapping(圆柱形投影)：如同在圆柱形包装盒上贴标签。
- Cubical Mapping(立方体投影)：如同包装一个盒子。
- Adaptive Mapping(自适应投影)：允许在自动和手动两种投影之间选择。

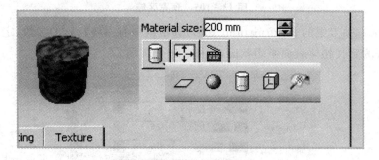

图 13-102　投影方式

在不同的投影方式之间切换,如图 13-103 所示,可以看到不同的纹理效果。

图 13-103　不同的纹理效果

单击"自适应投影"工具按钮，有两种投影方式,如图 13-104 所示。一种是自动投影,即系统自动分析表面的情况进行投影。另一种是手动模式,用于调整整合曲面时曲面边界条件的宽松程度,较小的数值表示较严的标准,较大的数值表示较宽松的标准。

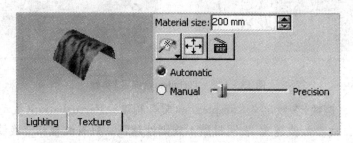

图 13-104　自适应投影

在预览区域可以通过光标进行旋转、平移和缩放的操作,如图 13-105 所示。另外,单击工具按钮可以恢复原有的预览大小。

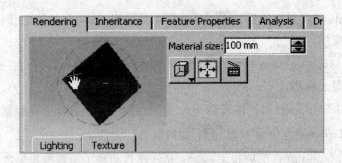

图 13-105　预览区域

在 Texture 选项卡中的 Detormation（变形）选项组中有一些特殊的参数,定义物体表面噪声,也可以理解为定义物体表面平坦状况,如图 13-106 所示。

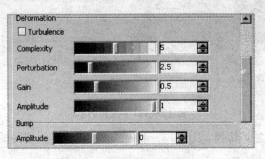

图 13-106　特殊的参数

① Turbulence（混乱）参数定义第二种颜色对于第一种颜色的影响。图 13-107 所示为两种不同的效果,左侧是此参数关闭的效果,右侧是此参数开启的效果。

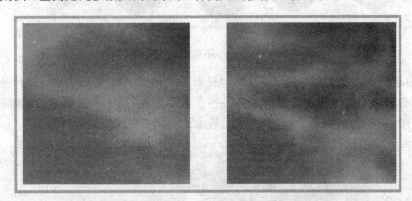

图 13-107　Turbulence（混乱）参数

② Amplitude（振幅）参数定义 Complexity（复杂程度）、Perturbation（扰动）和 Gain（增进）三个参数的效果。此参数值越大,表明材质不规则性越强。只有纹理和变换纹理可以应用。

③ Complexity（复杂程度）参数定义扰动次数的总和。此参数为 1 时表明仅应用一次扰动。

④ Perturbation（扰动）参数定义像素的轻微移动,需要与 Complexity 共同使用。

⑤ Gain(增进)参数定义材质表面的颗粒效果,需要与"复杂程度"、"扰动"两个参数共同应用。

⑥ Attenuation(衰减)定义颜色的变化效果。

图 13-108 所示是一些参数的调整效果示意图,Perturbation(扰动)=2、Gain(增进)=0.5、Complexity(复杂程度)从 1 逐渐变化到 5。

图 13-108　参数的调整效果示意图一

Perturbation 从 1 到 8、Gain=0.5、Complexity=6,效果如图 13-109 所示。

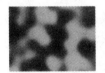 

图 13-109　参数的调整效果示意图二

Perturbation=2、Gain 从 0.2 到 1.15、Complexity=6,效果如图 13-110 所示。

图 13-110　参数的调整效果示意图三

1. 应用三维大理石纹理

打开 Cat.CATProduct 文件,分别用 Blue Onyx(蓝色玛瑙)和 Marble(大理石)渲染,结果如图 13-111 所示。

图 13-111　**Blue Onyx(蓝色玛瑙)和 Marble(大理石)渲染的结果**

右击设计树上的 Blue Onyx 材质,在快捷菜单中选择"属性"选项,打开 Properties 对话框,如图 13-112 所示,在 Rendering 选项卡中的 Texture 选项卡的 Type 下拉列表框中选择 Marble 渲染,单击 Ray Traced Preview(光线追踪预览)工具按钮 ,观察预览效果。

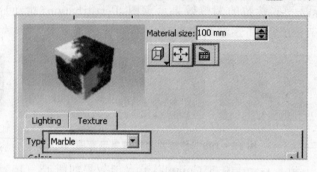

图 13-112 观察预览效果

应用效果如图 13-113 所示。注意,此时的效果并非渲染时的真正效果,如果纹理的分辨率较低,纹理将较为模糊。

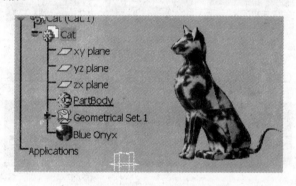

图 13-113 应用效果

拖动滚动条移动到 Colors 选项组,调整颜色的过渡,默认为均匀过渡,如图 13-114 所示,颜色插值分别处于等分的位置。

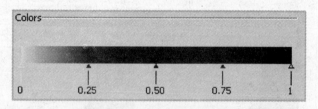

图 13-114 调整颜色的过渡

通过调整箭头,可以获得不同的颜色过渡效果。图 13-115 所示为两种不同效果的展示。

在 Deformation(变形)选项组中可以调整纹理的变形,前文已经叙述。

在 Bump(起伏)选项组中可以调整物体表面的起伏效果。图 13-116 所示为将此参数依次设置为"-10,0,5,10"的不同效果,负值表示暗色凸起,正值表示亮色凸起。

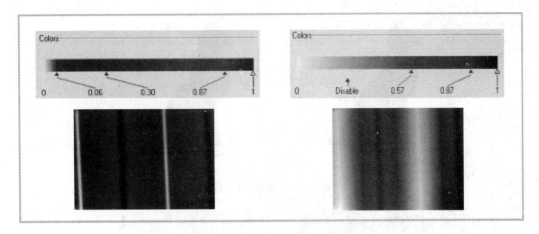

图 13-115 不同的颜色过渡效果

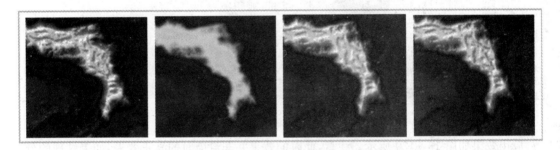

图 13-116 调整物体表面的起伏效果

在 Transformation(转换)选项组中调整纹理的位置及大小比例,如图 13-117 所示。
- Scaling(比例):在三个轴向上缩放纹理图片。
- Rotation(旋转):围绕三个轴旋转纹理图片。
- Translation(平移):在三个轴向上平移纹理图片。

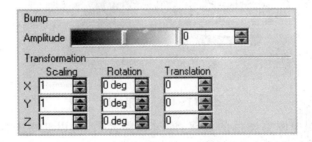

图 13-117 调整纹理的位置及大小比例

2. 应用三维纹理

打开 Cat.CATProduct 文件,分别是用 Blue Onyx 和 Vein(纹理)渲染,结果如图 13-118 所示。

右击设计树上的 Blue Onyx,在弹出的快捷菜单中选择"属性"选项,打开 Properties 对话框,如图 13-119 所示,选择 Vein 渲染,单击选项 Ray Traced Preview 工具按钮,观察预览效果。

图 13-118　Blue Onyx 和 Vein(纹理)渲染的结果

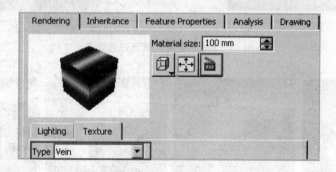

图 13-119　观察预览效果

应用效果如图 13-120 所示。注意,此时的效果并非渲染时的真正效果,如果纹理的分辨率较低,纹理将较为模糊。

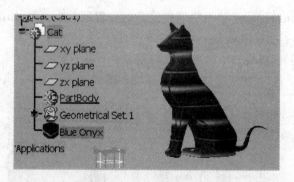

图 13-120　应用效果

在 Colors 选项组中调整颜色的过渡,通过调整箭头,可以获得不同的颜色过渡效果。图 13-121 所示为两种不同效果的展示。默认为均匀过渡,颜色插值分别处于等分的位置。

在 Deformation 选项组中调整纹理的变形。

在 Bump 选项组中调整物体表面的起伏效果。图 13-122 所示为将此参数依次设置为 "-10,0,10" 的不同效果。其中,负值表示暗色凸起,正值表示亮色凸起。

在 Transformation 选项组中调整纹理的位置及大小比例。

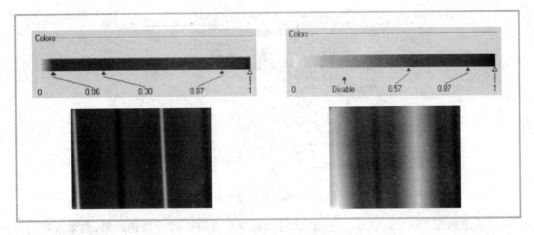

图 13-121　不同的颜色过渡效果

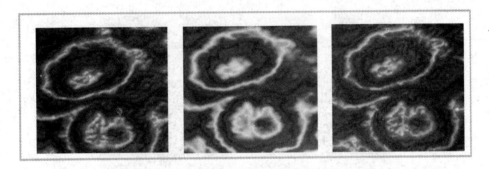

图 13-122　调整物体表面的起伏效果

3. 应用三维岩石纹理

打开 Cat.CATProduct 文件，分别用 Blue Onyx 和 Rock（岩石）渲染，结果如图 13-123所示。

图 13-123　Blue Onyx 和 Rock(岩石)渲染的结果

右击设计树上的 Blue Onyx，在弹出的快捷菜单中选择"属性"选项，打开 Properties 对话框，如图 13-124 所示，选择 Rock 渲染，单击 Ray Traced Preview 工具按钮 ，观察预览效果。

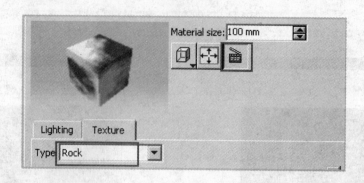

图 13-124 观察预览效果

应用效果如图 13-125 所示。注意,此时的效果并非渲染时的真正效果,如果纹理的分辨率较低,纹理将较为模糊。

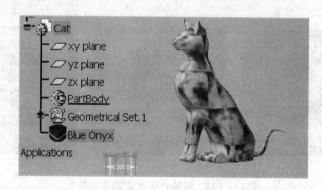

图 13-125 应用效果

在 Colors,Deformation,Bump,Transformation 选项组中调整其他属性。图 13-126 所示为调整物体表面的起伏效果,即将 Bump 参数依次设置为"-10,0,10"时的不同效果,负值表示暗色凸起,正值表示亮色凸起。

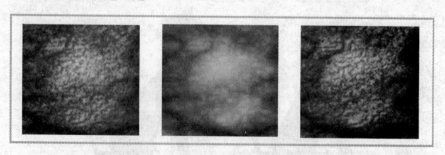

图 13-126 调整物体表面的起伏效果

4. 应用三维棋盘格纹理

打开 Cat. CATProduct 文件,分别用 Blue Onyx 和 Chessboard(棋盘格)渲染,结果如图 13-127所示。

图 13-127　Blue Onyx 和 Chessboard(棋盘格)渲染的结果

右击设计树上的 Blue Onyx,打开 Properties 对话框,如图 13-128 所示,在 Type 下拉列表框中选择 Chessboard 渲染,单击 Ray Traced Preview 工具按钮,观察预览效果。

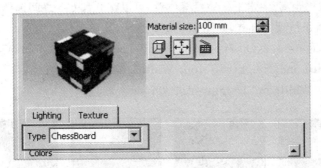

图 13-128　观察预览效果

应用效果如图 13-129 所示。注意,此时的效果并非渲染时的真正效果,如果纹理的分辨率较低,纹理将较为模糊。

图 13-129　应用效果

① Colors 选项组用于调整颜色,如图 13-130 所示。

Tile Color(瓦片颜色)定义中间方格的颜色,而 Join Color(连接颜色)定义接缝处的颜色,如图 13-131 所示。

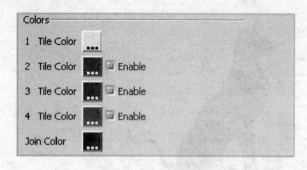 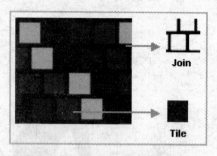

图 13-130　调整颜色　　　　图 13-131　Tile Color(瓦片颜色)和 Join Color(连接颜色)

② Deformation 选项组可以调整瓦片和接缝的大小和偏移的距离：
- Tile Width and Height(瓦片宽度与高度)　定义瓦片的宽度和高度。
- Join Width and Height(接缝宽度与高度)　定义接缝的宽度和高度及砖墙式的纹理。
- Offset(偏移距离)　水平移动接缝位置，可以在 0 和 0.5 之间选择。0 表示完全对齐。

以下是不同设置下纹理的样式，如图 13-132 所示，其参数依次为 Tile Width and Height=5、Join Width and Height=1.5、Offset=0，Tile Width and Height=5、Join Width and Height=3、Offset=0，Tile Width and Height=8、Join Width and Height=1.5、Offset=0，Tile Width and Height=5、Join Width and Height=1.5、Offset=0.5。

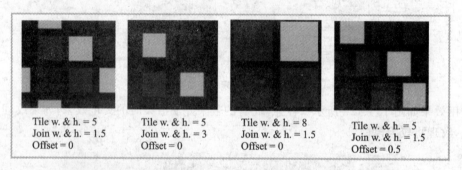

图 13-132　不同的设置下纹理的样式

5. 应用三维变换纹理

打开 Cat.CATProduct 文件，分别用 Blue Onyx 和 Alternate Vein(变换纹理)渲染，结果如图 13-133 所示。

图 13-133　Blue Onyx 和 Alternate Vein(变换纹理)渲染的结果

第 13 章 材质、纹理和贴图编辑

右击设计树上的 Blue Onyx，打开 Properties 对话框，如图 13-134 所示，选择 Alternate Vein 渲染，单击 Ray Traced Preview 工具按钮，观察预览效果。

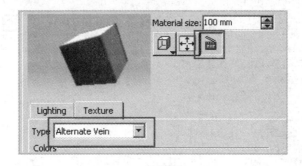

图 13-134　观察预览效果

应用效果如图 13-135 所示。注意，此时的效果并非渲染时的真正效果，如果纹理的分辨率较低，纹理将较为模糊。

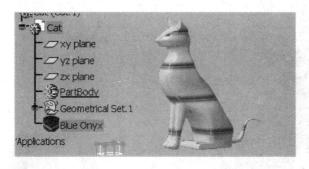

图 13-135　观察应用效果

其他属性的调整方法与上述纹理的调整方法类似，这里不再叙述。图 13-136 所示为 Bump 属性的调整效果。

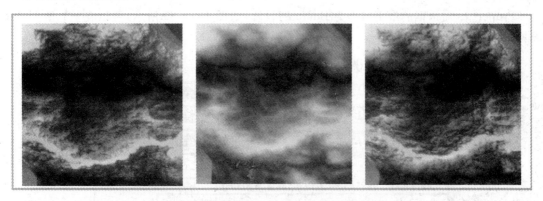

图 13-136　调整物体表面的起伏效果

6. 创建起伏效果的纹理

打开 Cat.CATProduct 文件，材质属性如图 13-137 所示。在"纹理"选项卡中的 Type 下拉列表框中所选即为 Image（图片）选项。分别用 Blue Onyx 和带起伏效果的 Blue Onyx 渲

325

染该文件,结果如图 13-138 所示。

图 13-137　选择图片

图 13-138　Blue Onyx 和带起伏效果的 Blue Onyx 渲染的结果

　　Properties 对话框的最下方即为 Bump 的设置,如图 13-139 所示,可以在 -1 和 1 之间设置。

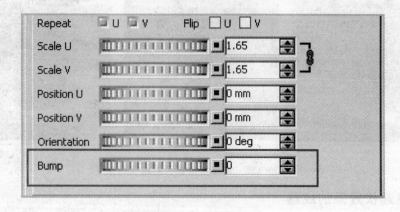

图 13-139　Bump 的设置

13.3 贴图管理

在 CATIA 中进行渲染时，可以通过像粘贴画一样在产品表面添加图片，从而获取真实的渲染图片。贴图可以进行编辑、调整和光亮度的设置。

13.3.1 创建贴图

在实时渲染模块中，可以在 CATProducts、CATParts、cgr 和 MultiCAD files 文件中添加。

打开 SaltnPepper.CATProduct 文件，单击 Apply Sticker（应用贴图）工具按钮，如图 13-140 所示，打开 Sticker（贴图）对话框。在 Selections（选择）文本框中选择应用贴图的对象。

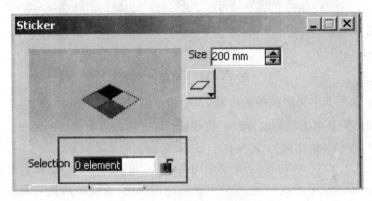

图 13-140 选择应用贴图的对象

在选择三维图形时可以选择单个或者多个对象，可以在设计环境中选择，也可以在设计树上选择。如图 13-141 所示，即选择了一个瓶盖表面。

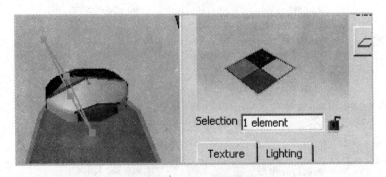

图 13-141 选择一个瓶盖表面

在预览区域右侧是"投影方式选择"工具按钮，打开后可以选择三种投影方式：平面投影、球形投影和圆柱体投影。效果如图 13-142 所示。

图 13-142 投影方式

观察设计树,专门列了一个 Sticker(贴图)选项,其下已有 Sticker 1(贴图 1),如图 13-143 所示。

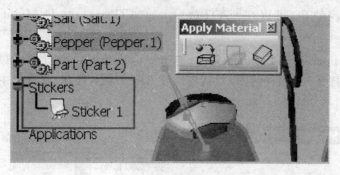

图 13-143 观察设计树

在 Texture 选项卡中调整贴图的位置、大小和方向,如图 13-144 所示。

- Image(图像):单击右侧的"添加"按钮,可以选择需要添加的贴图。
- Scale U,V(U,V 比例):定义在 U 向和 V 向上的大小比例。
- Position U,V(U,V 位置):定义贴图在 U、V 两向的位置。默认为中心处。
- Use Normal(使用垂直):通过平面投影应用贴图,在物体两侧均有图像;而通过垂直贴图,则仅在一面有图像。
- Flip U,V(翻转 U,V 方向):翻转贴图的 U、V 方向。
- Orientation(定位方向):定义贴图的旋转角度。

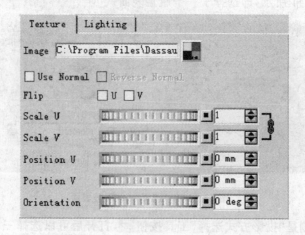

图 13-144 调整贴图的位置、大小和方向

在"贴图"属性对话框中,可以切换到 Lighting(光亮度)选项卡,如图 13-145 所示。
- Luminosity(发光度):在没有光源的情况下物体自身发光的亮度。
- Contrast(对比度):在有光源照射时与物体相比的亮度。
- Shininess(高亮度):在特定方向上有光源照射时的亮度和颜色。
- Transparency(透明度):定义贴图的透明程度。

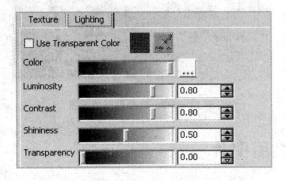

图 13-145　Lighting(光亮度)选项卡

单击 OK 按钮完成贴图的设置,在设计树上选择贴图,如图 13-146 所示,显示出贴图的投影图像。在周围的绿色方形轮廓上拖动光标可以缩放投影图的大小。

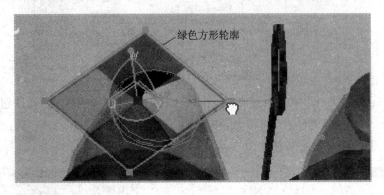

图 13-146　缩放投影图

利用指南针可以直接移动贴图的位置,如图 13-147 所示。

图 13-147　指南针移动贴图的位置

调整完成后在任意空白处单击完成贴图的设置,如图13-148所示,在设计树和设计环境中的贴图效果。

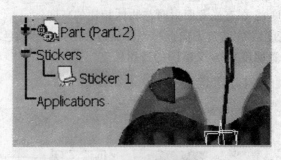

图 13-148　完成贴图的设置

13.3.2　编辑贴图图片

继续使用13.3.1节的实例,打开"贴图属性"对话框,如图13-149所示,切换到纹理文件位置一栏。在纹理图片列表框中重新寻找到新的图片文件。

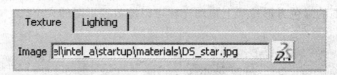

图 13-149　属性对话框

单击 Lighting 选项卡,单击 Use Transparent Color(应用透明色)工具按钮,打开 Pick Transparent Color(选择透明色)对话框,如图13-150所示。

在预览框中可以利用光标移动图片,如图13-151所示。

图 13-150　"选择透明色"对话框　　　　图 13-151　利用光标移动图片

在上面选择白色作为透明色,单击 OK 按钮完成透明色的选择,如图 13-152 所示。投影结果中没有白色。

图 13-152　完成透明色的选择

第 14 章 动画管理

现在已经进入多媒体时代,在观察一个物体或向他人展示时,利用动画十分直观。三维动画这种非常专业的制作,现在可以通过图片工作室快速地生成。

14.1 创建旋转台

旋转台的创建在实时渲染中已经详细介绍了,这里将不再赘述。打开 LAMP.CATProduct 文件,单击 Create Turntable(生成旋转)工具按钮,创建一个旋转台,如图 14-1 所示。

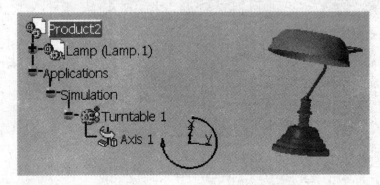

图 14-1 旋转的生成

14.2 定义动画参数

单击 Create Shooting(创建镜头)工具按钮,打开如图 14-2 所示的 Shooting Definition(镜头定义)对话框,单击 Animation(动画)选项卡,设置动画的参数。

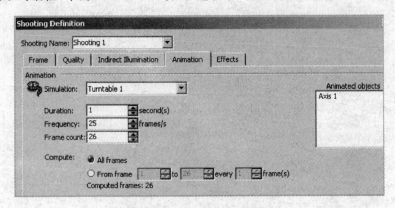

图 14-2 设置动画的参数

在 Simulation(模拟)下拉列表框中选择渲染对象。在 Duration(持续时间)列表框中输入动画时间总长度,单位是秒。在 Frequency(频率)列表框中输入每秒生成动画的数量。在 Frame count(帧统计)列表框中,定义在动画中重播放的帧数。在 Compute(运算)选项中,定义渲染全部动画帧还是只定义指定的数量。最后单击 OK 按钮完成动画的设置。

14.3 预览渲染旋转台

在已经定义旋转台和动画参数的产品环境中,选择旋转轴。单击 Simulation 工具按钮,弹出如图 14-3 所示的 Edit Simulation(编辑模拟)对话框。

图 14-3 Edit Simulation(编辑模拟)对话框

利用指南针移动旋转台到合适的位置,单击 Insert 按钮添加动画帧。添加完帧的位置后,单击"播放"按钮可以观察动画效果。图 14-4 所示为旋转中的效果图。

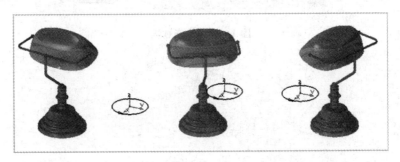

图 14-4 旋转中的效果图

单击 Render Shooting(渲染镜头)工具按钮,如图 14-5 所示,打开 Render(渲染)对话框。

单击 Render Animation(渲染动画)工具按钮,如图 14-6 所示,动画将被渲染。

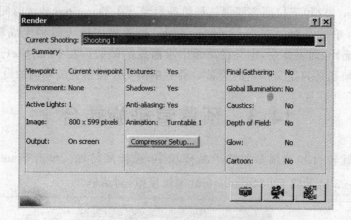

图 14-5 Render(渲染)对话框

图 14-6 渲染过程

第 15 章 照片管理

在图片工作室中,最后一步也是最关键的一步即生成最终的照片。而如何生成一张满意的照片,除了前期的准备工作外,最后的生成设计也非常关键。图15-1为照片生成结果。

图 15-1　照片生成结果

15.1　镜　头

一个产品模型往往涉及多个图素、光源、视向、环境及相关的参数。在生成一张优质的渲染照片时,需要将渲染的对象和参数给出。镜头功能就是定义所有涉及的参数,用于组成一个临时的场景。

15.1.1　创建镜头

镜头,顾名思义,是拍一张照片,而拍一张照片,自然要调整视角和光源等相应的属性。

打开 Shooting.CATProduct 文件,单击 Create Shooting 工具按钮 ,在设计环境中打开 Shooting Definition(镜头定义)对话框,如图15-2所示。

在该对话框中,可以设置"框架"、"质量"、"间接照射"、"运动"及"效果"等参数。其中"效果"选项卡中的内容在前面已经介绍。

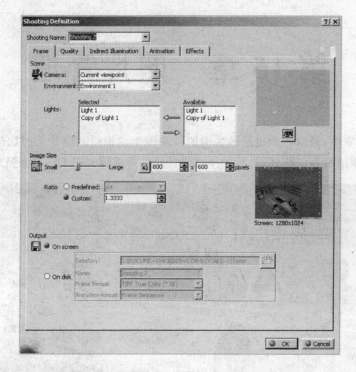

图 15-2 Shooting Definition(镜头定义)对话框

15.1.2 设置参数

生成一张照片时,需要调整各个相应选项卡中的属性,以获得相应的质量。具体选项如下所述。

1. Frame 选项卡

Frame(框架)选项卡如图 15-3 所示。在 Scene(场景)选项组中定义场景中渲染的视向、环境和光源。单击右侧的 Camera View(视向效果)工具按钮 ![icon],可以显示当前观察的效果。

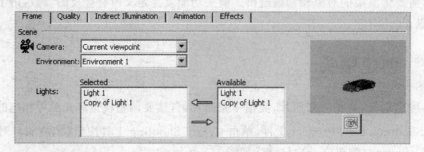

图 15-3 Frame(框架)选项卡

Image Size(图像尺寸)选项组定义图片的大小,如图 15-4 所示,可以利用滑动钮和手动输入图片尺寸,在右侧显示出相对于屏幕的比例。默认状态下图片的长和宽是等比缩放的,以标志 ![icon] 显示,可以单击将标志转换为 ![icon],以便单独编辑长度和宽度。

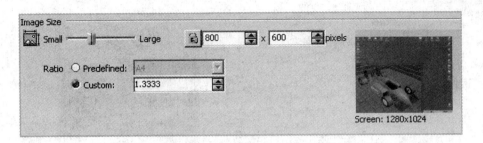

图 15-4 定义图片的大小

Output 选项组如图 15-5 所示，在最下方定义渲染图片的存储位置，选择 On screen（在屏幕上）单选项将照片输出到显示屏幕上；选择 On disk（到磁盘上）单选项则将图片存储到磁盘上，可以定义图片的位置、名称、格式和运动格式。

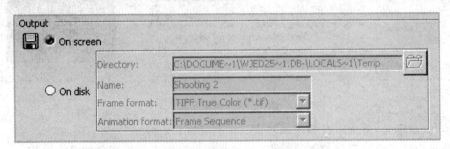

图 15-5 渲染图片的存储位置

2. Quality 选项卡

Quality（质量）选项卡，如图 15-6 所示。在 Rendering（渲染）选项组中，包含了 Reflections（反射）、Refractions（折射）和 Rebounds（回弹）三个选项。它们定义光线照射在物体上继续前进的方式。Show textures（显示纹理）复选项定义是否显示纹理。

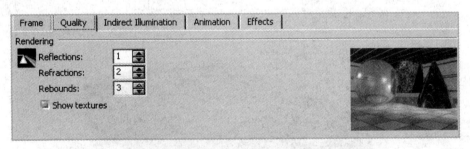

图 15-6 Quality（质量）选项卡

Shadows（阴影）选项组中只有一个 Show shadows（显示阴影）复选项，定义是否在设计环境中显示阴影，如图 15-7 所示。

Accuracy（精度）选项组如图 15-8 所示，定义渲染时对物体表面的分析程度。默认设置是 Predefined（预定义），可以直接拖动滑动钮定义分析时每个单位面积大小内的像素多少，较小的数值带来良好的渲染效果，但消耗的时间较长，而较大的数值可以节约时间。后面的 Anti-aliasing（反锯齿）复选项用于将锯齿形的边缘改变得光滑。

图 15-7 Show shadows(显示阴影)复选项

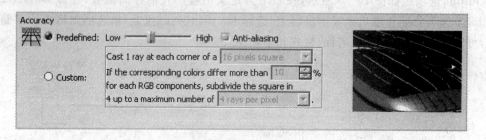

图 15-8 精度定义

Custom(自定义)单选项右侧区域包含三个列表框:
- 最小取样 定义取样的最小数值,即光线照射时用于计算颜色的最小面积。
- 临界值 定义当前运算图素与邻近图素效果之和。如果该值超过了最大值的百分比,则将重新计算。
- 最大取样 定义取样的最大值,即一条光线针对的最小单位像素。

在具体使用中,通过不同的设置将生成不同的照片:
① 如设置参数为关闭纹理、两个激活光源、关闭阴影和中等精度,效果如图 15-9 所示。

图 15-9 第一种效果图

② 如设置参数为开启纹理、两个激活光源、开启阴影、关闭反锯齿和最低精度,效果如图 15-10 所示。

图 15-10　第二种效果图

③ 如设置参数为开启纹理、两个激活光源、开启阴影和最低精度,效果如图 15-11 所示。

图 15-11　第三种效果图

④ 如设置参数为开启纹理、两个激活光源、开启阴影和中等精度,效果如图 15-12 所示。

图 15-12　第四种效果图

3. Indirect Illumination 选项卡

单击 Indirect Illumination 选项卡,如图 15-13 所示。最上方是 Final Gathering(最终聚集)选项组。

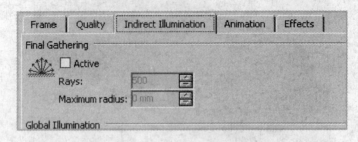

图 15-13 Indirect Illumination 选项卡

当一束光线照射到物体时,光线的能量传播除了物体材质外,还与场景中其他因素有关。更准确地说,即光线照射到物体时,将以一个半球的形式继续传播,称为间接照射,如图 15-14 所示。

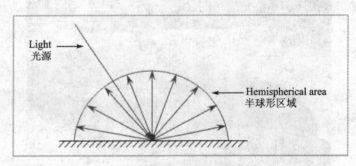

图 15-14 间接照射

在 Rays(光线数量)列表框中,填写在一个像素点上传播的光线数目。此参数与物体表面粗糙度相关。当场景中有多个物体和光源时,建议将此参数设置较大,可以获取高质量的结果。

在 Maximum radius(最大半径)列表框中定义间接照射运算借助以前工作结果的最大半径。进行间接照射运算是非常消耗时间的,为了加速运算,可以将以前的运算结果直接应用,从而加速运算过程。所以,此半径值越大,运算速度越快,而效果越失真。在应用中,先选择一个较大的数值,然后依次降低,以便于获得需要的效果,同时也不过度耗费时间。

以下图片是不同设置下的效果。

如图 15-15 所示,即为:Rays=5,Maximum radius=1000,运算时间小于 1 min。
如图 15-16 所示,即为:Rays=50,Maximum radius=500,运算时间小于 1 min。
如图 15-17 所示,即为:Rays=500,Maximum radius=100,运算时间等于 1 min。
如图 15-18 所示,即为:Rays=5000,Maximum radius=80,运算时间等于 5 min。
如图 15-19 所示为另一种渲染的最终效果图。

第15章 照片管理

图15-15 第一种效果图

图15-16 第二种效果图

图15-17 第三种效果图

图15-18 第四种效果图

图15-19 渲染的最终效果图

15.2 照片管理

当完成镜头的设置时,需要根据设置的参数进行计算,生成图片,并保存等操作。

15.2.1 图片生成

当镜头设置完成后,单击 Render Shooting 工具按钮 ,打开"渲染"对话框,如图 15-20 所示。在对话框中列出了已经生成的多个参数。

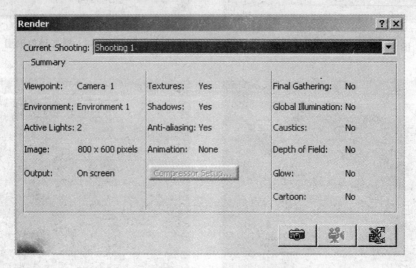

图 15-20 "渲染"对话框

在 Current Shooting 下拉列表框中选择合适的镜头,然后根据需要单击 Render Single Frame(渲染单帧图片)工具按钮 或 Render Animation 工具按钮 ,生成图片或视频文件。

如果是渲染图片,将打开 Rendering Output(渲染输出)对话框,如图 15-21 所示。

图 15-21 Rendering Output(渲染输出)对话框

单击 Fit All In(显示全部)工具按钮![], 可以在"渲染输出"对话框中显示整张图片, 如图 15-22 所示。

图 15-22　显示全部

单击 Actual Size(正常尺寸)工具按钮![], 可以使图片以 1∶1 的比例显示, 单击 Stop 工具按钮![], 可以打断时间过长的渲染。

如果生成视频文件, 则打开 Choose Compressor(选择压缩)对话框, 如图 15-23 所示。

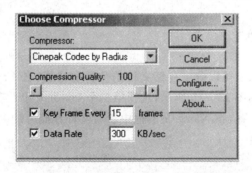

图 15-23　Choose Compressor(选择压缩)对话框

15.2.2　图片保存

完成渲染设置后, 需要将效果图保存下来, 有两种简单的保存办法。

在渲染输出对话框中单击 Save 工具按钮![], 打开 Save As 对话框, 如图 15-24 所示。

选择存储文件的路径, 输入文件名称, 选择文件格式, CATIA 支持以下文件格式:

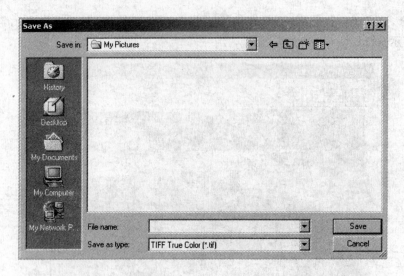

图 15-24 Save As 对话框

- bmp Microsoft Windows 位图格式；
- jpg JPEG 公正格式；
- jpg JPEG 中等质量；
- jpg JPEG 高级质量；
- pic 苹果机格式；
- png 简单网络格式；
- psd Photoshop 格式；
- rgb Silicon Graphics 215-bit RGB color；
- tga Truevision Targa 文件格式；
- tif TIFF 真色彩；
- tif TIFF 压缩真色彩。

单击 Save 按钮存储文件。

在"镜头定义"对话框中可以确定存储文件的位置和格式，在 Frame（帧图片）选项卡中最下面是 Output 选项组，如图 15-25 所示，选择第二个 On disk 单选项。在 Directory（路径）文本框中选择文件存储的位置，在 Name 文本框中填写文件存储时的前缀。

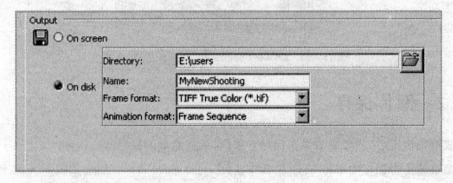

图 15-25 Output 选项组

在 Frame format（图片格式）下拉列表框中选择图片存储格式，可选格式同前。在 Animation format 下拉列表框中选择视频文件存储格式，可选格式如下：
- Frame Sequence（图片展示）；
- Avi：Microsoft Windows 音频视频文件；
- Mov：苹果 Quick Time 电影格式；
- Movie：Silicon Graphics 电影格式；
- Mpg：MPEG-1 视频格式。

第 16 章 高级功能

通过实时渲染工作台及以上各章的学习,已基本掌握了如何对已有的文件进行渲染。下面再进一步介绍场景定义和调整等高级功能,使读者在图片工作室的应用上更上一层楼。

16.1 场景定义

16.1.1 定义一个场景

在图片工作室的应用,其实就像布景师一样,在设置光源、视向等各方面多下功夫,进而完成一个美丽的布局。本节介绍如何进行场景定义。

创建一个场景,即在一个产品模型中定义其光源、视向及纹理的参数,并安排它们的空间关系。具体操作如下:

① 打开 RED-CAR.CATProduct 文件,创建一个长方体环境。将视图调整到合适位置,单击 Create Camera 工具按钮 创建视向。单击 Create Spot Light(创建聚光源)工具按钮 ,创建一个聚光源。

② 右击光源,在弹出的快捷菜单中选择 Light View(光源视图)选项,观察光源的位置和照明的效果,调整到合适的位置。注意:光源的终止位置一定要到达环境位置,否则将产生大面积阴影。

③ 单击 Quick Render(快速渲染)工具按钮 ,观察光源变化所带来的效果,尽量调整到恰当、合适。在设计树上的视向快捷菜单中选择 Camera View 选项,观察是否是需要的结果,调整视向位置和角度,以获得最佳观察效果。

④ 选择环境的墙壁。单击 Apply Material 工具按钮 ,为墙壁添加材质,进行快速渲染,结果如图 16-1 所示。

⑤ 以上参数调整满意后,可以开始进行镜头的定义。单击 Create Shooting 工具按钮 ,调整精度相关的参数,以得到需要的效果。参数不可以过低,否则结果将与快速渲染差别不大。

⑥ 选择材质,可以调整材质的参数。

⑦ 单击 Render Shooting 工具按钮 ,可以观察最终效果,根据效果继续编辑材质属性参数。以下是比较重要的一些材质参数,这些参数要在最后定义:

- Ambient(环境光) 注意环境光的参数,以调整最终颜色的饱和度,一般在 10% 左右。
- Diffuse(漫反射) 定义材质的最小发光程度,一般与其他参数的总和设置约为 1,为了获取更好的效果可以调整它的大小,但是需要注意的是,这个参数难以控制。

图 16-1　为墙壁添加材质

- Reflectivity/Specular(反射强度/镜向反射)　同时定义这两参数,有助于获得真实的效果。
- Transparency(透明度)　如果材质是透明的,如玻璃等,需要定义透明参数。

⑧ 在"镜头定义"对话框中调整相应的参数,完成效果图最终的定义和生成,单击 OK 按钮完成场景的设置。

⑨ 通过调整,渲染效果如图 16-2 所示。

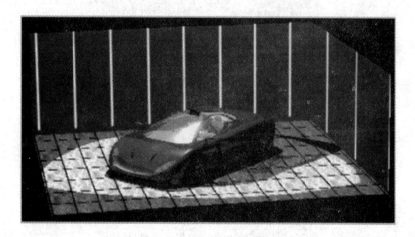

图 16-2　渲染效果

16.1.2　模拟场景元素运动

在一个场景中,可以给构成这个场景的光源、视向、环境及材质添加动画,在本实例中,将添加光源 1 的动画。具体操作如下:

① 打开 Shooting.CATProduct 文件,单击 Simulation(模拟运动)工具按钮,在设计环境中打开模拟对象 Select(选择)对话框,如图 16-3 所示。

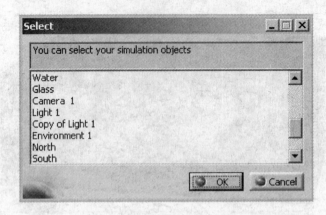

图 16-3　模拟对象"选择"对话框

② 在"选择"对话框中选择"光源 1",单击 OK 按钮完成选择,自动打开 Edit Simulation (编辑模拟)对话框,如图 16-4 所示。如果先选择光源等运动模拟对象,单击 Simulation 工具按钮 ,则直接打开"编辑模拟"对话框。

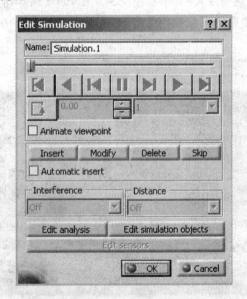

图 16-4　Edit Simulation(编辑模拟)对话框

③ 在设计环境中,指南针自动捕捉光源,可以快速调整光源的位置和方向,如图 16-5 所示。

④ 单击 Insert 按钮记录起始帧。

⑤ 利用指南针调整光源的位置,再次单击 Insert 按钮记录关键帧的位置。在"编辑模拟"对话框中可以添加、删除和调整关键帧。

⑥ 在如图 16-6 所示的位置调整插入值,定义关键帧之间的步长。此值越小,观察时动画越流畅。需要注意的是,仅仅与预览相关,不影响最终的渲染结果。

⑦ 利用如图 16-7 所示的播放工具按钮,可以进行播放、暂停和返回等操作。

⑧ 在对话框中可以调整播放的循环模式,单击可以在以下三种状态下切换:

图 16-5 调整光源的位置和方向

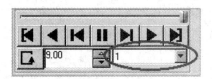

图 16-6 定义关键帧

图 16-7 播放工具

- 📤 播放一次；
- 📤 无限循环播放；
- 📤 播放然后翻转播放。

⑨ 单击 Edit analysis 按钮，观察已经定义的干涉，此时没有任何定义，所以没有任何显示。

⑩ 单击 Edit Simulation Objects（编辑模拟对象），打开该对话框，编辑模拟的运动对象，如图 16-8 所示。

⑪ 在预览窗口中选择模拟运动对象，单击 Edit 按钮可以打开模拟运动对象的"属性"对话框，如图 16-9 所示。

⑫ 调整模拟运动对象的属性，单击两次即可关闭"属性"对话框和"编辑模拟对象"对话框。

⑬ 如果需要添加运动对象，单击 Add 按钮，打开 Select（选择）对话框，如图 16-10 所示，可以选择需要添加的模拟运动对象。

⑭ 调整视角位置，单击 Insert 按钮记录每次模拟对象的位置。

图 16-8 编辑模拟的运动对象

⑮ 在对话框中选择 Animate viewpoint（视角运动）复选项，如图 16-11 所示，模拟运动开始播放并显示出视角的运动变化。

⑯ 如果在对话框中选择了 Automatic insert（自动插入）选项，则每次移动视图时，位置都将被自动记录。

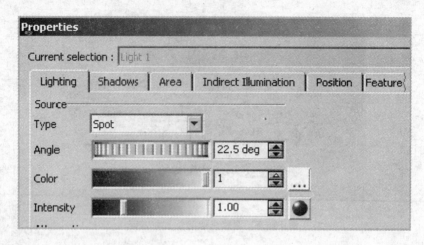

图 16-9 "属性"对话框

图 16-10 添加的模拟运动对象

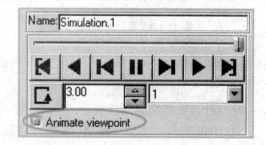

图 16-11 Animate viewpoint(视角运动)复选项

⑰ 单击 OK 按钮完成模拟的生成,如图 16-12 所示,在设计树上显示出模拟的对象,同时在设计环境中也显示出灯光的路线。

⑱ 需要调整此模拟运动的路线时,双击运动路线或在设计树上双击模拟运动对象的名称即可重新打开编辑对话框。

图 16-12 灯光的路线

16.2 场景调整

细微处见真功夫,针对已有的场景,如何进行调整,是此模块应用的水平。下面介绍如何对场景进行细微的调整。

16.2.1 调整光源

下面简单介绍一些关于调整光源参数的小技巧。

打开 TuningLightsStart. CATProduct 文件,单击 Quick Render 工具按钮，结果如图 16-13 所示。此时没有光源,下面添加一个光源,用于模拟太阳光在环境中的效果。

图 16-13 快速渲染

单击 Directional Light(平行光源)工具按钮，在环境中生成一个平行光源,单击 Quick Render 工具按钮 生成效果,如图 16-14 所示。

图 16-14 平行光源

图片效果较前一张好,但依然没有达到真实效果。调整光源的位置,模拟环境中的效果,比较合适的光源位置起点在车后左上,终点在车前方底部偏右。双击视向回到起始位置观察灯光效果。

为了更加真实,需要创建温和的阴影,简单的方法是创建一个同样位置的新光源,调整新光源的属性和亮度。

进入第一个光源的"属性"对话框,如图 16-15 所示,将光强度调柔和一些,同时将 Color 参数调整为 Red=173,Green=173,Blue=167。

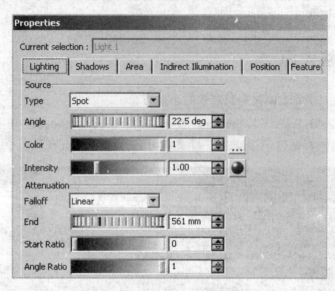

图 16-15　调整光强度

调整第二个光源的参数,将颜色参数调整为 R=G=B=80,同时关闭阴影。

调整完光源参数后,利用当前视角生成一张图片,效果如图 16-16 所示。从视向视角观察,最终效果如图 16-17 所示。

图 16-16　调整完光源参数

图 16 - 17　最终效果

16.2.2　材质调整

材质是场景渲染中非常重要的一步,下面简单介绍其中的一些小技巧。

打开 TuningMaterialsStart. CATProduct 文件,进行快速渲染,结果如图 16 - 18 所示,同时确认哪些材质需要进行渲染。

图 16 - 18　快速渲染结果

首先对车身的红色进行调整,使它看起来像发光和反射的金属。

打开红色材质的"属性"对话框,如图 16 - 19 所示,调整环境光颜色为 Red=182,Green=6,Blue=24。

在对话框中单击 Ray Traced Preview(光线跟踪预览)工具按钮 ,可以在预览对话框中显示出光线跟踪的状态,再次单击可以关闭此选项。

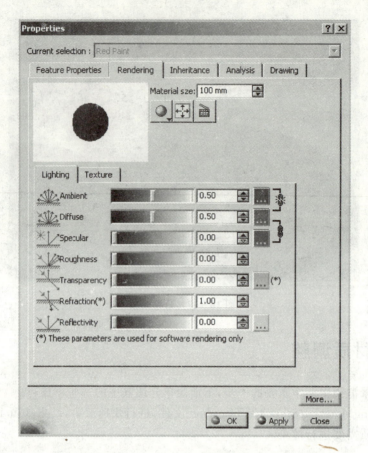

图 16-19　调整环境光颜色

同时,调整 Diffuse(漫反射)参数以便获得更为真实的材质效果,注意调整 Specular(镜向反射)参数,用于反应光线直射的效果。而 Reflectivity(反射强度)参数定义间接照射时的反射效果。

单击 OK 按钮完成材质的调整,快速渲染,结果如图 16-20 所示。

图 16-20　快速渲染结果

下面调整 Glass(玻璃)的材质效果,与车身的红色一样,玻璃要有光泽同时可以反射。首先进入玻璃的"属性"对话框,如图 16-21 所示,将玻璃的颜色调整为 Red=30,Green=30,Blue=30。

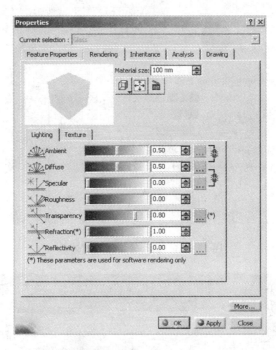

图 16-21　玻璃的"属性"对话框

调整玻璃的参数,为了追求与背景图片中相同的效果,将发光度调整到 0.75 左右。快速渲染,结果如图 16-22 所示。

图 16-22　快速渲染结果

下面调整轮胎的材质效果。进入轮胎的渲染材质 Rubber(橡胶)的"属性"对话框,如图 16-23 所示,将它的颜色定义为 Red=61,Green=61,Blue=61。

将轮胎的材质调整得暗一些,利用快速渲染观察最终效果。如图 16-24 所示,即为当前视角的渲染效果。

图 16-25 所示是视向 1 的最终渲染效果图。

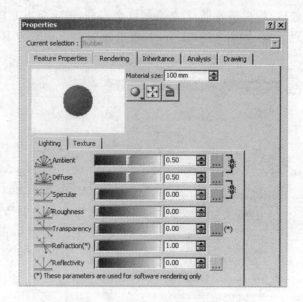

图 16-23 调整轮胎的材质效果

图 16-24 当前视角的渲染效果

图 16-25 视向 1 的最终渲染效果图

16.3　场景列表

在 CATIA 中有许多已经存储完成的场景信息，存储在标准件"目录(Catalog)"中。

打开 RED-CAR.CATProduct 文件，在产品模型中添加场景信息。单击标准件 Catalog Browser(目录浏览)工具按钮，如图 16-26 所示，打开场景目录。

双击一个种类即可打开如图 16-27 所示的组件，在左侧选择场景，在右侧即可显示出相应的图片。

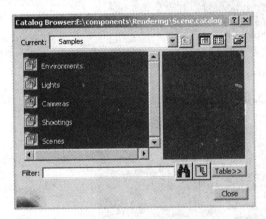 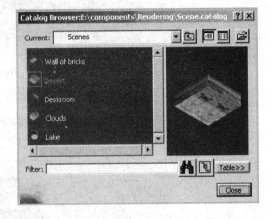

图 16-26　场景目录　　　　　　　　　　　图 16-27　选择场景

单击 Table(展开)按钮可以显示场景的关键词和相应的描述。默认状态下，此目录是关闭的。打开后，如图 16-28 所示，罗列出镜头的许多信息，如名称、宽度、高度及纹理等。

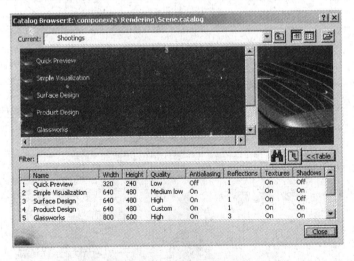

图 16-28　显示场景的关键词和相应的描述

单击"查找"工具按钮，可以利用名称、格式等查找相关的标准件，而单击"启用多级别"工具按钮可以选择在多层次文件目录中查找。

双击选择的标准件即可将它应用到设计环境中。图 16-29 所示为已经应用一个名为

Desert(沙漠)的场景,此时图片效果更加真实。

图 16-29　Desert(沙漠)的场景

将应用沙漠场景的产品模型快速渲染,结果如图 16-30 所示。

图 16-30　应用沙漠场景

16.4　与 V4 文件的交互作用

CATIA V4 同样有光源、环境等相关的场景信息,下面介绍如何将环境信息读取过来。打开 V4TEAPOT_AND_CAT.model 文件,如图 16-31 所示。

图 16-31　V4TEAPOT_AND_CAT.model 文件

双击 MASTER 展开设计树。在 IMDE2 里面选择相应的场景信息，可以多选，如图 16-32 所示。

图 16-32 选择相应的场景信息

将以上选择的场景信息利用快捷菜单进行复制。进入图片工作室工作台，将复制下来的场景信息进行粘贴，如图 16-33 所示，左侧为 V5 下的场景信息，右侧为 V4 下的场景信息。

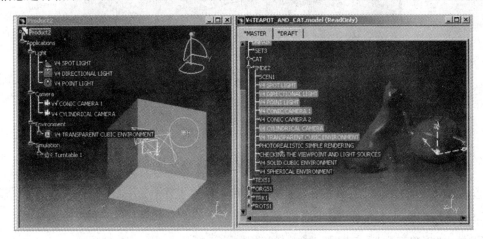

图 16-33 观察不同设计树下的效果

两个场景信息略有差别，具体如下：
- 光　　源　V4 的光源目标位置与 V5 不同；
- 视　　向　V5 的视向没有宽度和高度的限制；
- 环　　境　V4 的三维纹理将不会转换到 V5 中，所有的墙壁都是空白的；
- 旋转台　V4 中旋转台一直与环境相关，而在 V5 中则可以单独建立。

第 17 章 手机渲染实例

通过以上的学习,已掌握了渲染的基本技巧。下面通过一个简单的实例来实践一下所学习的内容。

1. 手机渲染图片

在本例中,将制作照片,同时生成此照片的动画。通过本例的学习,尽量对所有的参数有所掌握。具体操作如下:

① 打开手机源文件 00_start_exercice,如图 17-1 所示。

图 17-1　00_start_exercice 源文件

② 单击"图片工作室"工具按钮 ,进入图片工作室工作台。
③ 单击"环境"工具按钮 生成长方形环境。
④ 单击"创建视向"工具按钮 生成视向。
⑤ 单击"光源"工具按钮 生成光源。
⑥ 单击"应用材质"工具按钮 ,在产品上应用合适的材质。
⑦ 单击"创建镜头"工具按钮 生成镜头。
⑧ 单击"镜头渲染"工具按钮 生成图片。最终效果如图 17-2 所示。
⑨ 利用动画工具按钮生成简单的手机动画。

2. 定义环境

单击 Create a box environment(创建长方形环境)工具按钮 ,在设计环境中生成一个标准环境。调整环境的位置,最终结果如图 17-3 所示。

图 17-2　最终效果

图 17-3　调整环境的位置

3. 定义视向

单击 Camera 工具按钮 ，生成一个新的视向。调整设计环境的位置，在合适的观察角度将当前视角应用于所建视向。设置视向的参数，结果如图 17-4 所示。

4. 定义光源

单击 Disk Square Light Source（盘形聚光源）工具按钮 生成光源。调整光源到合适位置，设置光源的参数，最终结果如图 17-5 所示。

5. 定义图片参数

创建一个镜头，定义图片 Frame（帧）参数、图片 Quality（质量）参数和 Indirect illumination 参数，预览镜头效果，结果如图 17-6 所示。

图 17-4 设置视向的参数

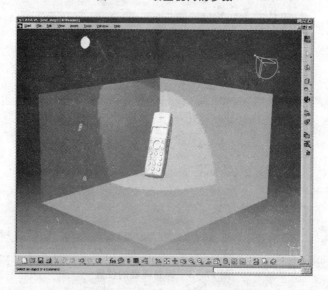

图 17-5 设置光源的参数

图 17-6 预览镜头效果

6. 应用材质

将纹理图片应用到墙壁上。将材质应用到手机上,在练习中已经将所有材质制作成材质库,可以直接采用。进行渲染,结果如图 17-7 所示。

图 17-7　应用材质渲染结果

7. 应用贴图

在接听处添加一个贴图。调整贴图的位置和透明颜色的参数。进行渲染,结果如图 17-2 所示。